# テレビと日本人

●「テレビ50年」と生活・文化・意識

田中義久・小川文弥編

法政大学出版局

# まえがき

テレビジョンは、日本人の意識を映し出す鏡であり、その生活スタイルを凝縮して反映する万華鏡である。日本社会において五〇年の節目を迎えたテレビジョンは、人びとの生活のうちに深く定着し、ライフ・スタイルと文化の変遷を通じて、社会全体の動向に対しても大きな影響力を有するに至った。

本書は、このような背景のもとで、あらためて日本人のテレビ視聴の全体像を捉え返し、現代史の展開のさなかでのテレビ視聴と人びとの具体的な日常生活の変動との相関するところに浮かび上がってくる諸問題を分析・考察したものである。私たち日本人のテレビ視聴は、「テレビ五〇年」の歴史と蓄積のうえで、すでに日常の必須行動となっており、今日、まさしくテレビそのもののデジタル化の進行のなかで、その全体的な構造と意味とを問い直されるべきときである。

そして、高度情報化社会、大衆消費社会、管理社会の諸相を深めつつある現代日本社会を、グローバリゼーションとデジタル化の社会的・技術的変動のもとに位置づけるならば、テレビジョンと日本人の生活営為との関わりは、たんにミクロな心理学的行動の分析という文脈において理解されるにとどまらず、かえって、現代のさまざまな社会変動とリンクした、よりマクロな社会的行為の地平において理解されるべきものとなりつつあるようだ。本書の各章が明らかにするように、私たちは、かつて、「テレビ三〇年」の段階で、テレビジョンの日本人の生活世界への定着化と環境化とを実証的に解明した。そして、私たち日本人のテレビ視聴は、その後の高度情報化社会の深まりのなかでのコンピュータをはじめとする各種情報機器への接触と対応を含めて、著しく拡大かつ成熟し、今日では、コミュニケーション行為としてのテレビ視聴という新しい分析基軸からの把握を必要としつつあるのである。

私たちは、さらに、次の点に注目しなければならないであろう。すなわち、世界大でのグローバリゼーションのなかでの高度情報化の進展は、一方において、私たち日本人のテレビ視聴をも含むコミュニケーション行為を、文字どおり、グローバル・スタンダードの方向へと押し上げているけれども、他方では、日々の生活世界の変容のなかで、いわば「関係のアンサンブル」としての私たちの身体をゆさぶり、その根底の欲動のマグマを揺り動かし、そこからの「生きるエネルギー」の起ち上がりを、不断の迷動と揺らぎの状況のもとに置いている、という事実である。後者の契機は、行動の地平からみれば、衝動のカセクシスであり、欲求の充足と投射であるけれども、現実の歴史の進行のなかでは、欲望の膨張と不安・不満を内包する社会心理の揺動として現われてくるのであって、私たち日本人のテレビ視聴は、これら二つの地平を橋渡しするかのようなグラデーションの位相のもとに展開されているのである。したがって、本書に具体化された私たちの集団研究は、前述のような、「テレビ三〇年」の段階における日本人の生活世界のなかへのテレビの定着化・環境化の確認にとどまらず、さらに、日本の「テレビ五〇年」という境位を経て、このような現代的状況のさなかでの日本人のテレビ視聴を、コミュニケーション行為の側面を包摂したものとして把握し、そのようなテレビ視聴を人びとの生活世界のなかでの「コミュニケーション構造」と連関させながら分析するという視座へと進まなければならなかったのである。

私たち執筆者七名は、四半世紀にわたる「テレビ視聴理論研究会」の活動を通して、はたまたそれ以前に遡る各種の共同調査の積み重ねを通じて、つねに共通の師である吉田潤先生の教えに啓発されつつ、議論をたたかわせ、研鑽を積んできた。いま、このようなかたちで吉田潤先生の学恩に報いる志を込めて本書を編むことができた喜びを、素直にかみしめたい。吉田先生の人となりの詳細については、あとがきを参照していただきたい。

さて私たち七名の執筆者たちが共有している視座は、端的に、マス・コミュニケーション研究における「ミクロ＝マクロ・リンク」のそれである。アメリカ社会学界の碩学ジェフリー・アレクサンダーが述べているように、ミクロの分析に向かうことの多い実証的・経験的研究とマクロな現代社会分析との不幸な乖離は、今こそ乗り越えられるべきときである（Jeffrey C. Alexander et al. eds., *The Micro-Macro Link*, University of California Press, 1987 参照）。私たちの眼前に呈示されている幾多の社会的現実・社会問題こそが、そのような乖離と、それを前提にした両者の狭隘な自己満足とを、許さないのである。

私たちの「ミクロ＝マクロ・リンク」の視座は、基本的に、社会学・社会心理学の準拠枠組みによって支えられている。そして、周知のように、マス・コミュニケーションの社会学・社会心理学的分析の歴史は、ロバート・K・マートンとポール・F・ラザースフェルドの共同研究というかたちで、「ミクロ＝マクロ・リンク」の偉大な先駆例を有する。マートンとラザースフェルドが、コロンビア大学の応用社会調査研究所（Bureau of Applied Social Research）の調査・研究の活動を通じて、マス・コミュニケーションの社会学の領域を代表する数多くの業績を世に問うてきたことは、あまりにも有名な事柄である。私たちの「テレビ視聴理論研究会」の共同研究も、ささやかながら、マートンとラザースフェルドの共同研究の驥尾に付していこうとするものである。なお、マートンは二〇〇三年二月、九二歳の天寿を全うして死去した。私たち執筆者七名は、吉田潤先生の学恩に感謝するとともに、はるか遠く、極東の地からマートン氏の逝去に哀悼の意を表することにしたい。

本書に込められたテレビ視聴の研究は、いうまでもなく、受容過程研究の領域に含まれるものであるが、当初から、クラッパー型の「効果」研究の視点に対しては、懐疑的であった。その意味では、私たちの共同研究の視座は、マクウェールやルーセングレンたちの「利用と満足」研究のそれにかなり親近する性格を有していた。そのことは、本書を結実させるための出発点であり、母胎であるところの『「テレビ視聴理論」の体系化に関する研究』（一九八五年、NHK放送文化調査研究所）をごらんいただければ、一目瞭然である。私たちが「オレンジ本」と呼び慣わしているこの本は、「テレビ三〇年」の段階での日本の受容過程研究についての一つの総括であり、当代の「ミクロ＝マクロ・リンク」の分析基軸の所在を示すものであった、といってよいであろう。

同時に、私たちは、みずからの共同研究の視座を、マス・コミュニケーション研究における総過程論の一翼に位置づけていた（伊藤守「コミュニケーション総過程論」、見田宗介・栗原彬・田中義久編『社会学事典』弘文堂、一九八八年、参照）。そのことは、前出の「オレンジ本」の段階から、今回、本書に具体化された受容過程分析の諸論稿へという推移をたどってみれば、そこに、広範なカルチュラル・スタディーズの諸潮流との応答が見いだされるという事実などとして、発展させられている。今日において、コミュニケーション総過程論とは、現代社会分析と内面的に通底する論理構造と概念装置とを具有する「ミクロ＝マクロ・リンク」のコミュニケーション理論にほかならない。具体的にいえば、イギリスのアンソニー・ギデンズ、フランスのピエール・ブルデュー（先年、惜しくも急逝したが、ドミニク・ウォルトン、シモン・ブーケへの連接は重要である）、ドイツのユルゲン・ハーバーマスなどの現代社会分析と内面的に結びついた——木に竹を接ぐような外面的接合ではない——論理構造と方法論を具有したコミュニケーション理論であるだろう。本書に内包されているコミュニケーション行為・コミュニケーション構造および行為‐関係過程などの概念装置は、このような意味での私たちの方法論的志向の一端を物語るものである。

編者の一人、田中義久は、二〇〇三年四月、東京でアンソニー・ギデンズとシンポジウムで同席し、問題意識を共有しあった。田中はまた、一〇年以上も前に、ハーバーマスが東京を訪れた際、ミッシェル・フーコーたちの「構造主義」の視座をめぐって激論をたたかわせ、結果として、相互の社会学的関心の共通するところを確認している。テレビジョン放送がデジタル化したそれへと移行し、通信と放送とが相互浸透し、マス・メディアが巨大なフュージョンの状況を呈しつつある今日であるからこそ、これまで詳述してきたような「ミクロ＝マクロ・リンク」の方法的視座が、あらためて喫緊の必要事とされなければならないのである。

わが国のマス・コミュニケーション研究は、テレビと同じように、五〇年の画期を迎え、先年、学会としてその発展を祝いあったばかりである。研究者の層も厚みを増し、その研究領域も実に多彩・多様な展開を示している。私たちは、このような慶賀すべき状況のなかで、本書が、受容過程研究の領域においてはもとより、さらに広く、コミュニケーション理論へと志向する研究者の皆さん、とりわけ中堅・若手の研究者の皆さんの意識を刺激し、その研究意欲をそそる一助となることを切に願っている。

二〇〇四年一二月一七日

田中義久

吉田　潤先生に捧げる

# 凡　例

一　本書は、書き下ろし全六章、および日本におけるテレビ五〇年間の調査・実証研究にもとづく知見の集成と年表からなる。

二　執筆者七名は、三〇年有余にわたる「テレビ視聴理論の体系化」をめぐる共同研究の参加メンバーであり、本書はその共同討議の到達点を示すものである。なお、われわれの共同研究は、一九八五年の段階で『「テレビ視聴理論」の体系化に関する研究』（ＮＨＫ放送文化調査研究所）という中間報告を発表しており、本書は、これに立脚しつつ、その後の二〇年間の日本社会の変動と、テレビ視聴の変容を相関させた分析をも盛り込んだ、文字どおりの集大成である。

三　ここに結実したわれわれの共同研究は、研究の進展に応じて随時、日本社会学会、日本マス・コミュニケーション学会、その他の学会・大会で発表・紹介されてきた。その意味で、本書における日本人のテレビ視聴の分析・考察は、テレビ視聴をめぐるアカデミズムの理論と実証の動向に相即したものである。

目　次

## 第II部　テレビ視聴行為の構造

# 第Ⅰ部　日本人のテレビ視聴

# 第一章　テレビ視聴の変容

## 一　はじめに

五〇年という歴史的時間の中で日本人のテレビ視聴行為の変容について振り返る前に、現在、このテレビを見るというコミュニケーション行為が日常生活において、いかに重要な位置を占めているかを確認しておこう。

表1は、NHKが二〇〇一年に行なった生活時間調査の結果である。[1] まず、平日一日（月曜で代表させてある）に、個々の行為をどのくらいの人が行なっているか（行為者率）をみると、睡眠・食事・身のまわりの用事（洗顔・風呂・トイレ、など）といった、個体を維持向上させるための必要不可欠性の高い行為については、ほぼ全員がこれらを行なっている。そして、それに次いで高い、約九割という多くの人びとが行なっているのがテレビ視聴なのである。今度は、国民一人当たりが個々の生活行為にどのくらいの時間をかけているか（全員平均時間）をみると、睡眠（七時間二二分）、仕事（五時間七分）に次いで、テレビ視聴が三時間一分となっている。そして、こうしたテレビの位置づけは、休日の日曜でもほぼ変わらず、むしろ、全員平均時間では、睡眠に次ぐ二位に上昇している。これらからみて、今日、テレビ視聴というコミュニケーション行為は、日本人の日常生活体系の核の部分に組み込まれていることがわかる。

生活行為全体を網羅した中で以上の位置づけなのであるから、これを、メディアを介したコミュニケーション行為に絞り込むと、他のメディア接触行為との差は歴然としている。すなわち、全員平均時間でみると、平日、最も接触

表１　日常生活の中のテレビ視聴の量的位置づけ

| | 月曜 | | 日曜 | |
|---|---|---|---|---|
| | 行為者率 | 全員平均時間 | 行為者率 | 全員平均時間 |
| 睡眠 | 100% | 7:22 | 100% | 8:14 |
| 食事 | 99 | 1:32 | 99 | 1:37 |
| 身のまわりの用事 | 97 | 1:06 | 97 | 1:03 |
| 仕事 | 62 | 5:07 | 28 | 1:05 |
| 学業 | 15 | 1:06 | 10 | 0:25 |
| 家事 | 52 | 1:51 | 61 | 2:10 |
| レジャー活動 | 32 | 0:50 | 52 | 2:05 |
| 会話・交際 | 69 | 1:54 | 76 | 2:56 |
| テレビ | 89 | 3:01 | 91 | 3:52 |
| ラジオ | 13 | 0:19 | 12 | 0:15 |
| 新聞・雑誌・マンガ・本 | 45 | 0:28 | 49 | 0:33 |
| CD・テープ | 13 | 0:12 | 14 | 0:17 |
| ビデオ | 8 | 0:08 | 12 | 0:13 |
| テレビゲーム | 5 | 0:04 | 9 | 0:10 |
| パソコン | 22 | 0:39 | 15 | 0:16 |
| 携帯電話 | 33 | 0:20 | 34 | 0:20 |
| インターネット | 28 | 0:23 | 26 | 0:19 |
| 　ホームページ | 11 | 0:07 | 9 | 0:06 |
| 　メール | 24 | 0:16 | 22 | 0:13 |

注：全員平均時間＝国民１人当たりの所要時間
出所：NHK「IT 時代の生活時間調査」全国 10 〜 69 歳男女，2001 年

表２　生活必需品の中でのテレビの位置づけ　(%)
これから先 2, 3 か月の間生活するのに，一つしか持てないとしたら何を選ぶか

| | 日本 | アメリカ | フランス | タイ |
|---|---|---|---|---|
| 冷蔵庫 | 21 | 25 | 23 | 7 |
| 自動車 | 22 | 42 | 31 | 40 |
| 新聞 | 11 | 7 | 14 | 3 |
| 携帯電話 | 12 | 3 | 7 | 8 |
| パソコン | 9 | 17 | 13 | 23 |
| テレビ | 23 | 5 | 10 | 13 |

出所：NHK「テレビ 50 年／４か国比較調査」全国成人男女，2002 年

時間の長いテレビが三時間一分であるのに対し、それに次ぐパソコンが三九分、日曜では、テレビの三時間五二分に対し、新聞・雑誌・マンガ・本は三三分といった具合である（表1）。新たなコミュニケーション・メディアが続々と登場してきている多メディア時代にあっても、日本人にとってテレビ・コミュニケーションは揺るぎのないものなのである。

それでは、テレビ・メディアの質的な位置づけはどうなっているのであろうか。ここに、それを示す象徴的なデータがある。表2は、「もし、あなたが、これから先二、三か月の間生活するのに、次の六つの品物のうち、一つしか持てないとしたら何を選びますか」という質問を、日本、アメリカ、フランス、タイの四か国で行なった結果である。日本におけるテレビの数値に注目すると、三か国との対比でいえば最も高く、五つの品物との対比でいっても、自動車や冷蔵庫と同等であり、見かけ上の数値でいえばこれらの中で最も高い。すなわち、日常生活の中で、日本人にとってテレビは、移動手段や食料保存に匹敵する重要な生活必需品なのである(2)。

以上をみれば、テレビが、日本の社会や文化、そして日本人の生活や国民性に深く関わっていることは明白である。そこで、こうした日本人とテレビジョンとの強固な関係がこの五〇年間にどのように形成されてきたかを実証的に明らかにしていく作業は、きわめて興味深く重要なものとなろう。

この「第一章」では、後続の各章の議論の前提となる基礎的データを提示する。そして、テレビ視聴変容の要因分析ではなく、変容現象そのものの記述に力点をおく。まず、日本人のテレビ視聴行為の変容を、個人内変容と社会内変容に区分けする。個人内変容とは、個人のライフ・ヒストリーという時間軸に沿った視聴行為の変容である。ここでは、ライフ・ステージが主役となり、その属性分析を通して、「個人における、生活や社会の現実と向き合う形態が変容するにつれて、テレビ視聴の個人内変容が生じる」という理論化が提出される。次に、この章の主題である、テレビ放送開始以降五〇年間の歴史的時間軸に沿った社会・生活・文化の諸条件の変容が反映したテレビ視聴行為の社会内変容の概略が述べられる。これらを通じて、「人びととテレビの関係の変容は、社会の変容や生活の変容から独立したものではないこと」、「その変容は直接的には、送り手側の諸条件の変容と、それに対応する受け手側の諸条件の変容との交流を通してなされること」、そして、「現在、人びととテレビの関係がこれまでとは異なる新たな局面に入りつつある」ことが提示される。

## 二　テレビ視聴の個人内変容

日本人の生活に密接に関わっているテレビの見られ方が、一人ひとりのライフ・ヒストリーに沿って変容していくことは自明の理である。ここでは、ライフ・ステージ別にみたテレビ視聴態様の異同を検討することによって、個人の一生を通じてのテレビ視聴変容の類型化を試みる。

普通の人びとの一生は、就職・結婚前のモラトリアム期を経て、仕事に就き、結婚し、子どもをもうけ、やがて、社会からリタイアする、といったプロセスを踏みつつ営まれる。そして、こうした生活段階のすべてにおいて、一日二〜四時間を費やしてテレビを見るというのが、国民的なライフ・スタイルになっている。

表3は、現在の人びとのテレビ視聴の実態をライフ・ステージ別にみたものである(3)。

この表を左から右へ追っていくことによって、男性と女性で多少ニュアンスは異なっているが、人びとが歳を重ね、人生を経るに従ってどのようにテレビの見方を変えていくかを読みとることができる。

〈青春期〉

二五歳未満・学生ないし無職・未婚の人びとは、エンターテインメント系の番組を中心に、テレビを大いに楽しんで見ている。そして、一生のうちで、ＮＨＫより民放の番組に最も傾斜するのがこの時期の特徴である。社会や生活

表３　ライフ・ステージ別にみたテレビ視聴の実態

| | 男性 | | | | | 女性 | | | | |
|---|---|---|---|---|---|---|---|---|---|---|
| | 25歳未満・学生・無職・未婚 | 25–59歳・有職 | | | 60歳以上・無職 | 25歳未満・学生・無職・未婚 | 25–59歳 | | | 60歳以上・主婦・無職 |
| | | 未婚 | 既婚・子無 | 既婚・子有 | | | 未婚・有職 | 既婚・子無 | 既婚・子有 | |
| ふだんの視聴時間 | 2:58 | 2:39 | 2:35 | 2:23 | 4:04 | 2:40 | 2:28 | 3:20 | 3:16 | 4:28 |
| 選択視聴 | 55% | 50% | 59% | 63% | 76% | 58% | 51% | 80% | 68% | 72% |
| 漠然視聴 | 38 | 44 | 39 | 33 | 18 | 39 | 42 | 21 | 27 | 23 |
| 家族視聴 | 30 | 16 | 69 | 59 | 36 | 47 | 28 | 50 | 61 | 37 |
| 個人視聴 | 59 | 80 | 13 | 33 | 55 | 42 | 58 | 36 | 25 | 54 |
| NHK+民放型 | 25 | 28 | 26 | 34 | 71 | 20 | 22 | 36 | 36 | 60 |
| 民放型 | 75 | 71 | 72 | 66 | 28 | 80 | 75 | 64 | 63 | 39 |
| よく見る番組 | | | | | | | | | | |
| １位 | バラエティ | スポーツ | ニュース | ニュース | ニュース | 音楽 | ドラマ | ニュース | ニュース | ニュース |
| ２位 | スポーツ | ニュース | 天気 | スポーツ | 天気 | ドラマ | ニュース | ドラマ | ドラマ | 天気 |
| ３位 | ドラマ | バラエティ | スポーツ | 天気 | 社会 | バラエティ | 天気 | 天気 | 天気 | ドラマ |
| ４位 | ニュース | 天気 | 社会 | 社会 | スポーツ | ニュース | 音楽 | ワイドショー | ワイドショー | 音楽 |
| ５位 | 音楽 | ドラマ | 教養 | ドラマ | 教養 | アニメ | バラエティ | バラエティ | 音楽 | 社会 |
| 楽しさの程度（４点満点） | 2.1 | 1.8 | 1.8 | 1.8 | 2.0 | 2.1 | 1.9 | 1.8 | 2.0 | 2.1 |
| 影響される程度（４点満点） | 1.7 | 1.6 | 1.4 | 1.5 | 1.4 | 1.9 | 1.7 | 1.5 | 1.7 | 1.6 |

出所：NHK「テレビ50年調査」全国16歳以上男女，2002年

の現実にまだ触れていないこの時期の若者は、数多くのメディアを駆使して、映像、オーディオ、ファッションなど「虚構情報」の世界で「遊ぶ」ことが生活の重要な要素になっており、テレビからエンターテインメントを得ることも、そのなかの一つなのである。また、「テレビが言うことが変わるのにつられて、自分の考えも同じように変わってしまった」と自認する程度が最も高いという結果も出ており、彼・彼女らにとって、テレビがオピニオン・リーダーとなっている傾向もうかがえる。

〈独身期〉

次の段階である二五歳以上・未婚・有職の人びとの特徴は、「なんとなくいろいろな番組を見る漠然視聴」や、「ひとりで見る個人視聴」の率が、一生のうちでいちばん高くなること、また、女性の場合、テレビを見る時間が最も短くなる、などがあげられる。社会に出たことで、テレビ視聴の比重がやや軽くなった感はあるが、番組の視聴傾向はまだ、青春期のものを引きずっている。

〈結婚期〉

既婚・子無しの時期、すなわち、現実生活・現実社会との関わりが色濃くなると、テレビ視聴のありようもかなりの変容をみせる。まず、それまでの大小関係が逆転して、家族視聴の率が個人視聴の率を大きく上回るようになる。そして、とくに男性で著しいが、よく見る番組のライン・アップが、ニュース・天気予報・社会番組・教養番組など、真面目な情報番組に変貌する。そして、女性では、日中在宅している時間が増え、テレビ視聴時間が三時間台へと急増し、よく見ている番組の中に、日中に放送されているワイドショーが入ってくる。

〈子育て期〉

この時期は、前の結婚期の傾向をほぼ引き継いでいる。男性では、一生で最もテレビ視聴時間が短くなる。これは、外での仕事が忙しく、在宅時間が短くなることの反映であろう。

〈引退期〉

六〇歳以上になって仕事を退くと、また、テレビの見方は一変する。自由な時間が増加したことに呼応して、テレビの視聴時間が四時間を突破する。しかし、その長時間を漠然と見ているのではなく、見る番組を一つ一つ選択している。再び個人視聴の率が急増して、家族視聴を凌駕する。それまでの民放への傾斜が逆転して、ＮＨＫをよく見るようになる。社会からリタイアした人びとにとっては、テレビの硬めの情報番組を、これまでの生活経験・社会経験を反芻しながら真摯に楽しむことが生活の重要な部分になっている。

こうして、青春期、独身期、結婚期、子育て期、引退期、と段階を追って、人びとのテレビ視聴行為は変容をとげる。生活段階の両端の部分で、実生活や社会の現実との関わりは希薄であり、真ん中の部分ではそれが濃厚になっている。青春期と引退期という両端の部分でのテレビ視聴の形態は一見似たところが多いが、実生活・実社会の未経験者と経験者とでは、見る番組の内容をはじめ、テレビに向かう姿勢が基本的に異なっている。これらのことから、「個人における、生活や社会の現実と向き合う形態が変容するにつれて、テレビ視聴の個人内変容が生じる」という一般化が可能である。以上が、テレビ視聴の個人内変容の基本的な形である。

そして、この個人内変容の基本型が日本の社会内に定着した、すなわち、テレビを取り込んだ生活ないし社会に一つの均衡が生まれたのが、一九七〇年代のことだと思われる。以下においては、日本社会内でテレビ視聴行為が定着を迎えるまでの二〇年間、そして、その後の三〇年間が、どのように展開してきたのか、その軌跡を追ってみることにしよう。

## 三　テレビ視聴の社会内変容

テレビ視聴の社会内変容とは、集団としての日本人のテレビ視聴行為が、この五〇年間に示した変容を指す。そして、集団としての日本人のテレビ視聴行為とは、ここでは主として、七歳以上、一〇歳以上、一六歳以上、二〇歳以上の日本の国民を母集団として、無作為に抽出した調査相手に対して行なった、テレビ視聴に関する実態調査や意識調査の結果である数値分布をもとに推定したものである。

社会や生活の中に、これまで存在しなかったような革新的な思考・物質・技術・制度などが新たに投入された場合、その衝撃によって均衡を失った社会なり生活には、まず、それらを内に取り込みつつ新たな均衡を生み出そうとする力が働く。そして、新たな均衡がもたらされた後には、それらの定着した思考・物質・技術・制度をよりよく使いこなしていくための展開がなされるのである。以下、五〇年前に日本社会に導入されたテレビがいかにして定着したか、視聴の様態はいかに多様化し、転換・変容して今日に至ったか、を追跡する。

### 非日常性と日常性の間

休みの日にだけ見にいくことのできた、映画、芝居やショー、寄席演芸、スポーツの試合、などを普通の日に、それも、家にいながらにして楽しむことができる、すなわち、それまで非日常的であった娯楽を日常的なものにしてしまうというのが、テレビのもつ代表的な機能であった。

しかし、テレビ放送開始後、一九六〇年代に入る前の五年強の間、テレビ受信機の普及は、まだ日本の全世帯の五割にも達していなかった。多くの人びとのテレビ視聴は、自宅の外を「さすらう」ことによって行なわれていたのである。

現時点で五〇歳以上（一九五三年以前生まれ）の人びとに、テレビと初めて出会ったころ、主にどこで視聴していたかを尋ねたところ[4]、「自分の家」が三八％であり、あとは、「親戚、隣近所の家」三一％、「街頭テレビ」一六％、「デパート・電気・飲食店」一〇％など、ほぼ六〇％の人びとが自分の家以外と回答している。さらに、もっと詳しく、その頃のことを語ってもらった結果、代表的なものとして次の思い出があげられた。

・正座して近所の家で見た。寝転がって見るなど、もってのほかだった（五〇代男性）。
・早めに宿題、夕食を済ませ、銭湯へ行き、プロレス中継を見て感激した（五〇代男性）。
・子ども会の遠足で、◯◯さんの家にテレビを見せてもらいに行った（五〇代女性）。
・皇太子ご結婚中継を、公会堂で地区民が各自、座布団持参で集まって見た（五〇代女性）。

また、家にテレビが入った人の典型的な回答も次のようなものだった。

・テレビが家に入ってからは、頭がボーッとなるほど見た（六〇代男性）。
・家族全員がテレビの前に集まり、家族の楽しみが急に変わった（五〇代女性）。

総じて、一九六〇年以前のテレビ視聴行為は、映画や芝居を外で見るときのように、非日常的な、見物コミュニケーション的色彩の強いものであり、威儀を正して見る緊張感、さらに、受信機設置者にとっては優越感、そうでないものにとっては劣等感といった心理複合を伴ったものであった。当時、物心がついていた者にとっては、「テレビを見ること」は、それぞれ特有の感慨をもって回想される事柄なのである。

### テレビ視聴定着化へのプロセス

図1は、ＮＨＫ国民生活時間調査の結果をもとにして一九六〇年から一九六五年にかけての平日一日における国民

一人当たりのテレビ視聴時間とラジオ聴取時間の推移を示したものである。[5] この間のテレビ視聴時間は五六分から二時間五二分へと約三倍も増えており、ラジオ聴取時間との大小関係は完全に逆転している。

この急激な変化の裏には、次のような二つの要因が働いている。

まず、テレビ受信機の飛躍的な普及である。この生活時間調査によれば、一九六〇年における個人単位のテレビ所有者は三八%であり、五年後の一九六五年にはその二・五倍の九四%に到達している。[6] 図1はテレビ所有者についての結果ではなく、国民一人当たりの結果である。ゲスト・ビューイングなど自宅外視聴が若干は含まれてはいるものの、一九六〇年の数字では、約六〇%のテレビ非所有者の視聴時間が実質的には〇分として、この国民一人当たりの計算の中に組み込まれている。こうした、集計上の仕組みからいってテレビの個人所有率が九〇%を超えた一九六五年にテレビの視聴時間が増えるのは当然のことである。ただし、視聴時間の増え方(三倍)は、受信機の伸び方(二・五倍)を上回っており、たんに受信機の普及だけが視聴時間増加の原因だけではないこ

図1　テレビ視聴時間とラジオ聴取時間の推移

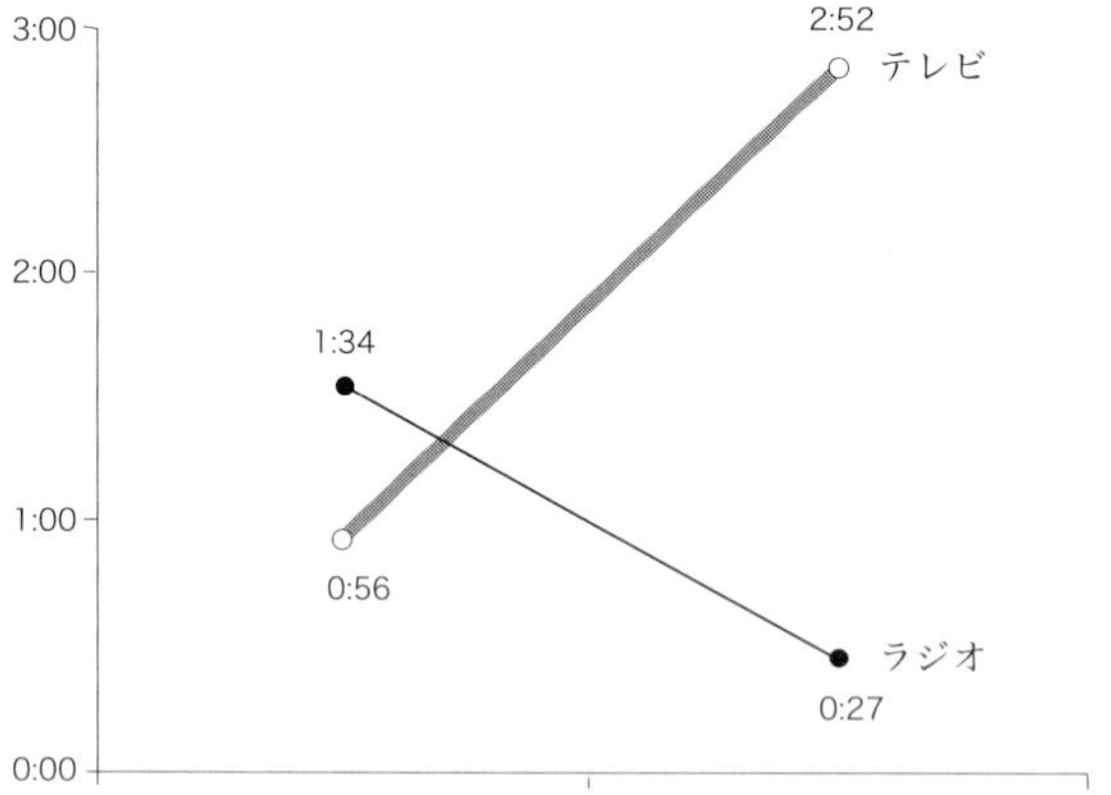


注：平日国民1人当たりの所要時間
出所：「NHK国民生活時間調査」全国10歳以上男女，1960・1965年

ともわかる。すなわち、テレビ所有者だけに限って視聴時間量を計算してみると、一九六〇年が二時間二〇分、一九六五年がちょうど三時間であり、受信機の伸びだけが原因ではないことを裏づけている。それでは、受信機の普及以外に人びとの視聴時間を増やした原因は何であろうか。図2は、テレビ所有者だけに限ったテレビの時刻別視聴率の変化を、一九六〇年と一九六五年で対比したものである。まず、この五年間、夜七時半以降の視聴率にはあまり変化がない。そして、それ以前のほとんどの時間帯で増加がみられ、とくに朝六時半から八時半にかけての二時間については大きく増えている。

すなわち、この時期における視聴時間増加のもう一つの原因として、朝、テレビを見る人が増えたことがあげられるのである。この日本人の朝のテレビの視聴習慣は以下の三つの事柄によって定着したといえよう。

まず、朝のテレビ視聴の橋頭堡となったのは、やはり「ニュース」である。NHKの視聴率調査でみると、朝のテレビ番組が関東地区のNHK・民放こみの視聴率ベストテンに顔を出したのは一九六三年以降のことであり、それはNHKの『朝七時のニュース』であった。

次に、一九六一年の『娘と私』を第一作目とする、NHKの朝の

図2　平日の時刻別視聴率の推移

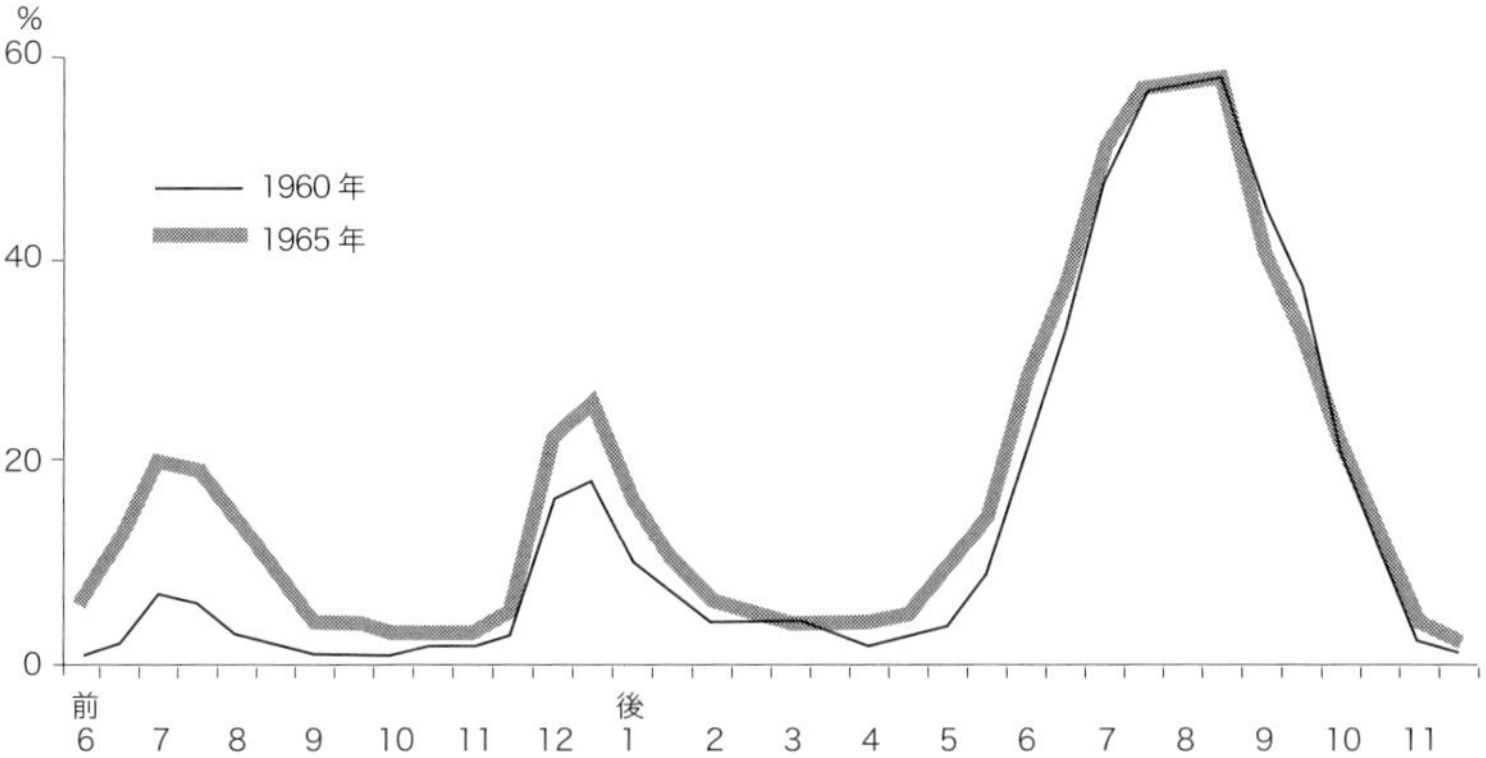


出所：「NHK国民生活時間調査」全国10歳以上テレビ所有者，1960・1965年

連続テレビ小説があげられる。この番組はナレーションが重要な位置を占め、家事をしながらでも見られるという、朝の「ながら視聴」の流れに組み込まれやすくなっている。

最後に、朝の番組編成全般にみられるコマ切れからワイド化への変化があげられる。これは、ラジオの「ながら聴取」向きの編成の成功に倣って、テレビでも「ながら視聴」に馴染むような工夫をしたものであり、先鞭をつけたのがNETの『木島則夫モーニングショー』(一九六四年)であった。

そして、これから四〇年たった現在でもなお、「ニュース」「連続テレビ小説」「ワイドショー」という朝のテレビ視聴習慣の基本パターンは健在である。

ところで、二四時間と限られている一日の中で、これほどの勢いでテレビ視聴時間量が増えた裏には、他の行為にあてる時間を減らしたりなくしたりするなんらかの折り合いがあったはずである。

時期は少し前にずれるが、図3に示した調査結果によれば、まず、ラジオを聞く時間を減らした人が

図3　テレビ設置による生活の変化　(%)

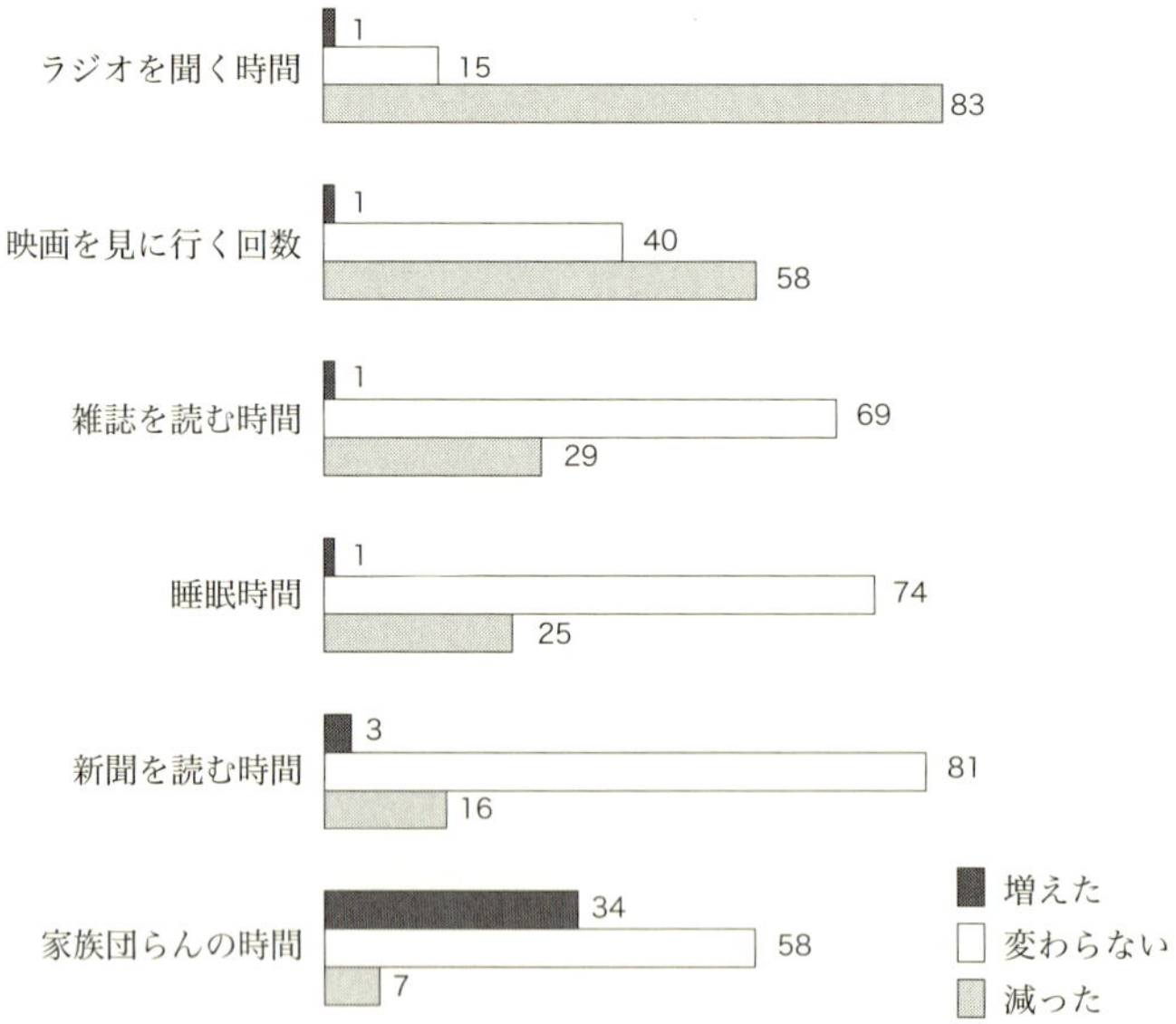


出所：「NHK 放送意向調査」京浜 15 歳以上テレビ所有者，1957 年

非常に多い（生活時間調査の結果でも、一九六〇年から一九六五年にかけて、ラジオの聴取時間は一時間三四分から二七分へと大幅に落ちている＝図1）。次いで、映画を見にいく回数＞雑誌を読む時間＞睡眠時間（夜のテレビ視聴の影響）＞新聞を読む時間、の順でその量が減少し、逆に、家族団らんの時間はテレビを見るようになって時間量が増えている。(7)

さらに、表4のように、一九六〇年から一九六五年にかけて、テレビ視聴時間増加量の半分以上が「ながら視聴」の増加分で占められている。(8) ラジオなど他の行動から削除してもまだ足りない時間を、他の行為をしながらの視聴（とくに朝）によって増やすというのが、この時期の視聴時間増加で忘れてはならない実態である。こうした意味で、一九六〇年代前半、テレビを視聴するという行為は、日本人の生活時間の構造そのものを大きく組み替えるという役割を担っていたのである。

このように、テレビを内に取り込んだ、日本の社会、日本人の生活が新たな均衡を獲得するまでには、一〇年強の歳月が必要であり、その間、テレビの「送り手」と「受け手」との間には、次のようなキャッチ・ボールがあった。

まず、一日の放送時刻枠のできうる限りの拡大があり、それぞれ

表4　1960–1965年のテレビ視聴時間増加量

| | ながら増加量 | 専念増加量 | 全体増加量 |
|---|---|---|---|
| 男性 | 1:00 | 0:45 | 1:45 |
| 女性 | 1:30 | 1:00 | 2:30 |

出所：「NHK国民生活時間調査」関東10歳以上男女・火曜日，1960・1965年

表5　1965年・1970年のテレビ視聴時間実態

| | 視聴時間全体 | ながら時間 | 自宅外時間 |
|---|---|---|---|
| 1965年 | 2:52 | 1:14 | 0:07 |
| 1975年 | 3:05 | 1:21 | 0:08 |

出所：「NHK国民生活時間調査」全国10歳以上男女・平日，1965・1970年

の時間帯の生活時間・気分に合致するような放送内容の工夫がなされる。そうした働きかけに応えて、人びとのテレビ視聴の時間幅は拡大し、必然的に視聴時間も増大した。そして、日本人の生活時間構造に大きな変化が生じ、また、テレビ視聴と他の生活行為との併存が生じることで、テレビ視聴の密度が薄まるという現象も生じた。日本人のテレビ視聴に日常性が獲得されたのは、こうしたプロセスの積み重ねによるのである。なお、国民生活時間調査によると、一九六五年と一九七〇年のテレビ視聴実態は、表5のとおりであり、この時期に人びとのテレビ視聴は、ほぼ安定したとみてよいであろう(9)。

見物的コミュニケーションから対話的コミュニケーションへ

一九七〇年代に入ると、人びとのテレビ視聴実態に一つの転機が訪れる。一九七四年の調査結果をみると、テレビに興味を示している人が五九%であり、そうでない人の三七%を上回っている。しかし、これを四年前と比較すると、「興味のある人」が減って(一九七〇年六八%から一九七四年五九%へ)、「興味のない人」が増えている(一九七〇年二八%から一九七四年三七%へ)(10)。一方、テレビの視聴時間はどうかをみると、平日、日曜ともに、むしろ増加傾向がうかがえる(平日＝一九七〇年三時間五分から一九七三年三時間一三分へ、日曜＝一九七〇年三時間四一分から一九七三年四時間七分へ)(11)。このように、テレビが量的に相変わらずよく見られているのに、意識面でのウエイトのほうは減少していることから、テレビ視聴が非意識化しているという現象が指摘できる。そして、この傾向は、かえってテレビに日常性の重みをもたらし、テレビが、人びとのコミュニケーション行為のなかに無理なく浸透することを可能にしたのである。

ここで、「受け手」のトータルなコミュニケーション行為の中にテレビ視聴行為を実証的に位置づけた、一九七三年の意識調査結果の分析を紹介する(12)。

まず、「(A)ふだん、よく行なっているコミュニケーション行為はどのようなものか＝コミュニケーション行為」、「(B)人と直接話しあいをしていてよく感じること＝対人コミュニケーション観」、「(C)マスコミを通じて、いろいろなことを知ったり、関心を持ったりすることについて、よく感じること＝マス・コミュニケーション観」、の三つを調査した結果は、およそ次のとおりである。

コミュニケーション行為で特徴的なのは、「雑談や世間話をする＝五四％」と並んで、「テレビのドラマ・スポーツ・歌番組などを見る＝五九％」、「新聞（朝日・読売・日経・地元紙などの一般紙）を読む＝五六％」がピークを形成していることである。

対人コミュニケーション観の結果で注目されるのは、「心のよりどころとなり、力づけられる＝四五％」、「一緒にいるだけで楽しい＝三七％」に次いで三番目にあげられている「特にくどくどいわなくても、気持が通じあえる＝三三％」という「以心伝心」的な反応であり、日本人は対人コミュニケーションを話しあい以前のコミュニケーションとしてとらえる傾向が多いことを示している。

そして、マス・コミュニケーション観で最も多かったのが、「特に努力しなくてもいろいろなことを知ることができる＝四七％」という情報収集に代表されるメディア特性であった。

さらに、この三つ（コミュニケーション行為、対人コミュニケーション観、マス・コミュニケーション観）を一緒にした場合に、それぞれがどのような関連にあるかを、数量化第Ⅲ類の分析（調査回答者の回答項目選択の類似性を集約・把握して、回答者全体の意識構造を探る方法）によって明らかにしたのが図4であり、人びとのトータルなコミュニケーション状況を構成する行為や意識が、おおむね五つのブロックにまとめられることがわかる。

・左上＝「以心伝心ブロック」

行為では「テレビの娯楽系番組視聴」「レコードやラジオの音楽」、「議論や説得」、意識では「くどくどいわなくとも通じる」が含まれる。このブロックでは、テレビの娯楽機能が、日本人に特有といわれる「以心伝心」コミュニケーションに相通じていることが注目される。

・右上＝「内面形成ブロック」
行為では「手紙・日記」「ひとりで考える」「読書」が、意識では「話さずにはいられない」「表現したい気持ち」などが含まれ、人間の内面形成に重要な役割を果たしている部分だと考えられる。

・中央＝「環境化ブロック」
行為では「テレビの漠然視聴」「雑談・うわさ話」があげられ、生活のなかに環境化・非意識化・日常化しているコミュニケーションのブロックであると考えられる。

・左下＝「マスコミ観ブロック」
行為は一つも含まれておらず、意識では、マス・コミュニケーション観で占められている。

・右下＝「環境監視ブロック」
行為では「テレビの報道系番組視聴」「新聞」「週刊誌」など、意識では「自分の考えと世の中の常識を照らし合わす」などが含まれ、自己拡充に寄与するマス・コミュニケーション行為で構成されている。

こうして、「受け手」のコミュニケーション総過程のなかで、テレビ視聴行為は、「漠然視聴」の「環境化ブロック」を中軸として、「娯楽系番組視聴」が「以心伝心ブロック」に、「報道系番組視聴」は「環境監視ブロック」に位置づけられていることがわかった。

データの示すところによれば、日本人はテレビ視聴をマス・コミュニケーションの一つとして捉えるというよりは、対人レベルのコミュニケーションに近いものとして受けとめている面がある。このことは、今みてきたようにテレビが「雑談・うわさ話」と非常に近いコミュニケーションとして位置づけられていることから指摘することができる。

図４　コミュニケーション行為（A）／対人コミュニケーション観（B）／マス・コミュニケーション観（C）の相互連関図

【以心伝心ブロック】
(A)レコードで音楽を聞く／音楽を聞きたくてラジオを聞く
**テレビのドラマ・スポーツ・歌番組を見る**
仕事上，立場上，やむをえず話し合いをする
ある問題について人と議論をする
相手を説得したり，説得されたりする
(B)特にくどくどいわなくても，気持が通じあえる
わずらわしさを忘れさせてくれる

【内面形成ブロック】
(A)手紙を書く／日記を書く
ひとりでものを考える／読書をする
(B)ともかく話さずにはいられなくなる
心のよりどころとなり，力づけられる
大切な「耳学問」の場である
一緒にいるだけで楽しい
(C)何かを表現したり，つくりたい気持にさせてくれる

【環境化ブロック】
(A)雑談・世間話をする／他人のうわさ話をする
心配ごとや相談ごとを話しあう
おしゃべりを聞きたくてラジオを聞く
**なんとなくテレビをつけておく**
(C)努力なしにいろいろなことを知ることができる
いろいろ知って，あらためて自分をみつめなおすことができる
将来の生活やものの考え方の指針を得ることができる
世の中の動きについていくことができる

(B)時間つぶしにすぎない
(C)毎日の生活に，リズムや区切りを与えてくれる
危険や災害から逃れることができる
毎日の生活のなかで，心の支えや，うるおいになるものが得られる

【マスコミ観ブロック】

(A)**ニュースを知りたくてテレビを見る**
新聞を読む
週刊誌を読む
人と話したくなって電話する
神様や仏様にお祈りをする
(B)話していても気が許せない
ちょっとした優越感や劣等感を感じる
(C)今の世の中で失われつつある大切なことを思い出す
自分の考えが，世の中の常識と違っていないかを確かめる
ひとりぼっちの淋しさをまぎらわせる
人間関係のわずらわしさを忘れさせる
人とのつきあいでは満たされないものが得られる

【環境監視ブロック】

注：数量化第Ⅲ類による
出所：NHK「生活とコミュニケーション調査」全国 15 歳以上男女，1973 年

このように、テレビを見ることに、知人とのつきあいのような意味づけをしていることは、日本人がよくテレビを見ることと、テレビに対してきわめて肯定的な態度を示すことの重要なベースになっていると考えられる。

一九七〇年代に入って、人びとのテレビ視聴が環境化・非意識化したことによって、それは、緊張を伴った「鑑賞・見物的コミュニケーション」から、弛緩した「対話的コミュニケーション」へと転換し、人びとのトータルなコミュニケーション行為のなかに、なめらかに溶け込んでしまった。そして、テレビ視聴が生活の中に定着することによって、この時期、さきにみたライフ・ステージ別のテレビ視聴の個人内変容も形成されたのである。

## 個人視聴化と視聴番組の分散化

テレビを購入したてのころ、それは、家族が集まる居間とか食堂に置かれ、みんなで揃って楽しむというのが当然のことであった。したがって、先にみた一九五七年の調査結果では（図3）、テレビが家にやってきたことによって家族団らんの時間が「増えた」という人が「減

図５　個人視聴・集団視聴の推移　（%）

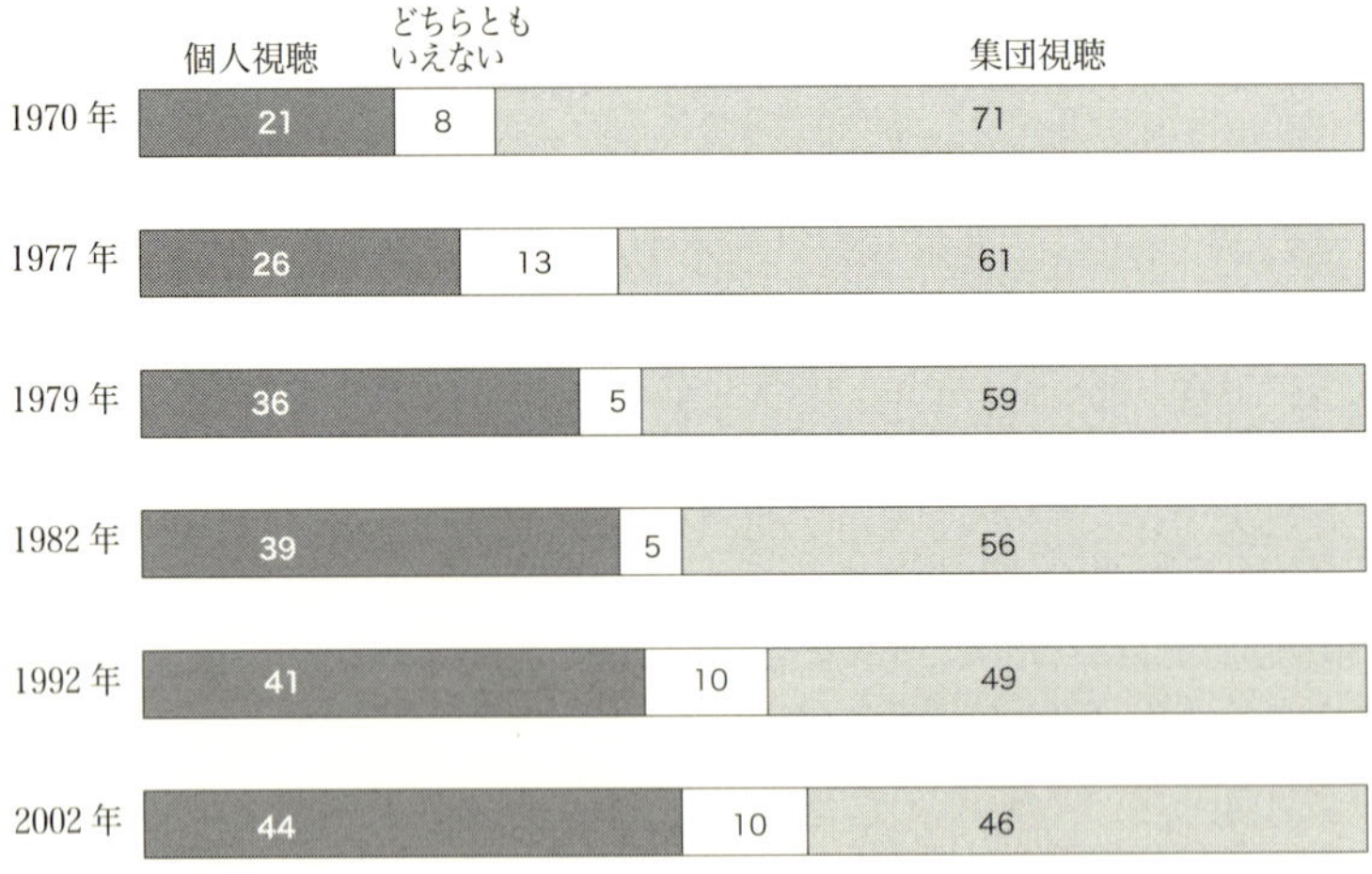


個人視聴：1970–1982 ＝ひとりだけで見るほう／1992・2002 ＝ひとりで見ることが多い
集団視聴：1970–1982 ＝ほかの人といっしょに見るほう／1992・2002 ＝家族と見ることが多い
出所：各年の「NHK 放送意向調査」から，全国 16 歳以上の男女

った」という人を大きく上回っている。

人びとのテレビの見方で、個人視聴が多いのか集団視聴が多いのか、その実態を追った図5をみると、集団視聴優位の状況は、人びとのテレビ視聴が環境化・非意識化した一九七〇年代初頭でも確固たるものであった。しかし、その後、家族人数の減少、そして、テレビ設置台数の増加も手伝って、個人視聴の増加が進行し、現在では、個人視聴（四四％）と集団視聴（四六％）が拮抗するようになった。また、いちばん新しい二〇〇二年の調査では「ひとりで見ることが多い」人にその理由を尋ねているが（複数回答）、「番組の好みが家族とあわないから」などとして、家族がいてもあえてひとりで見たいという気持ちの表明者が三三％に達している（集計分母は「ひとりで見ることが多い人」）。[13]

また、別の調査で、「テレビをひとりだけで見たい」のか「他の人といっしょに見たい」のか、その欲求を質問した結果をみると、一九八五年から二〇〇〇年までの一五年の間に、「個人視聴志向」が三一％から三七％へ増え、「集団視聴志向」が四四％から三五％まで減り、両者の大小関係が逆転している。[14]

このように、実態と欲求の両面で個人視聴化が直線的に進んでいるのをみると、そのことが視聴する番組の選び方にも影響を与えていることが予想される。

ここで、少し話題がずれるが、人びとがよく見るテレビ番組が、この五〇年間にどのように変わってきたか、簡単にふれておこう。

表6は、ＮＨＫが毎年六月、一週間にわたって実施している個人単位の視聴率調査の結果から、関東地区の視聴率高位一〇番組を、一九五五年から五年ごとに二〇〇〇年まで一〇回分ピックアップして示したものである。

ここに記されている、視聴率ベスト一〇番組の五〇年間の変遷には、放送を送り出す側の二つの能力（放送技術と番組アイディア）の発展の具合が大きく関係しているが、総じて、そうした放送局との交流を通して変化してきた視聴者の番組の好みが反映されているとみることができよう。機械的に五年ごとのデータを提示しているので、必ずし

表6　1955-2000年の5年毎の視聴率高位10番組

1955年

| 曜 | 時 | 局 | 番組 | 種類 | % |
|---|---|---|---|---|---|
| 土 | 1903 | NHK | 総隠寺の仇討 | 舞台中継 | 49 |
| 日 | 2045 | KRT | 現代人 | 劇映画 | 48 |
| 木 | 2020 | KRT | 喜劇人まつり | 舞台中継 | 45 |
| 金 | 2000 | NHK | 月よりの母 | 劇映画 | 44 |
| 水 | 1730 | NHK | 大相撲秋場所 | スポーツ | 44 |
| 日 | 2024 | KRT | 柔道対拳闘 | スポーツ | 43 |
| 火 | 1930 | NTV | 無法一代 | 舞台中継 | 39 |
| 木 | 2000 | NHK | 私の秘密 | クイズ | 38 |
| 火 | 2115 | NHK | 松竹梅湯島掛額 | 舞台中継 | 37 |
| 水 | 2020 | KRT | 寄席中継 | 舞台中継 | 33 |

1960年

| 曜 | 時 | 局 | 番組 | 種類 | % |
|---|---|---|---|---|---|
| 月 | 1930 | NHK | 私の秘密 | クイズ | 40 |
| 火 | 2130 | NHK | 事件記者 | ドラマ | 39 |
| 火 | 2100 | NHK | お笑い三人組 | バラエティ | 38 |
| 火 | 2000 | NHK | ジェスチャー | クイズ | 36 |
| 土 | 2000 | NTV | 巨人戦 | スポーツ | 34 |
| 日 | 1500 | NHK | 大相撲 | スポーツ | 32 |
| 日 | 2125 | NHK | 私だけが知っている | クイズ | 27 |
| 火 | 2030 | NHK | 歌は生きている | 音楽 | 24 |
| 金 | 2000 | NTV | ディズニーランド | 外国TV映画 | 22 |
| 金 | 2115 | NTV | モーガン警部 | 外国TV映画 | 21 |

1965年

| 曜 | 時 | 局 | 番組 | 種類 | % |
|---|---|---|---|---|---|
| 金 | 2000 | NTV | プロレスリング | スポーツ | 35 |
| 日 | 2015 | NHK | 太閤記 | ドラマ | 34 |
| 水 | 700 | NHK | 朝7時のニュース | 報道 | 32 |
| 日 | 1930 | NHK | 歌のグランドショー | 音楽 | 31 |
| 土 | 2000 | NHK | 破れ太鼓 | ドラマ | 27 |
| 火 | 2140 | NHK | 事件記者 | ドラマ | 27 |
| 水 | 725 | NHK | スタジオ102 | 報道 | 27 |
| 水 | 2000 | NTV | 巨人戦 | スポーツ | 23 |
| 水 | 2000 | NET | 鉄道公安36号 | TV映画 | 22 |
| 火 | 2030 | NHK | お笑い三人組 | バラエティ | 22 |

1970年

| 曜 | 時 | 局 | 番組 | 種類 | % |
|---|---|---|---|---|---|
| 木 | 700 | NHK | 朝7時のニュース | 報道 | 33 |
| 金 | 720 | NHK | ローカル番組 | 報道 | 25 |
| 金 | 2130 | TBS | ザ・ガードマン | TV映画 | 24 |
| 土 | 2000 | TBS | 8時だヨ！全員集合 | バラエティ | 23 |
| 日 | 2000 | NHK | 樅ノ木は残った | ドラマ | 22 |
| 金 | 735 | NHK | スタジオ102 | 報道 | 22 |
| 日 | 1930 | TBS | サインはV | TV映画 | 21 |
| 金 | 815 | NHK | 虹 | ドラマ | 20 |
| 木 | 2000 | NHK | ふるさとの歌まつり | バラエティ | 19 |
| 月 | 2000 | TBS | 大岡越前 | TV映画 | 19 |

出所：「NHK関東個人視聴率調査」夏期

1975年

| 曜 | 時 | 局 | 番組 | 種類 | % |
|---|---|---|---|---|---|
| 火 | 700 | NHK | 朝7時のニュース | 報道 | 31 |
| 火 | 720 | NHK | ローカル番組 | 報道 | 26 |
| 木 | 1930 | NTV | ボクシング世界戦 | スポーツ | 25 |
| 土 | 2000 | TBS | 8時だヨ！全員集合 | バラエティ | 24 |
| 月 | 2000 | TBS | 水戸黄門 | TV映画 | 23 |
| 水 | 815 | NHK | 水色の時 | ドラマ | 23 |
| 金 | 2000 | NTV | 太陽にほえろ！ | TV映画 | 22 |
| 水 | 735 | NHK | スタジオ102 | 報道 | 21 |
| 水 | 2100 | TBS | 寺内貫太郎一家 | ドラマ | 19 |
| 火 | 1900 | NHK | 夜7時のニュース | 報道 | 19 |

1980年

| 曜 | 時 | 局 | 番組 | 種類 | % |
|---|---|---|---|---|---|
| 土 | 2000 | TBS | 8時だヨ！全員集合 | バラエティ | 25 |
| 月 | 700 | NHK | NHKニュースワイド | 報道 | 25 |
| 日 | 1900 | フジ | 巨人戦 | スポーツ | 19 |
| 月 | 815 | NHK | なっちゃんの写真館 | ドラマ | 19 |
| 日 | 1215 | NHK | NHKのど自慢 | 音楽 | 16 |
| 日 | 1200 | NHK | 正午のニュース | 報道 | 15 |
| 水 | 1930 | NHK | 連想ゲーム | クイズ | 15 |
| 木 | 2100 | TBS | ザ・ベストテン | 音楽 | 15 |
| 土 | 1930 | TBS | クイズ・ダービー | クイズ | 15 |
| 火 | 1900 | NHK | 夜7時のニュース | 報道 | 14 |

1985年

| 曜 | 時 | 局 | 番組 | 種類 | % |
|---|---|---|---|---|---|
| 月 | 815 | NHK | 澪つくし | ドラマ | 19 |
| 火 | 1903 | フジ | 巨人戦 | スポーツ | 16 |
| 月 | 700 | NHK | NHKニュースワイド | 報道 | 16 |
| 月 | 2000 | TBS | 水戸黄門 | TV映画 | 15 |
| 日 | 1920 | NHK | クイズ面白ゼミナール | クイズ | 13 |
| 火 | 2100 | フジ | なるほど！ザ・ワールド | クイズ | 13 |
| 木 | 2100 | TBS | ザ・ベストテン | 音楽 | 12 |
| 日 | 1200 | NHK | 正午のニュース | 報道 | 12 |
| 日 | 1215 | NHK | NHKのど自慢 | 音楽 | 12 |
| 火 | 1900 | NHK | 夜7時のニュース | 報道 | 12 |

1990年

| 曜 | 時 | 局 | 番組 | 種類 | % |
|---|---|---|---|---|---|
| 日 | 1900 | NTV | 巨人戦 | スポーツ | 17 |
| 水 | 815 | NHK | 凛凛と | ドラマ | 16 |
| 日 | 1830 | フジ | サザエさん | アニメ | 15 |
| 月 | 700 | NHK | NHKモーニングワイド | 報道 | 15 |
| 月 | 2000 | TBS | 大岡越前 | TV映画 | 14 |
| 日 | 1215 | NHK | NHKのど自慢 | 音楽 | 13 |
| 月 | 2000 | フジ | 志村けんのだいじょうぶだあ | バラエティ | 13 |
| 日 | 1200 | NHK | 正午のニュース | 報道 | 13 |
| 日 | 1800 | フジ | ちびまるこちゃん | アニメ | 12 |
| 月 | 2200 | 朝日 | ニュースステーション | 報道 | 12 |

1995年

| 曜 | 時 | 局 | 番組 | 種類 | % |
|---|---|---|---|---|---|
| 金 | 2004 | フジ | 北の国から'95 | ドラマ | 17 |
| 水 | 815 | NHK | 春よ、来い | ドラマ | 16 |
| 日 | 2000 | NHK | 八代将軍吉宗 | ドラマ | 16 |
| 月 | 2200 | 朝日 | ニュースステーション | 報道 | 13 |
| 日 | 1830 | フジ | サザエさん | アニメ | 13 |
| 土 | 1900 | NHK | NHKニュース7 | 報道 | 13 |
| 土 | 2100 | NTV | 家なき子 | ドラマ | 13 |
| 日 | 1904 | フジ | 巨人戦 | スポーツ | 13 |
| 日 | 1800 | フジ | ちびまるこちゃん | アニメ | 12 |
| 日 | 1200 | NHK | 正午のニュース | 報道 | 12 |

2000年

| 曜 | 時 | 局 | 番組 | 種類 | % |
|---|---|---|---|---|---|
| 土 | 1900 | NTV | 巨人戦 | スポーツ | 16 |
| 土 | 815 | NHK | 私の青空 | ドラマ | 15 |
| 日 | 1200 | NHK | 正午のニュース | 報道 | 13 |
| 土 | 700 | NHK | NHKおはよう日本 | 報道 | 13 |
| 日 | 1215 | NHK | NHKのど自慢 | 音楽 | 13 |
| 日 | 2000 | NHK | 葵 徳川三代 | ドラマ | 12 |
| 火 | 1900 | NTV | 伊東家の食卓 | バラエティ | 12 |
| 月 | 2000 | TBS | 水戸黄門 | TV映画 | 12 |
| 月 | 1900 | TBS | 東京フレンドパーク | バラエティ | 12 |
| 火 | 2100 | フジ | ナースのお仕事 | ドラマ | 11 |

も傾向の変化時点を正確には提示していないことを断わった上で、いくつかの特徴を列挙してみよう。

・放送開始後まだ間もない時代である一九五五年の番組をみると、テレビ独自で開発したものは、クイズ形式のバラエティ番組『私の秘密』のみであり、あとは、舞台中継、スポーツ中継、劇場用映画、など既存の娯楽文化を借りてきたものばかりであった。

・それから五年後の一九六〇年になると様相は一変し、「巨人戦」「大相撲」のスポーツ中継の他は、テレビが独自に開発した娯楽番組で占められている。そして、この時期は、クイズやバラエティ番組に人気があり、また、アメリカ製のテレビ映画がよく見られていたことも特色となっている。

・一九六五年は、「プロレス中継」が一世を風靡したこと、NHKの朝の報道番組や大河歴史ドラマが登場したこと、そして、日本製のテレビ映画も登場したこと、などが特徴である。

・一九七〇年になると、ドリフターズの『8時だヨ!全員集合』が登場し、朝の連続テレビ小説や『大岡越前』

図6　高位番組1位と10位の番組の視聴率の推移

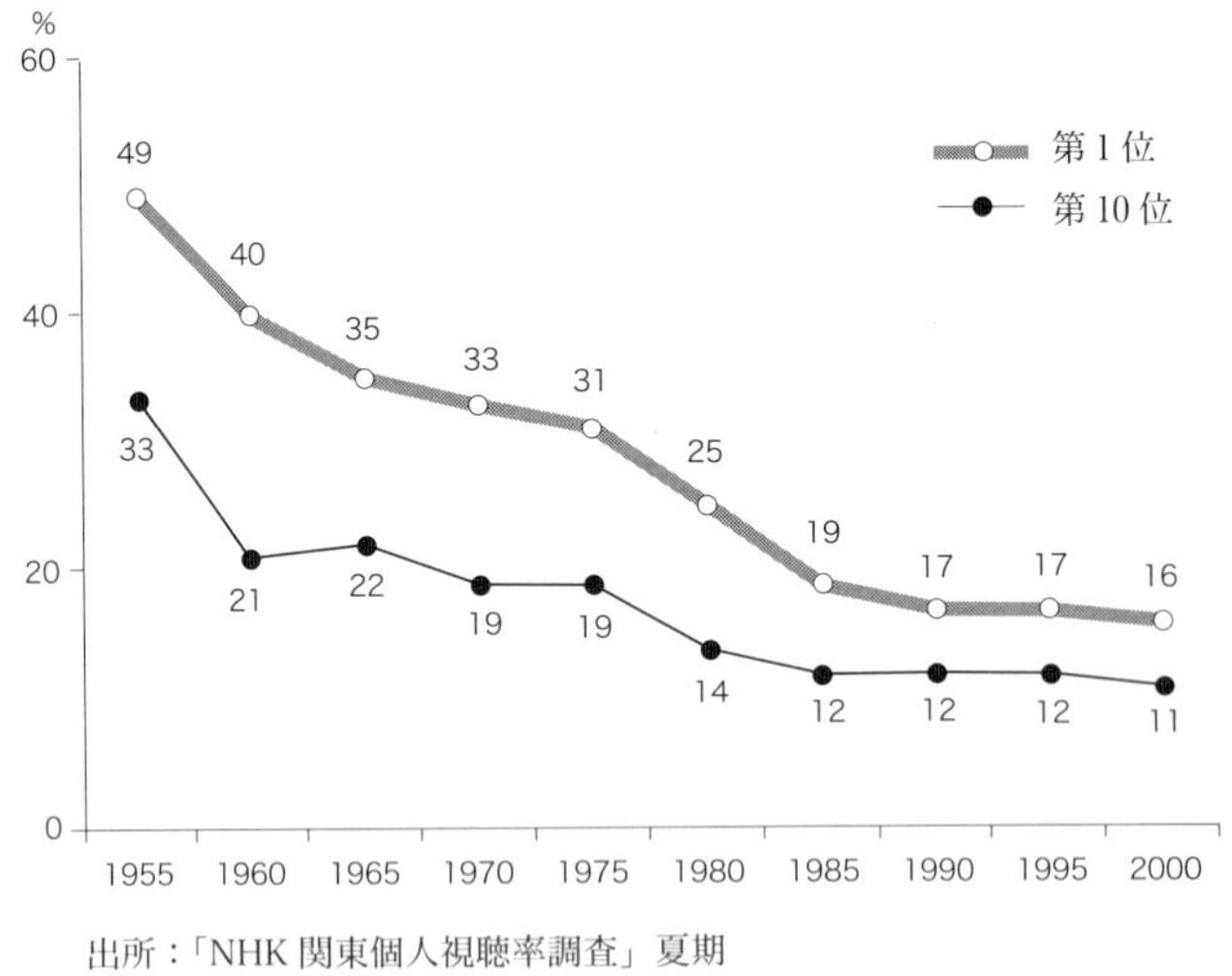


出所：「NHK 関東個人視聴率調査」夏期

(『水戸黄門』)も顔を出すようになった。

・一般的に娯楽番組の人気が高いなかで、一九八〇年以降になると、報道番組が、朝も昼も夜も顔を出している。とくに一九九〇年以降は、ニュース番組の新しい型を確立した『ニュースステーション』の人気が高い。

・一九九〇年代には、アニメーションが人気を得るようになっている。

そして、この表6の数値をもとに、第一位と第一〇位の番組の視聴率推移図を作成すると(図6)、一つの番組にワッと人気が集中する傾向が薄れ、人気番組の視聴率がドングリの背比べになってきており、それだけ、視聴者の好みが分散しつつあるということがわかる。この傾向は、さきほどの、実態と欲求の両面で個人視聴化が進んでいることと対応しており、テレビ視聴に個々の視聴者のこだわりが反映される度合いが強まりつつあることを示している。[15]

## 頓挫と再生

テレビ視聴時間の右肩上がりの歴史の中で、一度だけ、その傾向が頓挫した時期がある。図7は、NHKの全国個人視聴率調査の結果をもとに、国民一人当たりの一日(週平均)のテレビ視聴時間の推移を一九七六年から二〇〇二年まで示したものであり、一九八五年を底にした凹みが読み取れる。[16]

一九七〇年代後半から八〇年代前半の頓挫の背景として次の事柄があげられる。

・一九七三年の石油ショック後、一〇年あまりかけて、景気は徐々に回復し、一九八〇年代前半、円高・ドル安傾向を背景とし、暗の部分では諸外国との経済摩擦、明の部分では「海外旅行ブーム」などを経て、時代は土地や株式の値段が実態の裏づけなしに恒常的に膨らみ続ける「バブル経済」の入口にさしかかってきた。労働時間が増え、自由時間は増えなかったが、この時期、陰鬱な統制的経済からようやく解放された人びとの心理は、家の中で地味にテレビを見ることよりも、他のレジャー活動のほうに向けられ始めた。[17]

・一九八〇年代前半は、テレビが、「お笑い番組」や「ワイドショー番組」を中心に、まさに爛熟の極みに達した時期である。イモ欽トリオ、ひょうきん族、金曜日の妻たちへ、ロス疑惑、怪人二一面相、豊田商事事件、おニャン子クラブ、等々、人びとはテレビに飽き始めた。この時期の「テレビに対する興味」の動向をみると、「興味のある人」が一九七四年五九%から一九八二年四八%へと減少、「興味のない人」が一九七四年三七%から一九八二年四九%へと増加し、初めて視聴時間の動きと連動しているのである[18]。

そして、こうしたテレビに対する批判的意識の高まりや、番組を録画し繰り返し見ることができるVCRの普及もあいまって、テレビ番組の見方も一九八〇年代の前半には成熟化してきたのではないかと考えられる。

以上がテレビ視聴頓挫の経緯であるが、今度は、一九八〇年代後半からの再生プロセスを考察してみよう。

・一九九〇年代に入る前から徐々に進んでいたのが、晩婚化傾向、少子化傾向、そして、高齢化傾向である。また、一九九〇年前後から、週休二日制の普及、学校週五日制の開始、バブル経済の崩壊に端を発した未曾有の不況、などの社会的・

図７　テレビ視聴時間の推移

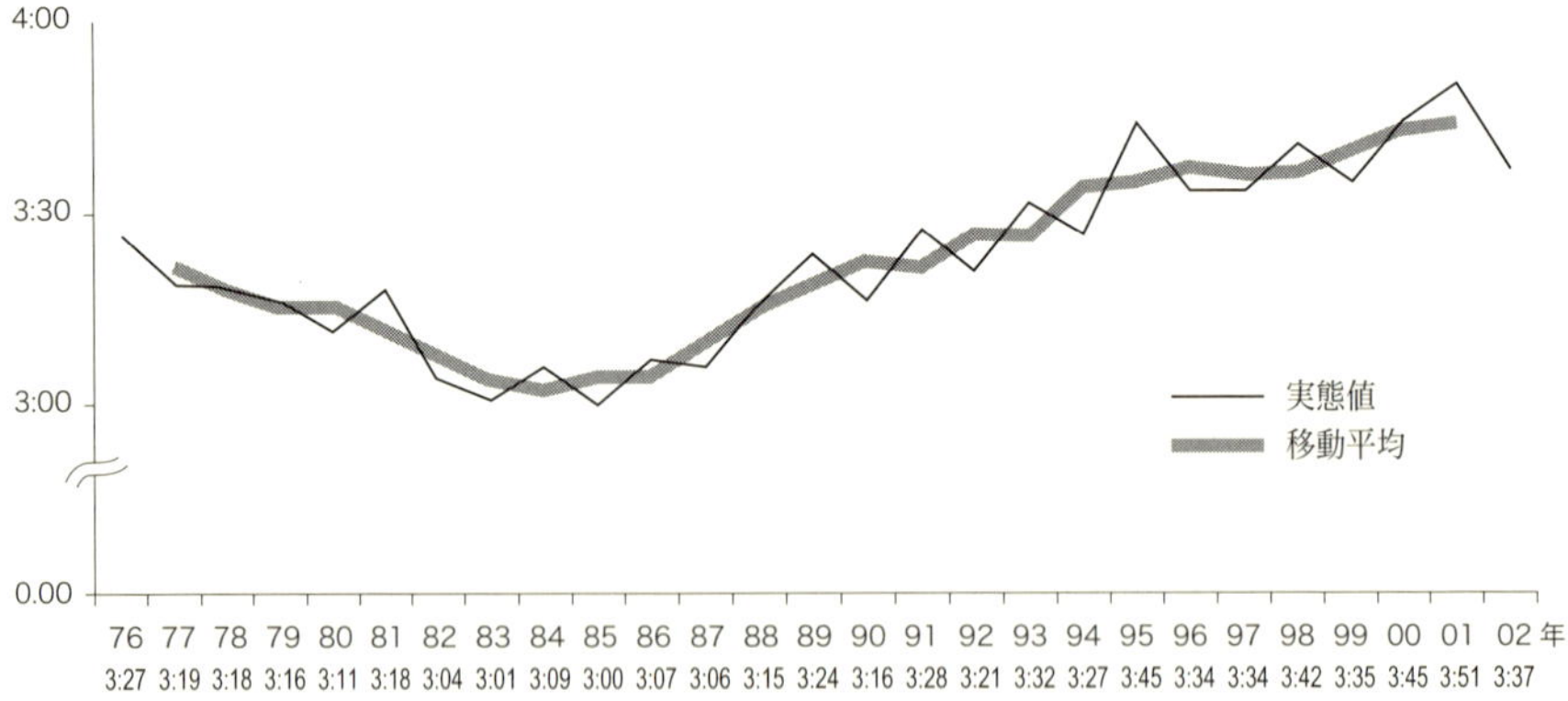


出所：「NHK 全国個人視聴率調査」夏期・週平均・全国７歳以上の国民，1976–2002 年

経済的事象が進行していた。これらが総合的に組み合わさることによって、仕事・家事・勉強のための時間を減少させ、その見返りとして自由時間を増加させた。テレビ視聴時間が減った一九七〇年代後半から一九八〇年代前半にかけては自由時間の増加がなかったのに対し、この時期に決定的だったのは、自由時間の増加が存在したことである[19]。

・この時期のテレビのハード面での革新はめざましいものがある。まず、中継技術の飛躍的向上、カメラの小型化・軽量化によって、テレビの同時性の範囲は飛躍的に拡大した。また、音声多重方式の導入・普及による音声の常時ステレオ化、受信機画面の大型化・ワイド化・精細化などにより、テレビ映像はより臨場感に満ちたものになっている。リモコン装置の導入により、選局をはじめとする受信機操作に変革がもたらされた。さらに、衛星放送、都市型CATV、デジタルCS放送の普及によって、茶の間の多チャンネル化が進行した。

・一九九〇年前後からテレビの情報機能を発揮させる大きな事件・事故が相次いで起こった。天皇崩御、天安門事件、ベルリンの壁崩壊、湾岸戦争、ソ連解体、五五年体制の崩壊、阪神・淡路大震災、オウム真理教事件などがそれである。さらに、夏冬のオリンピック大会、ワールドカップ・サッカーなど大きなスポーツ・イベントもテレビの情報機能を見直させるものとなっている。

・一方で「虚構と現実が融合した情報」と戯れるといった、新たなバラエティ形式の番組が数多く登場し、人気を集めている。

以上を反映して、「テレビに対して興味のある人」が一九八二年四八％から二〇〇二年五五％へと増加、「興味のない人」が一九八二年四九％から二〇〇二年四一％へと減少し、テレビ視聴時間の再生と軌を一にしたのである[20]。

ここで、とくに頻繁なチャンネル切り替え（いわゆるザッピング）について触れておこう。自宅のテレビにチャンネル切り替えのリモコン装置があるという人は、一九八七年五四％から一九九二年八七％に急増している。そして、一九九二年の段階で、「番組が面白くなくなったら、次々とチャンネルを替えることがある人」は、「よくある」四〇%、「ときどきある」四一%を合わせて八一%である。年層別にみると、若い人で多く、一六～二九歳で九割を超えているが、いちばん少ない七〇歳以上でも六割に達している。そして、テレビにリモコン装置がついたことで、「テレビの見方が散漫で落ち着かなくなった」とマイナスに評価する人が二七%に対して、「テレビの見方が自由で多彩なものになった」とプラスに評価する人が六一%と大きく上回っている[21]。

このザッピング視聴の登場によって、「なんとなくいろいろな番組を見るほう」という漠然視聴の率が一九八二年二一%から二〇〇二年二八%へと増加した（図8）。さらに図9に示したように、この漠然視聴の増加を年層別にみると、若くなればなるほど大幅な増加がみられる。そして、生まれ年別にみると、一九六〇年代以前に生まれた人びとではその値にあまり動きがなく、この漠然視聴の増加が一九七〇年代以降生まれの新しい世代に特有のものであり、この傾向は時を経るにつれて、ますます強化されていくものと考えられる[22]。

ここで、若い世代の漠然視聴に伴って出現しているテレビの見方のさまざまな特徴を示すと図10のようになる[23]。

これらを総合すると、それは、「普段は背景画として流しているが、ときとして興がのると、テレビと対話し、裏を予測し、感情を包絡させる」という新たなテレビ的身体の出現とみなすことができる。その形態は、リモコンを片手に、さ

図8　漠然視聴・選択視聴の推移　（%）

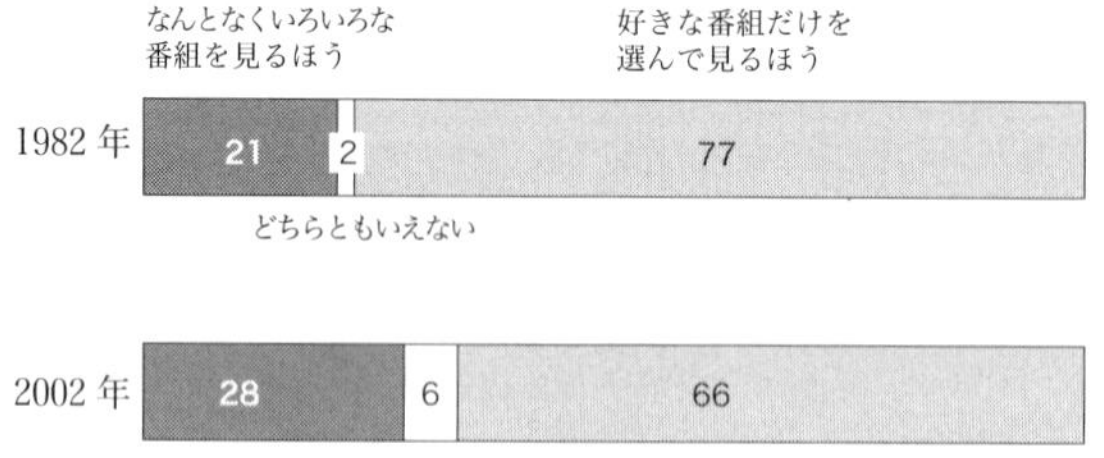


出所：「NHK 放送意向調査」全国 16 歳以上男女，1982・2002 年

図９　漠然視聴の推移

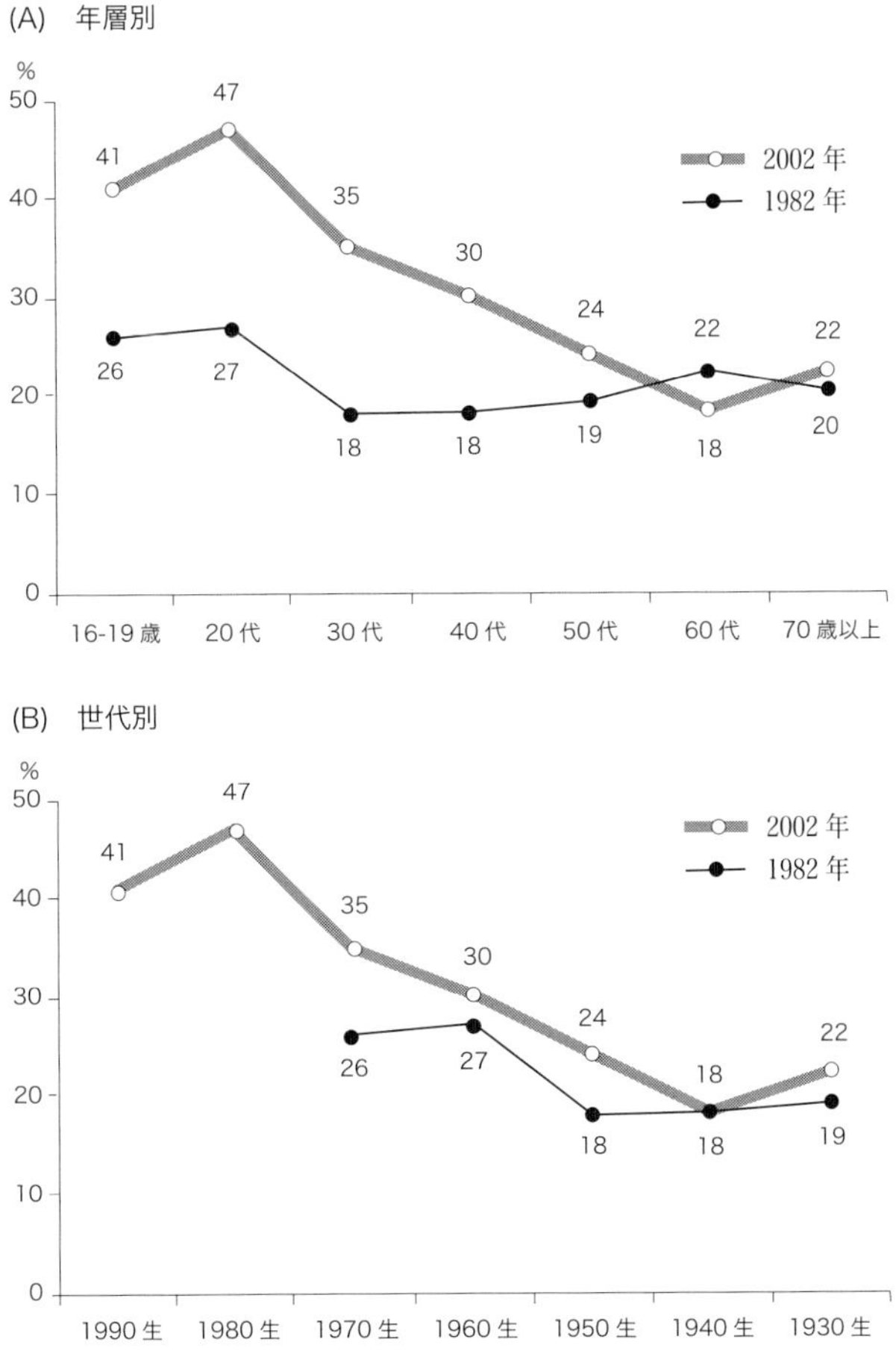


出所：「NHK 放送意向調査」全国 16 歳以上男女，1982・2002 年

図10　若年層に特徴的なテレビの見方（複数回答）

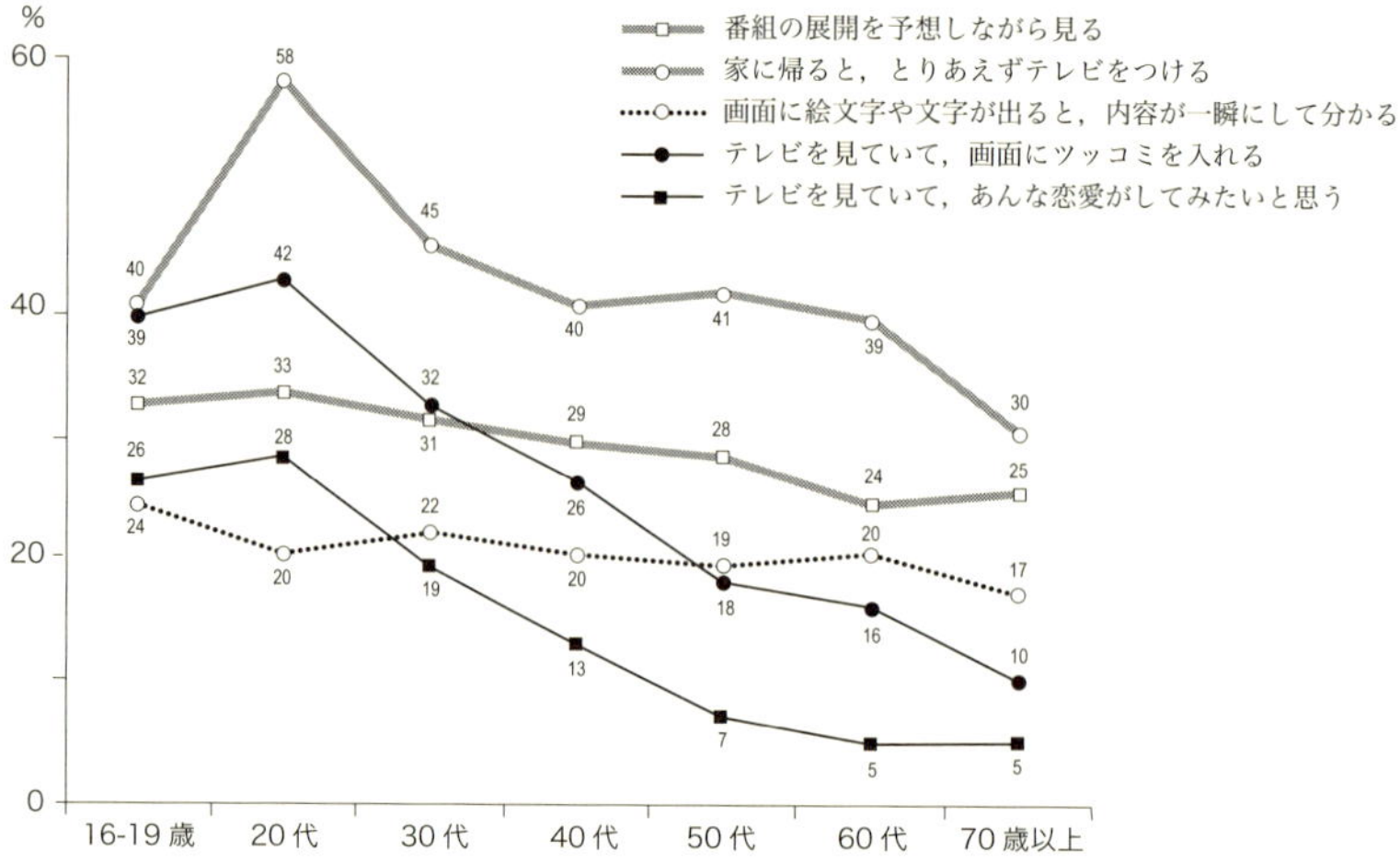


出所：NHK「テレビ50年調査」全国16歳以上の男女，2002年

表7　テレビ視聴の社会内変容の概略

| '53 | '63 | '73 | '83 | '93 | '03 |
|---|---|---|---|---|---|
| 視聴時間： | 急増　→ | 増加　→ | 減少　→ | 増加 | |
| テレビへの興味： | | 減少　→ | 最小　→ | 増加 | |
| 漠然視聴： | | 減少　→ | 最小　→ | 増加 | |
| さすらい視聴　→ | | 家族視聴　→ | | 個人視聴 | |
| | | 視聴番組の分散化 | | | |
| 見物的コミュニケーション　→ | | 対話的コミュニケーション | | | |
| | 熱中　→ | 定着　→ | 成熟　→ | 相関 | |

まざまな表現に対してやさめた関係に立ちつつ、それら諸表現とみずからの身体との相関（インターフェイス）の臨界点を求めてサーフィンするものであり、その内実はもはや漠然視聴と呼ぶにはふさわしくなく、テレビと身体とのインターフェイスの生成を求める探査型視聴へと変質していると考えられるのである。

以上が、この五〇年間のテレビ視聴行為の社会内変容である。

街頭テレビを熱狂して見ていた時代から始まり、家族とチャンネル争いをしながら見ていた時代を経て、ひとりでリモコン片手にチャンネルの間を波乗りしている現代まで、そのうねりを図式的に表現したものが表7である。

これらを通じて、「人びととテレビの関係の変容は、社会の変容とや生活の変容から独立したものではないこと」、「その変容は直接的には、送り手側の諸条件の変容と、それに対応する受け手側の諸条件の変容との交流を通してなされること」が実感される。

最後に、五〇年間のテレビ視聴行為の社会内変容の時代区分を試みると次のようになる。

第一期　成長・発展期（一九五三年〜一九七〇年代前半）
テレビが急速に日本人の生活のなかに浸透することによって、最も身近なメディアになり、旺盛な視聴意欲に支えられて、テレビ視聴の基本的枠組みが形成された時期。

第二期　停滞・減少期（一九七〇年代後半〜一九八〇年代前半）
視聴意識の面でテレビ離れが生じ、ついで、視聴時間量が停滞から減少に移行した時期。

第三期　回復・堅調期（一九八〇年代後半〜現在）
視聴時間が増加傾向に転じ、これまでで最もよく見られるようになった反面、意識面では機能面に対する批判が強まってテレビ視聴が成熟した時期。

そして、テレビ視聴行為の社会内変容がもたらした時期区分の一つ一つが、また、変容の結果登場したテレビ視聴の形態群が、生活に、社会に、文化にどのような意味をもったかの詳細は、以下の章にゆずることとしたい。

# 第二章　生活世界とテレビ視聴

テレビというメディアのあり方とテレビを見るという行為は、家族を中心とした日常世界の社会的・文化的な関係に規定されながら、「歴史的・社会的に構造化されたもの」と考えることができよう。テレビは、日常世界に導入され、定着していくなかで、先行する他のメディア（映画・ラジオ・新聞など）の利用の仕方に影響を与えただけでなく、人びとの生活そのものも大きく変容させてきた。言い換えれば、テレビが、人びとの生活のスタイル、生活の規範、行動の指針、他のメディアとの接触など、日常生活それ自体を規定してきたと考えられる。

この章の目的は、こうした、テレビと日常世界の相互規定的な関係を重層的・多元的な空間構成として表現することにある。そして、テレビの五〇年を三期に区分し、各期ごとに、この空間の中で、テレビを見ること、さらにはテレビ視聴者がどう編制されてきたのかを検討することにしたい。

## 一　テレビを見ることの多層的な意味——五三年から七〇年代半ばまで

一九五三年二月にテレビの本放送が開始されたとき、ＮＨＫのテレビ受信契約（受信機所有世帯）は八六六件であったという。そしてこのとき、ＮＨＫのラジオ受信契約は一〇〇〇万件を超えていた。新聞の総発行部数も、すでに二〇〇〇万部を上回っていた。そうしたメディア状況の中で、テレビ受信契約が一〇〇〇万件を超えるには、その後五年の歳月を要している。しかし、その一年後、五九年四月一〇日の「皇太子ご成婚パレード」の中継放送直前にNHKのテレビ受信契約は二〇〇万件を超え、以後、急速に普及していく。ご成婚から五年後の六四年一〇月の東京オリンピック時には一七〇〇万件を超えていた。そして七一年度末には、テレビ受信機がほとんど全世帯に普及していただけでなく、その半数を超える世帯にカラーテレビが普及していたのである。

NHK国民生活時間調査によれば、六〇年から、七三年のオイルショックを経た七五年までの一五年間に、日本人の生活時間に占めるテレビ視聴時間のウエイトは著しく増大した。労働時間の短縮、家事の合理化などを進めるなかで、人びとはラジオ聴取時間を大幅に削り、睡眠時間の少なくとも一部を短縮させ、また、テレビ視聴と他の生活行動との同時行動化（ながら視聴）を進めることによって、テレビに接触する時間量・時間帯幅を拡大していった。七〇年から七五年にかけて増加した自由時間の大部分はテレビ視聴に振り向けられ、テレビ視聴と同時には行ないがたい「交際」「レジャー活動」「活字接触」といった余暇活動の時間の伸びはテレビ視聴に比べれば小幅であった。

この時期には、多くの人が農村から都市へ出てきて働き、都市のなかでも郊外の団地などへと移住することによって、新しい土地で、新しい生活をはじめたとはいえ、家族関係をはじめとする日常の暮らしには、まだ伝統的な生活の仕方が色濃く残っていたはずである。テレビは親しみやすい伝統的な生活に寄り添いながら、同時に、新しい時代を切り拓く先端的なメディアとして、人びとに新しい生活を提案していったのである。

### うちにテレビがやってきた

テレビ放送が開始された五三年当時、日本人は「テレビジョン」というメディアを自分たちの日常生活の中に導入したいという明確な欲求はもっていなかったに違いない。技術革新が人々の欲求を先取りし、潜在していた欲求を顕在化していったのである。

多くの人びとは、すでに「映画」という映像と音声からなるメディアに馴染んでいた。しかし、人々にとって「映画」は非日常のメディアであり、「映画館」に出かけていって見るものであった。「自宅で映画を見る」などという贅沢を夢見る人はきわめて少数であったろう。だから、街頭テレビに群がったり、喫茶店でスポーツ中継を見たり、隣近所の、テレビのある家で「ゲスト・ビューイング」することに、あまり抵抗がなかった。つまり、動く映像は特別なものだったのである。

しかし、「自宅」でマス・メディアが伝える情報に接することには新聞・ラジオ・雑誌・書籍などを通じて十分に馴染んでいた。とくにＮＨＫ・民放が併存するラジオでは、「音声」だけによるとはいえ、ニュース、ドキュメンタリー、教育・教養、芸能・娯楽といったさまざまな情報に、日常的に接していた。つまり、マスコミ情報には、かなり以前から、活字メディア・音声メディアを通じて親しんできていたのである。

それでは、テレビを見るということはどういうことなのか。まず、自宅で接するマスコミ情報に動く映像が加わり、これまで非日常のメディアであった動く映像の日常化が実現したことである。われわれは、テレビ受信機を購入しさえすれば、自宅に「映画館」ができることを、驚きと憧れをもって受け容れた。自分の眼で見たことを「百聞は一見にしかず」として信頼し、また、映像のもつ具体性を活かした「絵解き」など、情報の視覚化をものごとの理解と認識に最も有効な手段と考え、感じているので、情報を視覚化する最も進歩したマスコミ情報メディアとして「テレビ」を家庭内に設置し、生活の中に採り入れたのである。また、動く映像情報の多くは、子どもから大人まで、年齢や職業、学歴の違いを超えて、楽しめるものとして受けとめられてきた。高度成長経済のなか、都市へ集中してきた人びとにとって、テレビは、家族と一緒に見られる、家族団らんに役立つ、最も手っ取り早い娯楽メディアとなった。このようにして、都市郊外の団地に居を構えた核家族が、新しい生活のスタイルや規範を構築するために、テレビをはじめとするマス・メディアを利用することになったのである。

## テレビを楽しむ

五〇年代と六〇年代前半のテレビ受信機は、モノクロであり、チャンネルの切り替えはダイヤルを直接手で回すタイプのものであった。そして、多くの家庭ではステイタス・シンボルとしてのテレビ受信機を床の間に飾った。また、初期のテレビで最も人気を集めたのは、プロボクシングの世界選手権試合や当時人気の力道山が出場するプロレスリング中継など、スポーツのビッグ・イベントであった。しかし、もっと日常的には、ニュースやドラマ、バラエティ、歌謡番組、クイズなどの定時番組を家族団らんの中で視聴し、自宅に居ながらにして「世の中の動きを知る」などの環境監視・情報収集を行なうとともに、「気楽に楽しみ」ながらさまざまに影響を受けてきたのである。

テレビ番組の編成と視聴の重点は夜間の娯楽的な番組に置かれているという基本的な構造パターンを維持しつつ、六四年の『木島則夫モーニングショー』（NET）の開始、六五年のNHK『スタジオ102』の開始および朝の連続テレビ小説『おはなはん』の登場、そして六六年の『こんにちは奥さん』（NHK）、『小川宏ショー』（フジテレビ）などの開始によって、朝の時間帯の視聴者が拡大していった。人びとは毎朝決まった時間に、「新聞」や「ラジオ」ではなく「テレビ」を見ることによって、その日の始めに、必要なニュース・情報に接するという習慣を形成していった。

テレビ受信機の普及が軌道に乗り始めたころから、PTA関係者や有識者によるテレビ批判が活発化した。テレビが人々の時間を奪うこと、娯楽番組に、低俗で、子どもの教育上有害なものが多いとするものがほとんどであった。その典型的なものが大宅壮一の「一億総白痴化」（五六・五七年）という言葉を用いたテレビ低俗化批判である。しかし、『鉄腕アトム』（六三年〜、フジテレビ）に始まるマンガ・アニメーションは『巨人の星』（六八年〜、日本テレビ）などを経て今日ますます盛んであり、『ウルトラマン・シリーズ』（六五年〜、TBS）、『仮面ライダー・シリーズ』（七一年〜、テレビ朝日）などの特撮番組も、いわゆる低俗批判の槍玉にあげられた『アベック歌合戦』『歌って踊って大合戦』（ともに日本テレビ）、『8時だヨ！全員集合』（六九年〜、ＴＢＳ）などのバラエティ番組も、現在四〇歳代・五〇歳代の、子を持つ親たちが子どものころに共有したテレビ文化であった。

## テレビ視聴者の国民化――テレビ時代を拓くご成婚（五九年）・東京オリンピック（六四年）

「ご成婚パレード」中継の直前にＮＨＫテレビ受信契約が二〇〇万件を超えたことは先にみたとおりであるが、この時期の皇室報道がその後の皇室報道のあり方を規定するものとなったことをみておく必要があろう。もちろん、皇太子の結婚に関わるものであるから、国民の関心も高く、マスコミが大々的に取り上げるのは当然であろうが、日本のマスコミは、皇太子と美智子さんの人柄、その交際のエピソードや周辺に関する情報などを詳細に紹介するなかで、明らかに、新憲法下の天皇制を支える庶民感情としての、皇室に対する愛情を育み、定着させるため、皇太子と美智子さんに対する親しみ・共感・尊敬などの好意的な感情の醸成に努めていたといえる。全マス・メディアの足並みを揃えた皇室支援キャンペーン活動が繰り広げられたからこそ「ご成婚パレード」中継前にＮＨＫテレビ受信契約の二〇〇万件突破がありえたのである。近年の「雅子さま」「愛子さま」報道もほとんど同じパターンの皇室支援キャンペーン活動であった。

六〇年五月、日米安全保障条約の改定をめぐって、国会が混乱し、五月一九日の深夜、政府・与党は警官隊を導入して本会議を開き、新安保条約、新行政協定、関係法令の一括採決を強行した。一方、国会周辺にはこれに反対するデモ隊が集まって騒然となっていた。テレビ各局はこれらを実況中継し、特別番組を放送するなど、積極的に取り組んだ。テレビを含むマスコミが世論を大きく動かし、また沈静化させた。

ご成婚から五年後、六四年一〇月の東京オリンピック放送は、スポーツのビッグ・イベントとして取り組まれ、人びとはテレビを介して大規模なスポーツの祭典に熱狂的に参加した。東京オリンピック時には、すでに、NHKテレビ受信契約は一七〇〇万件を超えていた。

「皇室」や「オリンピック」は、自宅で、家族団らんの中で楽しむことができるメディア・イベントであった。これらのメディア・イベントに参加することをとおして、テレビ視聴者は「日本人」「日本の国民」として編制されていったのである。さらに、テレビ視聴者の「国民化」に寄与した番組としては、講談や大衆小説、映画やラジオ番組で有名な日本の「英雄」、たとえば、太閤秀吉、源義経、銭形平次や遠山の金さん、水戸黄門、大岡越前、宮本武蔵、あるいは赤穂浪士（忠臣蔵）などをテレビドラマ化したものが多い。また、NHKの宮田輝アナウンサーの司会で、全国各地のローカルな祭りを次々と掘り起こし、全国向けにショーアップして人気のあった『ふるさとの歌まつり』は、テレビで取り上げることで伝統的な地域文化が破壊されるとの批判を受けながらも、大晦日の『紅白歌合戦』などとともに、テレビ視聴者を日本人として編制するのに大いに貢献したといえる。

### 全世帯へ普及する——テレビが生活の中心に

戦後の日本に訪れた高度経済成長の中で、多くの人びとが農村から都市へ移動し、さらには都市郊外の団地に住み、テレビ受信機をはじめ「三種の神器」といわれる家電製品を購入・所有することによって、自己の生活向上と日本社会の「平等化」「平準化」の実感を共有していった。そして、テレビ受信機の普及率が九〇％を超えた七〇年前後には、家族そろって同一の番組を視聴するという、団地生活の人びとに一般化した「テレビ体験」が、そのまま国民的なライフ・スタイルとなったのである。

戦前・戦中を通じて国家権力によって、強力に押し付けられてきたにもかかわらず、十分には実現されなかった「ナショナリズム」と「国民化」が、この時期のテレビのある生活のなかで自主的に形成されていく。

テレビ受信機の普及がかなり進み、「テレビ時代」という言葉がすでに慣用語となっていた六三年三月に、NHKが東京都二三区内の有権者二〇〇〇名を対象として実施した「テレビ機能特徴調査」の結果をみてみよう(1)。この調査の目的は、さまざまな角度から、生活の中でテレビが占める位置と役割を解明することにあった。

この調査の一つの柱である「生活におけるテレビ浸透度スケール」の分析結果がこの時期の代表的なテレビ視聴者像を捉えているといえる。テレビのある生活というものが、当時すでに、日本人の生活の常態になっていて、人びとの生活は次の二つのタイプに大別されることを前提としている。一つは、生活の中にテレビを不可欠の要素として採り入れている人びと、すなわち、家庭生活を楽しく、はりのあるものにする強力な要因としてテレビが作用し、テレビの存在そのものが大きな意味をもち、さらにテレビ視聴行動それ自体が他の諸行動をおさえて特別な意味をもっている、このような人びとの集団を「テレビ浸透グループ」と名づけた。これに対して、その人の生活の中でテレビは他のさまざまな情報源、娯楽媒体の一つにすぎないような人びとの集団を「テレビ非浸透グループ」と名づけた。

この「生活におけるテレビ浸透度スケール」は、次の六つの質問に対する回答によって構成されている。

①仕事とテレビの対立——あなたは、しなければならない仕事と、見たいと思うテレビ番組とがぶつかったときどちらをとりますか。

②余暇活動とテレビの対立——きょう一日はゆっくりとくつろいでテレビでも見ようと思っていたときに、映画とか、ゴルフとか、野球とか、芝居とかにさそわれたばあい、あなたはどうしますか。

③ひと仕事終わってほっとしたときに占めるテレビの位置——あなたは、いそがしい仕事が片付いてほっとしたとき、何をなさいますか。テレビを見ることが多いですか。それとも、何かほかのことをなさることのほうが多いですか。

④テレビのない生活についての感情——もしテレビがなくなったら、生活がさびしくなるとお考えですか。

⑤ひまな時間の中でのテレビの位置――あなたは、とくに何もすることがなくてひまなときには、テレビでも見ようという気になることが多いですか。
⑥テレビが故障したときのテレビに対する感情――あなたは、テレビが故障してテレビを見ることができなくなったとき、非常にもの足りない感じをおもちになりますか。
①〜⑥のすべてにおいてテレビの位置づけが大きい人、および仕事との対立の場合のみ「仕事」を優先させるという、テレビがその人の生活の中にきわめて深く浸透していると考えられる人びととして「テレビ浸透グループ」(テレビ所有者の二九%、約三分の一を占める)を取り出している。この集団に属する人びとは、テレビに対して、他の人びとに比べて、多大の犠牲を払うことを辞さない、テレビがなくなると非常なさびしさを感じ、生活の支えを失ったように感じる人びとである。彼らはたんなるテレビ・ファンというよりも、生活のなかにテレビが骨肉化してしまっている層だと考えることができよう。
次に主な分析結果をみてみよう。

デモグラフィックな属性別にみると、「テレビ浸透グループ」の特性としては、男性よりも女性が多いこと、中年以上の、保守的な考えをもった、個人経営従業者あるいは労働者の家庭で生活し、比較的生活程度の低い層に多いことがあげられる。

マス・メディア接触習慣との関連をみると、「テレビ浸透グループ」はテレビに対してきわめて高い忠誠度(平日・休日とも長時間の視聴習慣がある)を示している。他方、新聞を別にして、印刷メディアへの接触度、ラジオ、映画に対する接触度の低い層に多い。

テレビに対する態度では、「テレビ浸透グループ」は、つねにチャンネルを回しながら、現に放送されている番組のなかから、選択的にテレビ番組を視聴し、そこに楽しみを見いだそうとしている人々であり、また、マス・メディアの競合状態のなかでテレビを選択し、テレビの報道に対して他のメディアによる報道よりも、強い信頼感を寄せている人びとによって構成されている。さらにテレビドラマの見方としては、そのドラマに即して、番組の論理とともに感じ、考えるという見方をする人が多い。さらに今日のテレビ放送のなかからでも、十分ためになる要素を汲みとっていると考えている人びとが多い、ということができる。

生活についての意識・評価との関係をみると、「浸透グループ」に属する人びとは、生き方という点で、現在志向型に属し、テレビを通じて、エンターテインメントとインフォメーションを求める人たちである。彼らの生活は、テレビを中心にして展開しているのである。彼らはテレビをたんなるリラクゼーションの手段と考えて映像を消費するのではなく、テレビから何かを得ようとする人たちでもある。彼らは生活程度という点では中以下の層に多くみられ、またけっして現代的で合理的な意識の持ち主と考えることはできないであろう。しかしながら、彼らは現状に対して満足の気持ちをいだき、テレビによって生活に生きがいを見いだしている人びとだ、ということができるのである。

「テレビ型」化する人びと

六三年に実施されたＮＨＫの「テレビ機能特徴調査」から五年後、テレビはますます普及し、日本人の中にテレビ視聴という行動はさらに深く習慣化・定着化していった。生活の中でテレビが占める位置と役割はいっそう拡大・深化したのではないか。

次に、六八年一一月に、関東地区（一都六県）全域で、一六から六九歳の住民三六〇〇名を対象に実施されたＮＨＫの「放送に関する世論調査」の結果をみてみよう(2)。

まず、この調査では、次の(a)〜(e)の、五つの「生活状況」を設定し、それぞれの生活状況ごとに、テレビ視聴を含む一二の選択可能な行動を示し、あなただったらどんなことをなさいますか、という質問をしている。

(a) 比較的長時間の平日余暇
(b) 自宅での一時間程度の空白
(c) 気分転換が必要な状況
(d) 疲労回復が必要な状況
(e) 自分の自由になる休日

(回答選択肢――①本(雑誌)を読む、②ラジオやレコードを聞く、③テレビを見る、④家族と話をしたり、ゲームなどをする、⑤散歩・体操・スポーツなどをする、⑥友人と会う、⑦趣味を楽しむ、⑧とくになにもせずに、ごろごろしている、⑨家族と一緒に外出する、⑩映画や芝居などを見にいく、⑪家で仕事(勉強)をする、⑫その他)

この調査結果から、テレビ視聴に対する心理的ウエイトが大きい人びとは、先にみた「テレビ浸透グループ」に属する人びとと同様、年齢の高い人ほど多く、物心両面における「生活の広がり」が比較的狭い、いわゆる「マイホーム主義」的な人生観をもち、ふだんからテレビをよく見ているが、娯楽的なものを中心に、「番組」というよりも「テレビ」を見ているというタイプの人びとであること。

また、テレビ視聴の心理的ウエイトが小さい人びとでは、これとはきわめて対照的に、社会的・経済的な地位の高い人びとに多く、いずれの「生活状況」においても、「読書」「スポーツ」「趣味」「ラジオやレコードを聞く」などの行動への心理的ウエイトが大きい、という傾向が認められた。

以上の結果を踏まえて、上記の「比較的長時間の平日余暇」と「自分の自由になる休日」におけるテレビ視聴の有無の組み合わせによって人びとを類型化し、テレビ視聴に対する心理的ウエイトの大小を示すものとして、次の四つのタイプを設定した。

⑴平日・休日型　三七%(平日余暇にも休日にも、テレビをみる。テレビ視聴の心理的ウエイトが最も大きいと考え

られる人びと）

(2)平日型　二二％（平日余暇にはテレビを見るが、休日には見ないという人びと）

(3)休日型　一三％（平日余暇にはテレビを見ないが、休日には見るという人びと）

(4)非テレビ型　二五％（平日余暇にも休日にもテレビを見ない。テレビ視聴の心理的ウエイトが最も小さいと考えられる人びと）

この「平日・休日型」に属する人びとは、六三年の「テレビ機能特徴調査」の「テレビ浸透グループ」の人びととの類似性がきわめて高いと考えられる。

次に、テレビの必要性について、ⓐ人間関係に役立っているか、ⓑ仕事（または、勉強）に役立っているか、ⓒ余暇を過ごす上で、なくてはならないものか、を尋ねている。どの側面においても、テレビの必要性を認めている人が過半数を超えており、人間関係では「非常に＋ある程度役立っている」という人が七九％、仕事では「（どちらかといえば）役に立つことが多い」が五二％、余暇では「なくてはならないものだ＋それほどではないが、あったほうがありがたい」が八六％であった。とくに、余暇を過ごす上でテレビは「なくてはならないものだ」とする人が、上記の「平日・休日型」では四八％、「非テレビ型」では三〇％と、かなりな差がついている。

さらに、テレビのメディア特性について、他のマス・メディアやコミュニケーション活動にくらべ、どのような優れた機能的特性をもっていると思っているか、また、テレビの「テレビらしさ」はどういうところにあると思っているかを尋ねた結果をみてみよう。

「くつろがせ、楽しませてくれる」という娯楽メディアとしてのテレビの卓越性は、日本人の大部分が認めている唯一の「テレビの機能的特性」であり、これに関してはさまざまな属性別の結果をみても層による差異がほとんど認められないが、上記のテレビ視聴の心理的ウエイトの大きい人と小さい人との間には明らかな差異が認められる。また、テレビの機能的特性の卓越性を多面的に認めている人びとも「平日・休日型」に多く、逆に、その卓越性を特定の機能についてだけ認めている人およびいずれの機能についてもテレビの卓越性を認めない人びとは「非テレビ型」の人々に多い。

この当時の人びとには、テレビの「同時性」（遠くで今起こっていることが居ながらにしてわかること＝五七％）、「家族性」（家族みんなで楽しめること＝五五％）および「総合性」（ニュース・教養から娯楽まで何でもそろっていること＝五二％）をテレビらしい点としてあげる人が多く、「マスコミ性」（日本中の人たちが同じものを見、同じことについて考えることができること＝二一％）をあげる人が比較的少ない。

また、「もっともテレビらしい点」についても同様の認識傾向が認められるが、それをとくに「家族性」に認めている人が、テレビ視聴に対する心理的ウエイトが大きい「平日・休日型」の人（二四％）に多く、「非テレビ型」の人（一三％）には少ない。

当時の日本のテレビ視聴者は、「テレビ型」（「テレビ浸透グループ」との類似性が著しく高い）と「非テレビ型」に大きく二分することができるが、主流はすでに「テレビ型」であった。六八年のＮＨＫ「放送に関する世論調査」によれば、「テレビ型」と「非テレビ型」の特徴は表１のようにまとめることができる。

「テレビ浸透グループ」に属する人びとも、「テレビ型」の人びとも、この時点で、年齢的にはすでに中高年層である。したがってテレビ受信機普及との関連で、これらの人びとがテレビをよく見るようになる以前に、テレビのないメディア環境・コミュニケーション環境で育ってきたことは確かである。つまり、テレビ・メディア、テレ

表１　「テレビ型」と「非テレビ型」の特徴

| | テレビ型 | 非テレビ型 |
|---|---|---|
| テレビ視聴に対する心理的ウエイト | 大きい | 小さい |
| 人間関係・仕事・余暇におけるテレビの必要性 | 全面的に肯定 | 否定／軽視 |
| 心理的欲求充足のためのテレビの効用 | 積極的に評価 | 暇つぶし・後ろめたい |
| テレビのメディア特性の認識 | 多面的に卓越性評価 | 卓越性の限定／無視 |
| テレビの社会的機能の認識 | 肯定的（プラス） | 否定的（含むゼロ） |
| 放送内容に対する評価 | 高い | 低い |

ビ文化に触れる前に、対人コミュニケーション、活字メディア・活字文化、映画、ラジオなどのさまざまなメディア・コミュニケーション、メディア文化に接しており、白紙の状態でテレビに出会ったわけではない。「テレビ体験」に先行する「コミュニケーション体験」「メディア体験」が相当程度あるということである。この点で、生まれたときからテレビのある生活をすることになるテレビ世代とは異なっているといえよう。

七〇年三月の「よど号ハイジャック事件」、七二年二月の「連合赤軍浅間山荘事件」などの長時間ナマ中継報道が、テレビのない時代の「メディア・コミュニケーション体験」をもつ日本人のほとんどを「テレビ型」化していったのである。七二年六月一七日の佐藤栄作首相の引退記者会見はその象徴といえるのではないか。

## 二　日本社会とテレビの転換期――一九七〇年代半ばから一九八〇年代半ばまで

### 「テレビ離れ」の時代

前節で述べてきたように、一九五三年のテレビ放送に始まり、テレビの世帯普及率が五〇％を超えた一九六二年までの一〇年間、そしてほぼ全世帯に普及した七一年までの二〇年間は、まさにテレビの「拡大」「成長」の時期といえる。それは、高度経済成長にむけて日本社会が離陸し、多くの人びとが農村から都市へ、そして都市の郊外へと移り住み、核家族化が急速に進展していく過程であった。核家族を理想とした「家庭」という空間、団地の「近代的」な生活と通勤がセットになった「郊外」の生活空間、こうした新しい生活空間の形成過程は、テレビが他の家電製品と一緒に日本社会の内部に組み込まれていく過程でもあった。一大決心をして白黒テレビを買い求めること、カラーテレビに切り替えること、茶の間で家族がそろって同じ番組を視聴すること、こうした行為はなにほどか、みずからの生活の向上を実感させるとともに、その実感を通じて日本社会の「平等化」「平準化」を想像させるにたりる十分な共通感覚をつくりあげていったのである。

しかし七〇年代に入ると、とりわけ七〇年代の後半になると、このようなテレビ視聴の様態や人びとのテレビに対する意味づけが変化したと考えることができる。たしかに一方では、テレビは新聞の広告収入を上回り、広告分野最大のメディアに成長し、産業的には拡大・拡張を続けていく。しかしながら他方で、「テレビへの興味の減少」が指摘され、事実、七六年のピーク時には三時間二〇分台であった視聴時間量は漸減し、七〇年代後半から八五年前後まで減り続け、八五年の視聴時間は三時間近くまで落ち込む。『テレビ視聴の三〇年』は、この視聴時間量の減少傾向を「レジャー活動の増加による余暇活動におけるテレビのウエイトの低下、興味の減少にともなう娯楽番

図1　テレビへの興味の変化

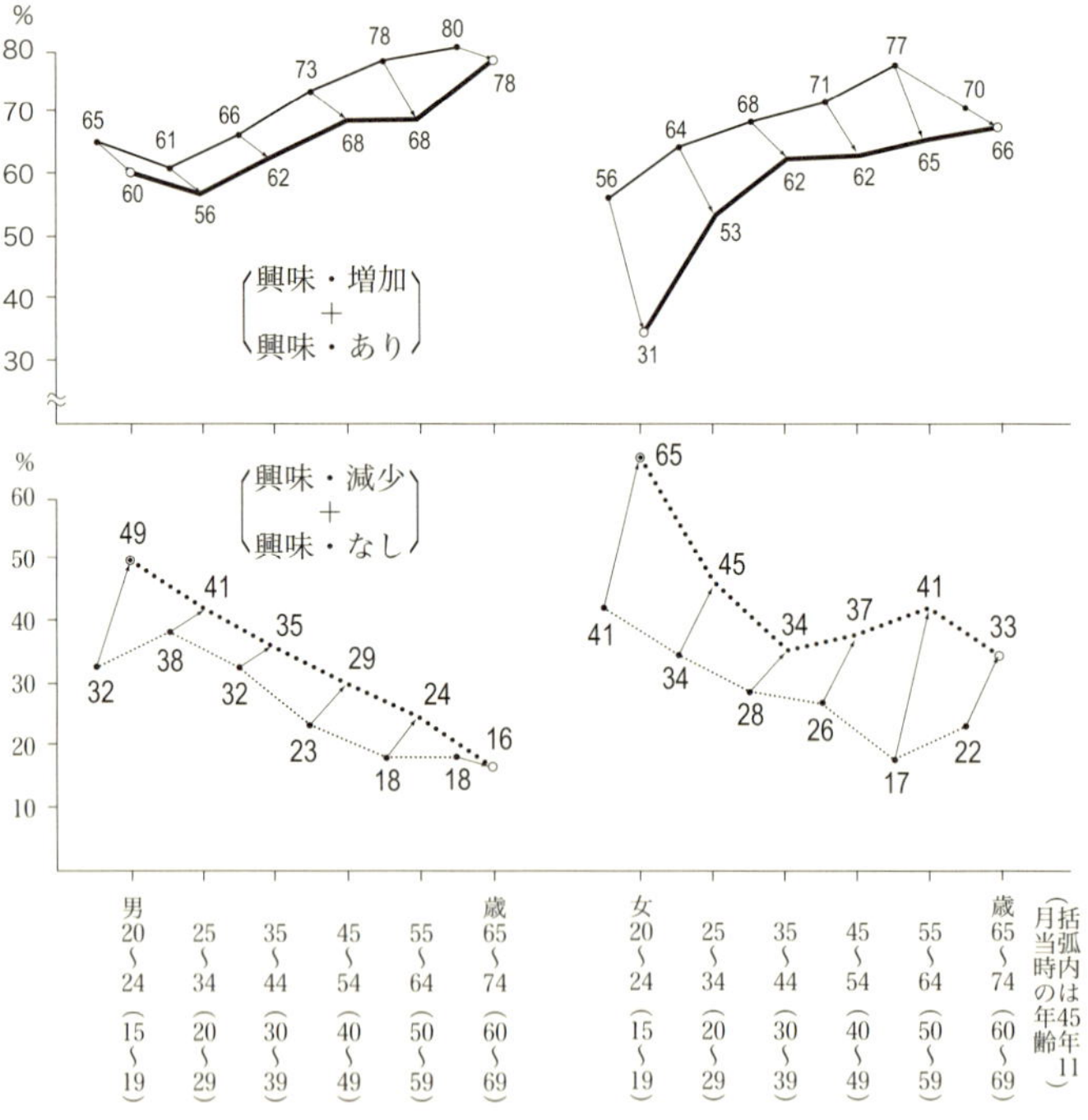


出所：「今日のテレビ；視聴者の意識を中心に」1974年（1970年11月と1974年3月のデータによる）

組の相対的なウエイトの低下、視聴者の選択眼の高まり、番組選択の主体性の強まり、『ながら視聴』の減少などが原因」として考えられる、と位置づけた(3)。この指摘からも示唆されるように、重要なのは、視聴者の生活世界全体におけるテレビの意味づけの変化や、余暇行動などを含めた視聴者一人ひとりのコミュニケーションの変化に規定されながら、これまで一貫して成長・拡大を続けてきたテレビが一つの転機を迎えた、ということである。「テレビ離れ」が囁かれたのはまさにこの時期であった。

この変化の時代に指摘された「興味の減少」といわれる傾向の特徴をみておこう（図1）。知見によれば、この傾向は女性で著しいこと、ライフ・ステージや世代によって減少傾向に違いが存在すること、つまり若年層で減少傾向が顕著で、専業主婦層では「テレビへの興味」が増加する一方で仕事をもつ女性では減少であること、報道・教育・教養系の番組に興味が移り、娯楽番組に対する興味が減少していることなどが示された。しかしながら、ここで留意すべきは、こうした意識のレベルでの「テレビ離れ」を、単純な意味での「テレビ離れ」と捉えてはならない、ということだろう。むしろ、テレビ視聴がほぼ二〇年を経過した段階で、テレビを見るという営みが、部屋の照明を暗くして映画館で映画を見るような、日常のなかの非日常な行為、他の日常の行ないから独立した特別な行為ではなくなり、一人ひとりの日常生活に基礎づけられたコミュニケーション構造に深く組み込まれ、意味づけられる行為となったことを示唆する。ライフ・ステージや世代による差異の顕在化はそのことをよく示しているといえよう。一九八〇年の調査報告「日本人とテレビ(1)〜(6)」は、この変化を、行動と実態の側面からみれば、「視聴行動の定着化」「テレビ視聴の環境化」「テレビ視聴の個性化」、意識の側面からみれば、「テレビ視聴の密着化」「テレビ視聴の非意識化」の進行として把握した(4)。

## テレビ視聴の定着化・環境化・非意識化

「定着化」とは、夜間を中心とする平均的な一日における視聴者数が社会のすべての階層に均等化しており、平均的な一日における視聴時間量が各階層の人びとに共通して多いことを意味する。いわば、あらゆる階層の人びとにテレビが見られ、特定のパターンを形成しながらテレビ視聴が行なわれていることを確認するものであった。そして、人びとの生活のなかですでに習慣化したテレビ視聴は、「ながら視聴」がふえるにしたがい、他の生活行動、パーソナル・コミュニケーションと結びつくようになる。つまり人びとはテレビを生活環境の一部として受けとめる傾向が出てくる。この事態が「環境化」と呼ばれたのである。

いうまでもなく、テレビが「環境化」すると、人びとはテレビ視聴を特別なこととは考えず、それ自体としては意識しなくなる。「環境化」は、その帰結として、テレビ視聴の「非意識化」をもたらしたのである。それはテレビを視聴する際にはっきりと

図２　回帰型（メディア・テレビ関連）

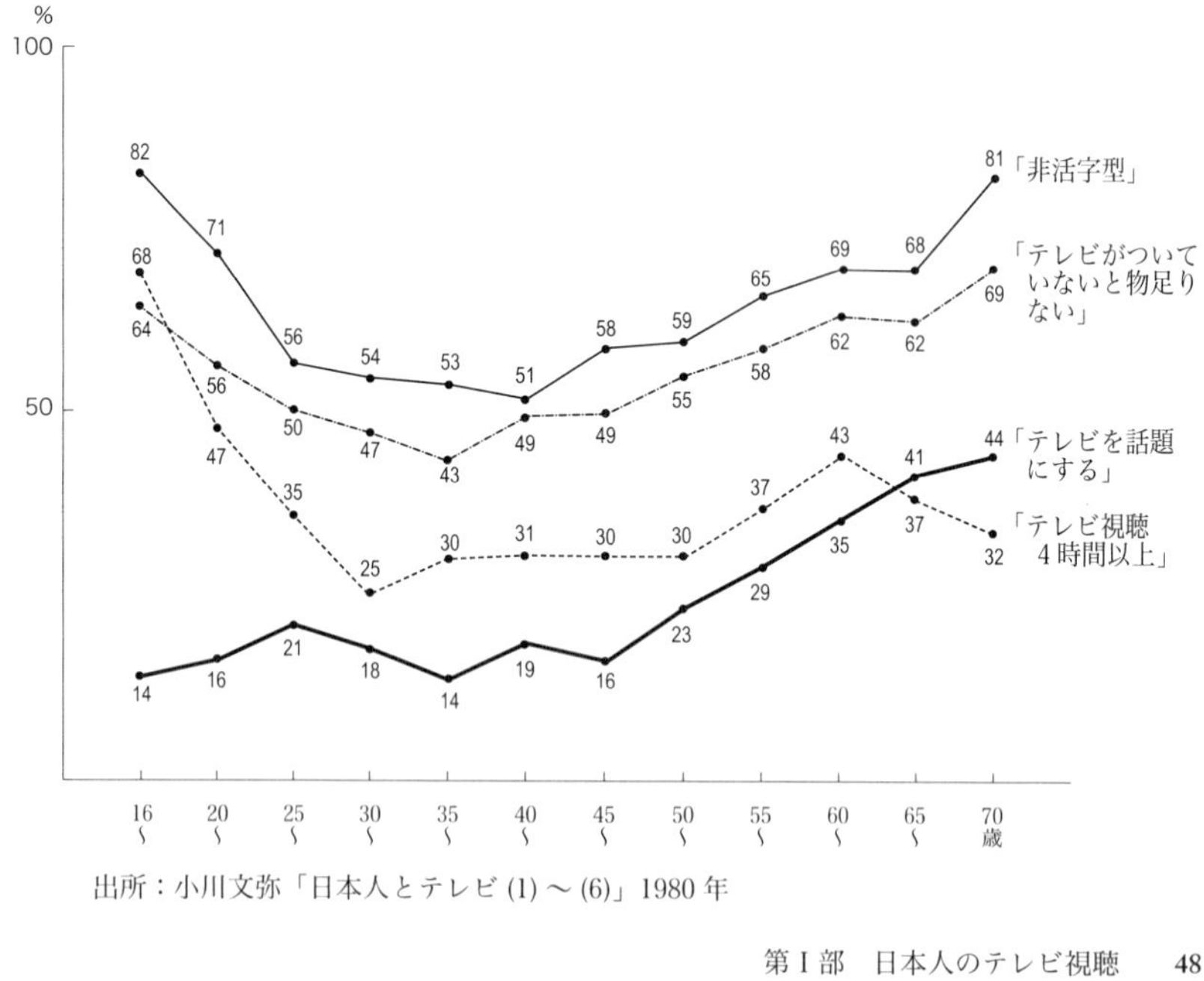


出所：小川文弥「日本人とテレビ (1) 〜 (6)」1980 年

した理由が減少し、あまり明確ではない視聴理由が増加する傾向とも結びついている。

さらに、このようなテレビの「環境化」、テレビ視聴の「非意識化」の下で、「テレビなしには生活できないという感じ」や「テレビに対する一体感や愛着」が強まり、心理的ウエイトの増大がみられたことに注目すべきだろう。しかも重要なのは、図2に示したように、若年層と高年層の二つの年層グループが、それぞれ違った位相を示しているにもかかわらず、意識の中に占めるテレビのウエイトが同じように高い、という調査結果が示されたことである。

七〇年代、「興味の減少」「視聴時間量の漸減」という変化が生じた。だがそれは、以上指摘したように、単純な「テレビ離れ」を意味するものではない。テレビを見ること、あるいはテレビを見ることの意味は、よどみなく日常生活に組み込まれることで、一方では無意識化しつつ、他方では心理的ウエイトを増加させる。複雑な質的変化の過程であったと考えることできる。

テレビ放送開始から約二〇年が経過した時点で書かれた「日本人のテレビ意識」は以下のようなタイプを析出している(5)。

この調査では、テレビ視聴態度を、二つの異なる方向性、つまり「環境化」と「内面化」から捉える。

表2　環境化-内面化のタイプ（年層別の特徴）　（%）

| タイプ | % | 全体より高い層 |
|---|---|---|
| 環境-内面 | 12.4 | 女 25 ～ 29 歳（19）4 時間以上（20）<br>女 60 ～ 69（17）<br>民放型（14） |
| 環境化 | 9.8 | 男 15 ～ 19（16），女 15 ～ 19（23），民放型（12）<br>高在（20），男 20 ～ 24（16），女 20 ～ 24（18） |
| 内面化 | 44.5 | 男 50 ～ 59（55）NHK 型（53），高卒（47）<br>女 40 ～ 49（53） |
| その他 | 33.3 | 男 20 ～ 24（42）1 時間以下（47）<br>男 30 ～ 34（44） |

出所：小川文弥「日本人のテレビ意識」1975 年

「環境化」タイプ――テレビの浸透状況において「テレビをつけっぱなしにする」、視聴理由において「見るのが習慣になっている」のいずれかを選んだ人。

「内面化」タイプ――テレビ観で、「自分を見つめなおす」「心のささえ・うるおい」「生活や考え方の指針」「つくったり・表現したい気持ち」のいずれかをあげた人。

この二つの組み合わせにより、四つのタイプを取り出している。結果は表2のとおりである。

「環境化 - 内面化」タイプは、女性、四時間以上の長時間視聴者に多く、「環境化」タイプは若い人に多い。それに対して、「内面化」タイプは中年層に多い。テレビへの態度は、こうして、自己の内面に深く関わるものとして視聴する方向と、テレビがついていることや視聴していることに対して即自的な方向、という二つの方向に分極化しているのである。

視聴環境の変化と個人視聴の増大

さて、これら複雑な変化のなかでいま一つあげておかねばならないのが、第一章でも指摘した、「個人視聴」の増加である。表3から明らかなように、一九七〇年の時点で二台のテレビを所有している世帯が二九%、三台以上所有の世帯が八%を占めている。それが七七年には二台所有世帯が三三%、三台以上所有

表3　テレビ所有台数（1世帯当たり）　(%)

| 年 | 1970 | 1977 | 1979 | 1982 | 1992 | 2002 |
|---|---|---|---|---|---|---|
| ない | 2 | 1 | 1 | 1 | 0 | 0 |
| 1台 | 62 | 56 | 40 | 38 | 20 | 18 |
| 2台 | 29 | 33 | 41 | 40 | 35 | 32 |
| 3台以上 | 8 | 11 | 18 | 22 | 44 | 50 |

注：網掛け部分は最も高い数値
出所：「視聴者からみた『テレビ50年』」

が一一%に増加し、合わせて四五%近くまで達する。さらに七九年には、テレビ複数所有世帯が一台しかない世帯を上回る。こうしたテレビ所有台数の増加を背景にして、「個人視聴」の増加という直線的な進行がこの七〇年代から始まるのである。

テレビが一家団らんの主役になった六〇年代に、すでにラジオの共同的な享受形態が解体し、七〇年代には深夜放送に典型的に見られるようなアナウンサーとリスナーとの「仮構された私的なコミュニケーションの場」が形成されていくことになるわけだが、これまで家庭という空間を意味づけ構造化するメディアであったテレビも、低価格化、軽量化、小型化といった技術革新のなかで、ラジオほどの劇的な変化ではなかったにしろ、徐々に個人のパーソナルな空間に意味を充塡していくメディアへと変化する発端に立ち始めていたのである。

こうしたテレビ視聴のスタイルの変化、さらにその変化と結びついたテレビ視聴自体に対する意味づけの変化など、テレビ視聴の量的・質的な変化が生じた七〇年代は、メディア環境の全体的な変化や社会の基本的な価値意識の変化に対応してテレビ番組も変化し、テレビ・テクストが視聴者に及ぼす意味作用においても変容が生じていたとみるべきだろう。

### 消費社会への離陸

時代の変化を象徴する出来事として一般に指摘されるのは、一九七三年のオイルショックであり、七九年の第二次オイルショックである。拡大と成長、開発と発展を基調にした社会の見直しが叫ばれ、「モーレツからビューティフルへ」(一九七〇年)というキャッチコピーが時代感覚を表現するものとして受けとめられた。仕事一点張りから余暇や私生活重視へ、労働から消費へ、社会の基本的な価値意識が変わりつつあった。その変化の担い手が、団塊の世代たるニューファミリー層であった。彼らは、高度成長を経験して一定の豊かさを享受し、それに見合う多様な欲求や感性を身につけるなかで、メディアに新たな期待を寄せていたのだ。

しかし他方で、この時代の変化を象徴するもう一つの出来事として、六九年の東京大学安田講堂事件、七二年の浅間山荘事件が挙げられる。とりわけ後者の事件の報道でテレビは、機動隊突入の場面をリアルタイムで伝え、忘れがたい印象を多くの人びとに与えた。

六〇年代は、戦後の安保体制を基軸とする政治と高度経済成長政策に伴うさまざまな問題が噴出した時代である。高等教育体制の歪みを批判することに端を発した学生運動は、七〇年安保、成田空港建設問題など、当時の日本社会が抱えた政治的・社会的問題に対する政治闘争に発展した。火炎ビン闘争とも呼ばれた学生の武力闘争は七〇年代後半には沈静化した。だが、この学生運動の成立と挫折、そして崩壊がその後の社会や価値観に与えた影響はきわめて大きかったといえる。その一つが、自己の生き方を社会問題の解決と接合すること、言い換えれば、「私的世界」と「公的世界」を関わらせながら生きることが顧みられなくなったことだろう。象徴的にいえば、浅間山荘事件の七二年を境にして、自己と社会との関係は、「私」の生活感や趣味・娯楽のセンスを身近な友人や仲間に表現すること、そしてその表現行為を通じてみずからが社会的存在であることの意識をつなぎ止め確認するような回路である、「ライフ・スタイル」の問題へと変換されていったのである。それは、私的生活と公的生活の分離を意味する。政治や社会的問題を批判的に思考し、かつ行動する姿勢は後退ないし潜在化して、公的問題は私的な生活圏から傍観者的に観賞するものに変化したのである。

この公的生活から分離された私的生活や生活スタイルと直接的に結びついていたのが、私生活重視という価値観に対応したカタログ雑誌や新しい雑誌の創刊である。従来の週刊誌とは違ったグラビア中心の編集、ファッション、インテリア、旅行情報を満載した誌面の構成を行なった『アンアン』（七〇年）、『ノンノ』（七一年）の創刊は、そうした時代の変化を象徴する代表的な事例といえる。またこの時期、FMラジオが新設され、「室内のインテリア」といわれるほど私的な生活空間が軽快なサウンドやおしゃべりで充たされていったことも忘れてはならないだろう。もちろんテレビもこうした私的空間に重きを置くベクトルと無関係ではなかった。

### テレビ番組の刷新

メディア環境の全体的な変化や社会の価値観の変化、さらにテレビ視聴のスタイルの変化は、新しいタイプの番組や新たな制作手法の開拓をテレビに求めていくことになる。実際、「報道番組のショー化」「スポーツ番組のショー化」と指摘された『ニュースセンター9時』(七四年、NHK)、『プロ野球ニュース』(七六年、CX)の開始は、これまでもっていた報道番組の「硬さ」を壊して、娯楽的な要素と語りをニュース報道の分野に導入する契機となった。また、トーク番組という新しいジャンルをつくりだした『徹子の部屋』(ANB)が開始されたのも七六年である。あるいは、これまではテレビを見ている側だった普通の人びとがテレビに登場し、アイドル歌手への登竜門として人気を集めた『スター誕生』(七一年、NTV)、新婚カップルをスタジオに招いてさまざまな告白トークを披露させた『新婚さんいらっしゃい』(七一年、TBS)、そして視聴者参加のデート番組『パンチDEデート』(七四年、CX)など、視聴者参加型の番組が多数制作された。さらに、スターや芸能人のお見合いショーを目玉にした『ラブラブショー』(七〇年、CX)や、スター本来の芸とは無関係な自慢の「料理」や郷土料理を紹介した『ごちそうさま』(七一年、NTV)を加えてみると、この当時の番組が視聴者をはじめとしてスターや芸能人のプライベートな側面を格好の番組素材としていたことがうかがえるのではないだろうか。それは、第一章で指摘されたように、テレビが「見物的コミュニケーション」の形態から「対話的コミュニケーション」の形態への転換の内実をなすものであり、「ライフ・スタイル」という言葉に内包された私生活重視、私生活主義という価値意識と響きあいながら、その後の社会意識のコアな部分を形成する文化形態であったといえる。

こうした新たな番組の制作過程は、過去の二〇年間のなかで培われてきたテレビの世界から徐々にある一つのジャンルが消えていく過程でもあった。それはドキュメンタリー番組のジャンルである。

六〇年代のテレビの世界において、ドキュメンタリー番組は独自の位置を占めていた。具体的にいえば、五七年には『日本の素顔』（NHK）が開始され、六〇年代に入ると、日本テレビの『ノンフィクション劇場』（六二年）、TBSの『カメラ・ルポルタージュ』（六二年）、六四年には『日本の素顔』の後継番組であった『現代の映像』がつづく。これらの番組が七〇年代には次々と姿を消していく背景には、各地UHF局の開局に向けて各社が膨大な資金援助のために経営の合理化を行ない、採算性の合わないこの分野を縮小せざるをえなかった、という事情がある。だが、いま一つの理由は、すでに指摘した、人びとの社会意識の変化であるだろう。社会のさまざまな問題に眼を向け、場合によっては政府や企業活動を「告発」する番組のスタイルは視聴者に受け容れがたくなっていたのだ。

テレビの世界の変容は、社会の、生活全体の変容に根ざしている。しかし一旦変化したテレビの世界は、逆に、社会に、そして日常世界のあり方に多大な影響を及ぼすだろう。その相互的な関係のなかで、プライバタイゼーション（私事化）の価値意識が深く内面化されていったのである。

## 三　新しい種類の視聴者の成立はあるか——一九八〇年代半ばから一九九〇年代半ばまで

第二期の「停滞・減少期」が始まる七五年前後から減少を続けていたテレビ視聴時間が八五年頃から増加に転じている。また、第三期の「回復・堅調期」の前期は、第一期の「発展・安定期」を特徴づけていた「家族視聴」から、「個人視聴」「選択視聴」への変化が顕在化してきた時期でもある。こうした変化の背後にあるものは、テレビに直接かかわるものでは、上述したように、八二年から九二年にかけての、複数テレビ所有世帯の大幅な増加（三台以上所有者が二二％から四四％へ）やホームビデオ（所有者が三四％から八四％へ）利用の着実な広がり、「リモコン装置」普及（九二年一〇月調査で、八七％）の拡大、平日の二四時間放送の開始などがある。

メディア環境の多様化の進行、社会の価値意識の変容に規定されたテレビ視聴のスタイルの変化は、新しいタイプの番組や新たな制作手法の開拓をテレビに求めていくことになる。パーソナル化への過渡期・転換期を経て、第三期の前期が始まった。

九〇年前後にはとくに、時代や社会の大規模な転換を予感させる出来事が続発した。国内では「昭和天皇の逝去」「参議院選挙での与野党逆転」「バブル経済の崩壊」、世界では「天安門事件」「ベルリンの壁崩壊」「湾岸戦争」などである。

人びとの興味・関心を引きつける事件・事故・犯罪をめぐる過熱・過剰報道も日常化し、この時期は「ニュースが売れる時代」「報道の時代」と呼ばれるようになった。

### テレビ依存傾向の拡大化

八五年から五年ごとに実施され、人々の中でテレビの位置づけがどのように変化していくかを同一質問群で追求する「日本人とテレビ」調査をはじめ、NHKが実施してきたいくつかの調査をもとに、この時期におけるテレビ視聴の変容の意味について考察を進めることとしたい。

テレビ視聴時間が増加に転じたとはいえ、八〇年から九〇年までの変化は小さく、増加傾向は九〇年以降のバブル経済崩壊後で大きい。この時期（八〇年代半ばから九〇年代半ば）のテレビ視聴態様をみると、「テレビを見る時刻はだいたい決まっている」、見る番組は「自分（自身）で選ぶことが多い」「見たい番組しか見ないほう」、ひとりで見るのではなくて「他の人と（一緒に）見ることが多い」という人がいずれも半数を超えている。また、「時間のやりくりをしてテレビを見ることはほとんどない」、「テレビがついていないと落ち着かないということはない」という人も半数を大きく超えている。テレビの効用として「家族の団らんに役立つ」を肯定する人が減少傾向を示しているとはいえ、九五年の時点では六七％で、人びとが、テレビというメディアに対してこの当時、「家族視聴」を基本として対応している様子がうかがえよう。

しかし、変化の兆しは、①ＮＨＫの番組と民放の番組のどちらを多く見ているかという質問に対し「民放のほうをずっと多く見る」人が一五％から二〇％へ、またテレビ・コマーシャルを「楽しんでみている」人も二四％から二九％へと増加していること、②テレビを「ひとりだけで見たい」あるいは「ひとりで見ることが多い」という人が徐々に増加していること、③テレビが「なくてはならないもの」だという人も増加して四〇％を超えたこと、などに認められる。

①の「民放番組をよく見ている」人びとが増加しているということは、「広告イメージ」や「トレンディ・ドラマ」「お笑いバラエティ」「ワイドショー」（フジテレビが主導した「軽チャー」文化の典型）の消費を通して、テレビ世代の若者たちがみずからのポジションとアイデンティティを求めていく、新しい視聴の空間が構成されてきたことを意味している。②の「ひとりで見る」「ひとりで見たい」人びとが増加しているということは、「見たい番組しか見ない」人が多いことと融合して、テレビが「私」のライフスタイルやアイデンティティの形成に必要な多様な情報を提供してくれるメディアの一つに位置づけられ、個人化・個性化・差異化のメディアへと変化してきたことを意味している。③の「テレビがなくてはならないもの」だという人びとの増加は、「現在のテレビに満足している」人に多く、テレビ世代に強くみられる傾向であり、また、そうしたテレビ世代ほど、「世の中の出来事や動きを知る（報道機能）」、「政治や社会の問題について考える（解説機能）」うえで、いちばん役立っているメディアとして「新聞」をあげる人が減り、「テレビ」をあげる人が増えているなど、テレビに対する心理的な傾斜の度合いが大きくなっていることを意味して

いる。

しかし、この時期におけるテレビへの心理的傾斜の拡大傾向は、第一期の「テレビ型」の人びとのそれとは異なりテレビ依存傾向の拡大である面を見逃すわけにはいかない。コミュニケーション・メディアとしてのテレビの多機能化、民放テレビを中心とする新しい視聴空間の広がりは、テレビ以前のメディア体験の希薄化、つまり、テレビ視聴体験と統合する対人コミュニケーションと活字メディア体験の欠落と表裏をなしているのである。

### 多メディア化に対処する番組制作・編成

この時期には、都市型CATVによる多チャンネル・サービスも始まり、ホームビデオの普及も進んだため、テレビをめぐるメディア環境に大きな変化が起こるとして、各テレビ局はみずからの生き残りをかけて、テレビの特性である同時性・速報性、臨場感を活かすことのできるニュース・報道番組と、ハプニング性や出演者のタレント性、素材やトークの面白さを活かすバラエティ番組の充実に力を注いだ。これらの番組のナマ性・面白さ・わかりやすさの追求、ワイドショー化は、報道系、情報系、娯楽系といった番組ジャンルのボーダレス化（ワイド番組の中に各種のコーナーを設定する、芸能人のゴシップや消息のニュース化）につながった。ここでは、専門性の高い情報、じっくり鑑賞したり、深く考えたりするのに適した芸術性や文化性の高いパッケージ系の情報・文化は専門チャンネルやビデオソフトに委ね、「いま・このとき」を伝えるものがテレビ的であるとされたのである。

テレビというマス・メディアで、専門性の高いもの、芸術性や文化性の高いものが人びとの間に共有されることの意味を軽視するほどに、多メディア化の進展はテレビの存続を脅かしていたのである。

テレビの最も基本的な機能（報道機能と娯楽機能）を担う「ニュースおよびニュースショー」（七〇％超）、「天気予報」（五〇％超）、「ドラマ」（五〇％前後）、「スポーツ番組」（四〇％強）をよく見ている人の比率は八五年から九五年までの一〇年間ではほとんど変化していないが、テレビの魅力の新しい担い手となってきた「お笑いやコントなどのバラエティショー」は八五年の二〇％から九五年では二四％に、また「自然・歴史・紀行・科学などの一般教養番組」も二五％から二八％へと、着々増加をつづけている。他方、テレビ放送開始以来、テレビの魅力を支えてきた、テレビ以前の伝統的な芸能・娯楽である「劇場用映画」（二五％から二〇％へ）、「クイズ・ゲーム」（三六％から三〇％へ）、「落語・漫才などの寄席・演芸もの」（一九％から一五％へ）をよく見ている人が徐々に減少してきている。

また、安定した視聴者を維持しつづけているかのようにみえるニュース・報道番組、スポーツ番組でも、よりテレビ的な表現を求めて、新しい番組スタイルや制作手法を開拓したNHK『ニュースセンター9時』（七四年）、フジテレビ『プロ野球ニュース』（七六年）などの成功後、それまであまりニュース・報道番組に関心を示さなかった層をターゲットに、八五年一〇月、テレビ朝日の『ニュースステーション』がスタートしている。

『ニュースステーション』をはじめとする各局のニュース・ワイドショー番組は、多様な職種・年齢層、親しみやすい顔ぶれ、和気あいあいとした雰囲気といった特徴をもつ「新しいジャーナリスト集団」が、絶えず生起する多様で膨大なニュースや情報を、世間話でもしているかのように楽々と巧みにさばいて、一つの世界像を描いてみせたり、軽く権力を批判・風刺したり、犯罪事件では同情したり怒ったり、感情をあらわにするあたりに、身近で新鮮な魅力があるのではなかろうか。この場合、ジャーナリスト集団そのものがもう一つの魅力ある世界を構成しているのであろう。これらの番組の放送開始当初は、ニュース・報道番組、スポーツ番組の「ショー化」「芸能番組化」「視聴者迎合」との批判を呼んだが、新しいニュース視聴者の拡大、ニュース・報道のいっそうの大衆化に成功した。娯楽番組・教養番組でも、従来の伝統的な型を破るような、「テレビ」というメディアの可能性の追求が試みられ、テレビの魅力の再発見が続けられてきた。

現代社会に関する人びとの認識は、こうしたテレビ編成に深くかかわっているに違いない。そこで、八八年一二月に実施された「テレビの役割」調査[6]の結果にもとづいて人びとが「現代社会の特徴」をどうみているかを分析してみると、「現代社会は、利便性は高いが、弱者に厳しい社会だ」というのが日本人の共通認識といえる。こうした基本的な共通性を踏まえて、人びとの認識の相違点を探ってみたが、現代社会を全体として「批判的にみているか肯定的にみているかの違い」以外に構造的な相違は見いだせなかった。

分化し、多様化する余暇観と情報ニーズ

マス・メディア接触は通常、余暇活動として行なわれているので、テレビ視聴を規定するものとしての余暇意識の構造変化をみてみよう。NHKが七三年から五年ごとに実施している「日本人の意識」調査によれば、七三年以降、仕事優先の考え方をとる人が減少し、「身近な人たちと、なごやかな毎日を送る（愛志向）」とか「その日その日を、自由に楽しく過ごす（快志向）」ことを生活目標とする人が増加しており、将来よりも現在を重視し、余暇を楽しむ傾向を強めてきている。

そこで、「テレビの役割」調査で捉えた余暇観の構造を分析してみると、次のような四つの類型が設定できる。

①個性化志向型――「個性をみがく」「自分らしい生き方をみつける」「心を豊かにする」などのために余暇時間を使いたいという人がとくに多いタイプ

②社会化志向型――「社会のしくみや変化の方向を知る」「仕事に必要な知識や技術を身につける」「世の中の役に立つことをする」ためという人がとくに多いタイプ

③健康志向型――「健康を維持・増進するため」「心を豊かにするため」「気分転換のため」という人がとくに多いタイプ

④気晴らし志向型――「気分転換のため」「疲れをほぐすため」という人がとくに多いタイプ

こうした結果は、余暇を楽しむという意識の拡大と余暇活動の多様化・積極化の進展を示すと同時に、余暇に対する人々の目的意識がかなり分化していることを示しており、今後の変化としては「個性化志向型」「健康志向型」が増加し、さらに細分化することが予想されよう。

次に、人びとの情報ニーズの構造をみてみよう。

テレビ視聴の位置と役割を明らかにするためには、テレビ視聴を含むメディア・コミュニケーションの全体的な構造の把握が重要である。

ここでは、八六年一一月に実施された「情報と社会」調査[7]から、人びとの情報ニーズの構造を明らかにするため、「日ごろどんな種類の情報に関心をもって接しているか」を尋ねた回答と、「どんな感じの情報が好きか」を尋ねた回答を分析要因として取り上げ、数量化第Ⅲ類によるパターン分析を行なった。その結果、人びとの情報ニーズの構造化への寄与は、実用情報と面白情報のどちらをより好んでいるかの違いと、時代や流行の先端的な情報と恒常性の高い情報のどちらをより好んでいるかの違いが大きいといえる。この分析結果から、次の四つの情報ニーズタイプが設定できる。

①娯楽嗜好タイプ――実用情報よりも面白情報を好み、先端情報よりも一般的・恒常的情報を好む。映画・小説・テレビドラマなどの娯楽、お笑いバラエティや寄席演芸が好きな人が多い。

②先端情報嗜好タイプ――面白情報、先端情報、感性情報を好む。音楽、ファッション・おしゃれ情報、自分の私生活に関わる情報が好きな人が多い。

③生活情報タイプ――実用情報、一般的・恒常的情報への嗜好が強い。健康や医療の問題、税金や物価の問題が好きな人が多い。

④社会・教養情報タイプ――実用情報、先端情報への嗜好が強い。政治や経済の動き、現代の世相・風俗・流行、

文化やマスコミの変化、スポーツ番組・記事が好きな人が多い。

なお、どのタイプにも共通して関心が高いのは、「事件・事故・犯罪の報道」であった。

日本人の情報行動・情報ニーズは、「未知の世界」に対する知的興味の充足を重視しながらも、多種多様な「面白さ」を求めているところに共通性が認められるが、構造的には余暇観の場合と同様、かなり分化してきているといえる。また、時系列変化をみると、先端的な情報に対するニーズが強まってきているといえる。

「余暇」や「情報」の重要性が高まれば高まるほど、そこに生活者としての特徴が顕在化し、余暇活動・余暇観、情報行動・情報ニーズは多様化するものと考えられる。これらの調査結果をみると、余暇観も情報ニーズも以前より多様化しているといえよう。

人びとのテレビ視聴・テレビ意識が余暇活動・余暇観、情報ニーズによって規定されているとすれば、生活の中に占めるテレビ視聴の行動パターンや位置づけ・意味づけも多様化し、より細分化した多様な視聴者類型が顕在化してくるものと考えられる。

総合的な情報機能か、特定の情報機能か

第一期の「テレビ浸透グループ」対「テレビ非浸透グループ」、「テレビ型」対「非テレビ型」という類型化は、当時、日本人の大部分が「テレビ型」であったという現実を反映しているわけだが、その後、視聴者の細分化が進んでいる。八一年一二月の「首都圏調査」(8)によって、コミュニケーション行為の中にテレビ視聴を位置づける試みを、次の(1)(2)の調査結果を分析要因として、数量化第Ⅲ類のパターン分析の手法を適用して行なった。この調査データは調査時期が第三期からはやや外れているが、十分適用可能と考えて取り上げることにした。

(1)日常的なメディア接触頻度・量(テレビ、ラジオ、レコード・音楽テープ、新聞、週刊誌、本、家族、隣人、家族

・隣人以外の九メディア

(2)テレビ視聴種目（二六項目）、新聞閲読記事（二七項目）、会話内容（三〇項目）

人びとの情報行動が分類される基準として析出されたのは、第一に、活字メディア・音声メディア・対人コミュニケーションが活発で、テレビ視聴時間が短いタイプと、テレビ視聴時間が長く、家族や隣人とのコミュニケーションは活発だが、活字メディア・音声メディア・その他の対人コミュニケーションが不活発なタイプとに分かれる「接触メディアの多様性の相違」であり、第二に、「接触内容の社会性の相違」である。

この分析結果から、人びとの「テレビ」の受けとめ方には、次の三つのタイプがあるといえる。

①テレビへの依存度が高く、テレビを「総合情報メディア」として受けとめているタイプ

②情報行動全体が「あそび志向」的で、テレビを「娯楽メディア」として受けとめているタイプ

③テレビを含む複数のメディアをよく利用しており、テレビを「社会情報メディア」として受けとめているタイプ

どのタイプが主流を占めるかはさまざまな要因の絡み合いの中で決定されていくものだが、テレビのメディア機能が再認識されはじめたこの時期には、「総合情報メディア」として受けとめるタイプが中心になっているといえよう。

生活者の類型

生活目標、老後の生き方、余暇と仕事、生活満足度、社会との連帯感、庶民感覚などの調査結果にもとづく、生活者としての行動と意識のパターン分析結果からは、「社会性の大小」と「庶民性の大小」が主要な分類基準になっており、首都圏住民を次の四つのタイプに分けることができる。

①広域社会型――行動面でも意識面でも、社会性がとくに高く庶民性が低い点が第一の特徴である。生活の中に

占める仕事のウエイトが大きい点と、同時に仕事と余暇の両立を志向している点、将来志向性が大きい点、活字メディアへの依存度が高く、テレビ視聴時間が少ない点などもこのタイプの特徴といえる。

②私生活型――行動面での社会性がとくに低く、接触している情報内容が遊び情報に著しく偏っている点に第一の特徴がある。また、意識面では、社会性も庶民性も希薄で、生活満足度が低く、老後の生き方として「自分の趣味を持ち、のんびりと余生を送る」のが望ましいという人が多い点などもこのタイプの特徴といえる。

③地域社会型――社会性と庶民性がともに高い点に第一の特徴がある。また、家庭と地域社会での役割行動が活発であり、人間関係への依存度が高い点、生活満足度が高い点、余暇よりも仕事を重視している点などもこのタイプの特徴といえる。

④家庭生活型――庶民性が高く社会性が低い点に第一の特徴がある。また、「身近な人たちと、なごやかな毎日を送る」ことを生活目標にしている人が多いなど、現在志向性が大きく、仕事よりも余暇を重視している点やテレビへの依存度が高い点などもこのタイプの特徴といえる。

設定された四つのタイプの特徴は、人びとの生活圏（生活空間）がどのような広がりをもっているかの相違として捉えることができる。

そこで、次に問題になるのは、人びとの生活圏の広がりとテレビ視聴がどう関連しているかということである。

多様化する生活者としての視聴者タイプ

生活者としての視聴者の類型化は、情報行動、余暇活動・余暇意識、役割行動・生活意識、テレビ意識、場面嗜好に関する調査結果を分析要因として、数量化第Ⅲ類のパターン分析の手法を適用して行なった。

パターン分析の結果、次の六つのタイプが設定された。

ⓐ独身貴族タイプ——男女の二〇代が多く、自由になる「ヒマ」も「お金」もそこそこある、社会的な拘束があまりない人びとであり、「私生活型」の人がほとんどである。社会的成熟度が低く、現実の生活に適応しきれない面がある、生活の中に占める「遊び」のウエイトが大きく、そのため多様なメディアに接触しているが、テレビの娯楽機能はあまり評価していない、テレビの必要性について「なくてもあまり困らない」あるいは「むしろないほうがいいと思う」というテレビ軽視型（六一％）と、NHKについて娯楽番組が「好みに合わない」、教養番組に「魅力がない」、全体的に「親しみがもてない」というアンチNHK型（二四％）が多い、庶民的生活感覚が希薄である、などが特徴といえる。よく視聴する番組は、過激でハラハラ・ドキドキできる内容のもののウエイトが高い。

ⓑインテリ社会人タイプ——学歴の高い層ほど多い。「広域社会型」が中心で、社会的成熟度が高く、自己の生活の現状と将来に自信と見通しをもっている、社会情報・教養情報への関心が強く、活字メディアへの依存度が高いが、テレビもそのためのメディアの一つとして評価し、利用している、庶民的生活感覚が希薄である、などが特徴といえる。よく視聴する番組は、伝統的な価値観を肯定するもの、教養性の高いもののウエイトが高い。

ⓒ仕事人間タイプ——「地域社会型」と「私生活型」が多い。仕事に生きがいを求め、生活全体を仕事を中心に律している、情報行動も仕事に役立つ情報の入手と疲労回復のための娯楽接触が中心になっている、活字メディア依存的で、テレビをあまり評価していないテレビ軽視型（六五％）が多い、などが特徴といえる。

ⓓ私生活優先タイプ——女性の二〇代・三〇代が多い。「家庭生活型」と「私生活型」が多い。余暇に生きがいを求め、「現在志向型」の生き方を目標にしているが、現実とのギャップにいつも不満を感じている、身近な事柄に関する情報の入手には家族や友人などの人間関係への依存度が高く、広域的な情報についてはテレビへ

の依存度が高い、しかしテレビ意識はアンチＮＨＫ型（三五％）が多い、余暇活動も情報行動もあまり積極的ではなく、テレビ娯楽でうっぷんを晴らしている、などが特徴といえる。よく視聴する番組は、底抜けに明るいお笑いバラエティなどが多い。

ⓔ家庭人タイプ――女性の中高年層に多く、学歴の低い層ほど多い。「家庭生活型」のウエイトが大きく、家庭中心の生き方をしており、庶民的な生活感覚をもっているが、社会性は低い、情報行動もテレビを最も便利な総合情報メディアとして、家庭生活の充実のために利用している、などが特徴といえる。よく視聴する番組は、ＮＨＫ番組が多い。

ⓕ庶民的世話役タイプ――性・年齢、学歴などの属性構成は「家庭人タイプ」と類似しているが、このタイプのほうが高年層のウエイトが高く、「地域社会型」が中心である。家庭と地域社会に根をおろしており、自己の生活の現状にかなり満足している、情報行動は対人コミュニケーションとテレビ視聴がコアになっており、テレビの機能を全面的に高く評価している、などが特徴といえる。

テレビ視聴の第一期には、「テレビ型」と「非テレビ型」というような二通りのタイプしか設定できなかったが、その後、テレビ視聴の構造が多次元化し、右のような視聴者タイプの設定が可能になった。第一期でも、そのような視聴者タイプが存在していたとしても、八〇年代や九〇年代以降ほどには鮮明化していなかったのである。コミュニケーション・メディアの多様化・高度化の進展は、テレビの機能、生活の中での位置と役割の相対化をもたらしたが、同時に、視聴率競争をますます激化させ、番組制作側が他局との差異化やターゲットをしぼった番組作りを志向することによって視聴者の細分化を促進する結果になったのではないか。この時期のテレビ視聴は、生活者としての生き方や社会的な地位に対応する基本的なパターンを形成しつつ、「ながら視聴」やリモコン利用の「ザッピング」「フリッピング」、「ビデオ利用」なども織り交ぜて、その個性化を実現しているといえよう。

## 四　多メディア化のなかのテレビ視聴——一九九〇年代半ばから現在まで

### 世界のグローバル化とグローバル化するメディア

「ベルリンの壁の崩壊」に続く旧ソ連の解体、湾岸戦争、天安門事件は、国際政治や経済などあらゆる分野で、その後の世界に甚大な影響を及ぼすことになる。これら一連の国際的な事件は、一方で戦後の国際社会と日本の国内政治を規定してきた冷戦体制の崩壊を意味し、それは資本主義、市場がもつ力をこれまで以上に高めることになったといえる。また他方で、世界中の人々にこれら重大な事件を伝えたテレビ・メディアの力と機能をあらためて実感させる契機ともなった。CNNに代表されるようなニュース専用チャンネルが衛星を通じて世界中で同時的に「戦争」を視聴できるような、グローバルなメディア環境の成立である。一九九〇年代は、これまでドメスティックな空間を前提にしてきた放送システムがグローバルな空間に接合された時代と位置づけることができる。そのインフラストラクチャーが、情報通信技術の革新にもとづく通信衛星や放送衛星であり、視聴空間におけるその具体化が多チャンネル化であった。さらに九五年以降のインターネットの急速な拡大は、諸個人のメディア環境やメディア利用の形態を大きく組み換えることになる。

この節では、世界のグローバル化、グローバル化したメディア環境、そして新たなメディアの登場という変化の中のテレビ視聴を考察しよう。

### 多メディア時代の幕開け

一九八〇年代後半から九〇年代にかけて、日本のテレビ視聴環境、テレビをめぐる諸制度は大きく変化した。通信技術の革新を背景に、郵政省は「ニューメディア時代における放送」を展望して、放送法の改正に着手、八八年の改正で有料放送制度、八九年の改正で通信衛星を利用した「放送」が新設され、その実現のために委託／受託放送事業者が発足した。九〇年代はこうした新しい放送体制のもとで本格的な多チャンネル時代、多メディア時代が到来したのである。

八四年から試験放送を開始したNHK衛星放送は、八八年のソウル・オリンピックを契機に個別受信世帯が大幅に伸びて一〇〇万世帯を突破、八九年には本放送を開始し、さらに九〇年一一月には、衛星民放テレビ、日本衛星放送（WOWOW）がスタート（本放送は九一年四月）、九二年五月には衛星通信を利用したCSテレビも本放送を開始することになる。これを受けて、都市型CATVも伸長し、九六年には加入世帯が二〇〇万世帯に達した。図3は、衛星放送、ケーブルテレビの受信契約数を示している。

「視聴者と放送の公共性」によれば、多チャンネル化した環境のなかで、「テレビ番組を選ぶとき、一番最初に探すもの」を聞いたところ、

| | |
|---|---|
| ①NHK総合放送 | 三六% |
| ②NHK教育放送 | 一 |
| ③民放テレビ | 四三 |
| ④NHK衛星テレビ | 六 |
| ⑤WOWOW | 三 |
| ⑥パーフェクTV | 〇 |
| ⑦CATV以外の独自チャンネル | 二 |

図 3a　ケーブルテレビの契約数・世帯普及率＊の推移（自主放送を行なう許可施設）

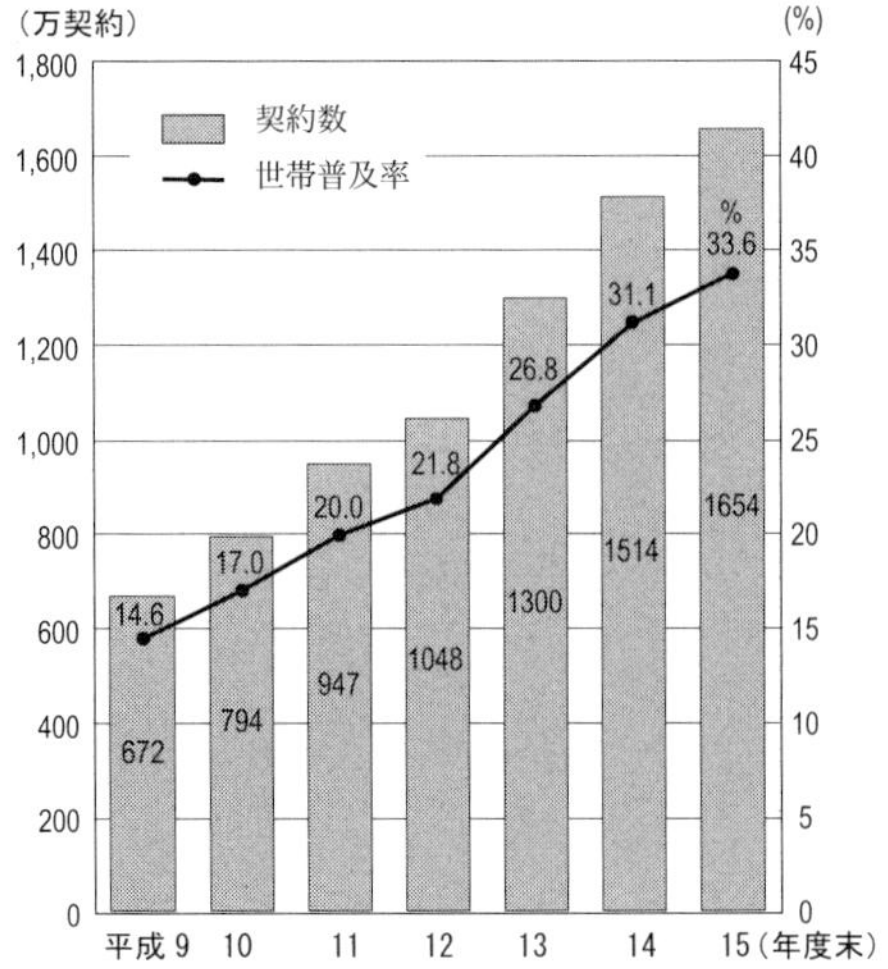


＊事業者が報告した契約数を日本の総世帯で割った数字
出所：『平成 16 年度版　情報通信白書』2004 年

図 3b　衛星放送の契約数の推移

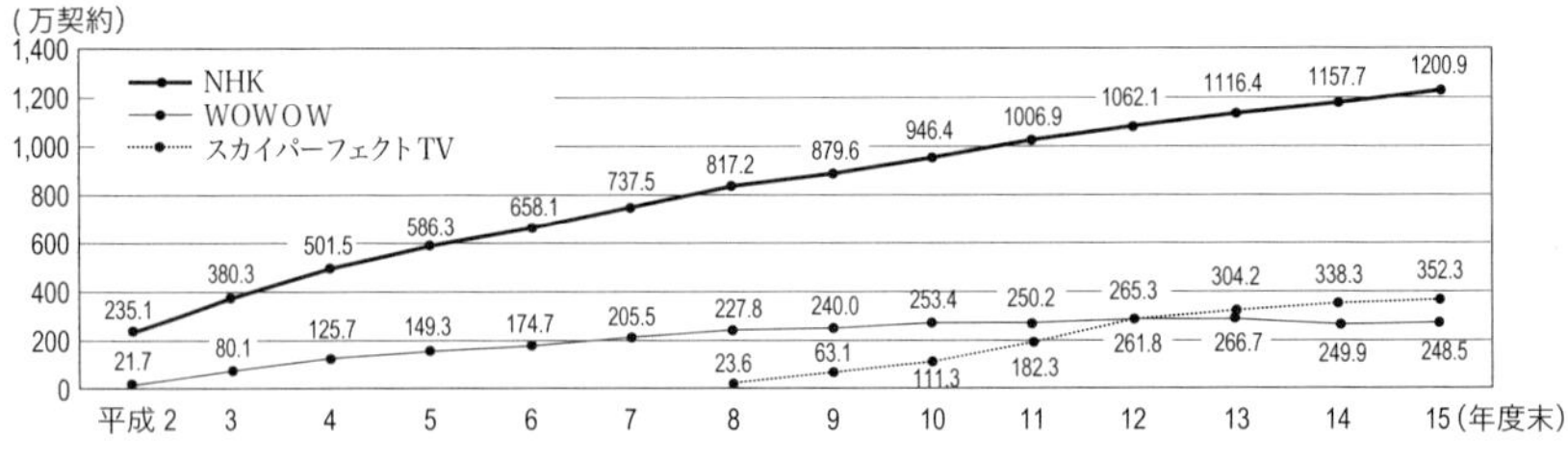


出所：『平成 16 年度版　情報通信白書』2004 年

という結果であった。①から③を合わせた「地上波優先」が八〇%、「地上波優先以外」が一一%であり、新しい放送を視聴できる可能性のある人びとでも地上波を優先的に選択している(一九九七年一一月の調査)。ここからいえるのは、チャンネル数の増加がストレートに視聴行動の急激な変化を帰結したわけではないということである。では、地上波以外も見られるのに、地上波を優先的に視聴している人にとって、BSやCSの新しいチャンネルはどんな意味をもっているのか。

| | |
|---|---|
| ①少ないけれど、気に入った番組を見るため | 五一% |
| ②海外の大事件や事故やイベントを見るため | 一七 |
| ③地上波に見たいものがないときのため | 一一 |
| ④これだけそろっているという安心感のため | 一二 |
| ⑤家族が見るため | 九 |
| ⑥あまり意味のないチャンネル | 五 |

「少ないけれど、気に入った番組を見るため」「海外の大事件や事故やイベントを見るため」という理由で六八%を占めている。このことは、新しいチャンネルが特定の関心や興味に応えるという意味では積極的な位置を与えられているということだろう。とはいえ、地上波の「補完的な地位」を脱してはいないことも示唆している。その点でも、チャンネル数の増加がチャンネル選択に関する行動の劇的な変化を帰結したわけではないのである。

また、今後のテレビのチャンネルに対してどんな希望をもっているのだろうか。

チャンネルはこれ以上増えなくてもよい

総合チャンネルが増えるとよい

専門チャンネルが増えるとよいが、そうすれば総合チャンネルの必要性はもっと増す

専門チャンネルが増えるとよいが、総合チャンネルの必要性も変わらない
専門チャンネルが増えてほしいし、そうすれば総合チャンネルは必要なくなる

以上の選択肢からなる年層別のデータを図4に示した。四〇代以上では「総合チャンネルが増えるとよい」が高い率を占めるのに対して、一〇代、二〇代、三〇代では、「専門チャンネルが増えるとよいが、総合チャンネルの必要性も変わらない」がそれぞれ三一%、三三%、三一%を示している。しかしその年代でも、「総合チャンネルが増えるとよい」が三一%、三〇%、二八%を占めている。九〇年代を通じてたしかにチャンネル数は増加し、多くの選択肢が与えられることになった。だが、地上波総合チャンネルの優位性は揺らいではおらず、今後もその傾向に大きな変化はないようである。

## デジタル機器の普及とテレビ

図4　今後のテレビのチャンネルに対する希望（年層別）(%)

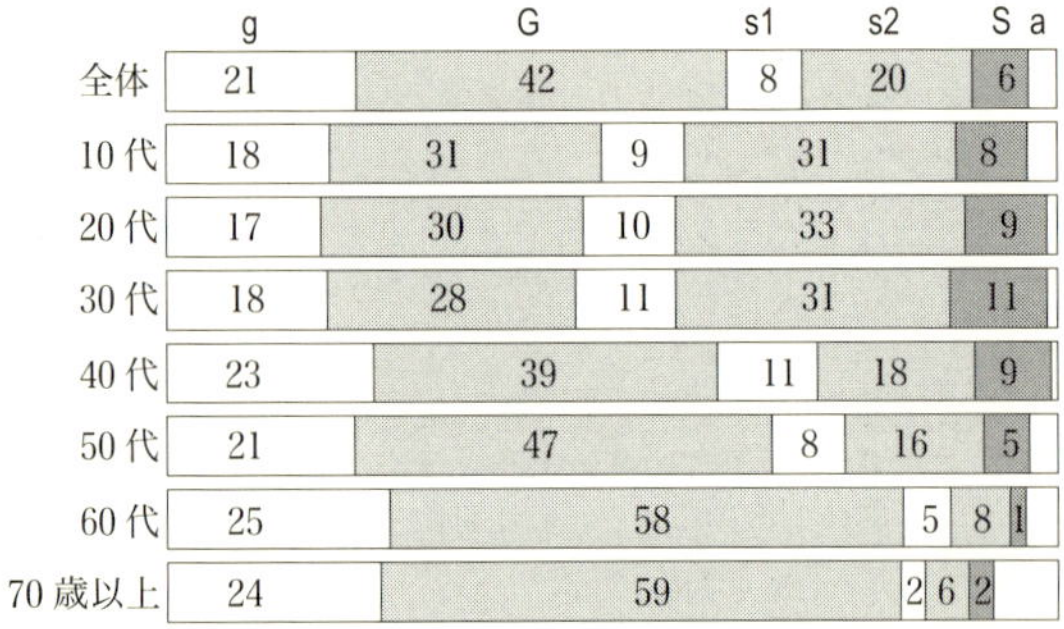


g：チャンネルはこれ以上増えなくてもよい
G：総合チャンネルが増えるとよい
s1：総合チャンネルが増えるとよいが，そうすれば総合チャンネルの必要性はもっと増す
s2：専門チャンネルが増えるとよいが，総合チャンネルの必要性も変わらない
S：専門チャンネルが増えてほしいし，そうすれば総合チャンネルは必要なくなる
a：その他

出所：「視聴者と放送の公共性；「放送の役割」調査から」1997年

一九九〇年代のメディア環境の変動は、上述した放送制度、放送環境の変化にとどまらない。九五年のインターネットの商用化によってネットのユーザーが劇的に増加するとともに、携帯電話の利用者数も急増、新たなコミュニケーションの回路がまたたく間に広がったからである。

インターネット利用人口および人口普及率の推移ならびに携帯電話の契約数の推移を示すと図5のようになる。また図6は、一九九八年における情報機器の保有率を示している。

図6からも明らかなように、一九九八年の時点ですでにパソコンや携帯電話、さらにテレビゲームといったデジタル技術を

図5a　インターネット利用人口および人口普及率の推移

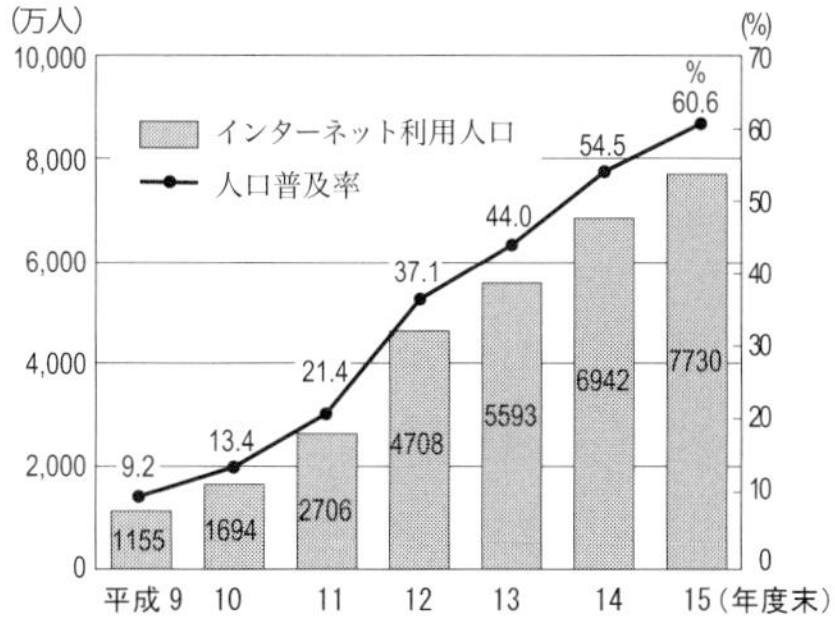


出所：『平成16年度版　情報通信白書』2004年

図5b　携帯電話の契約数の推移

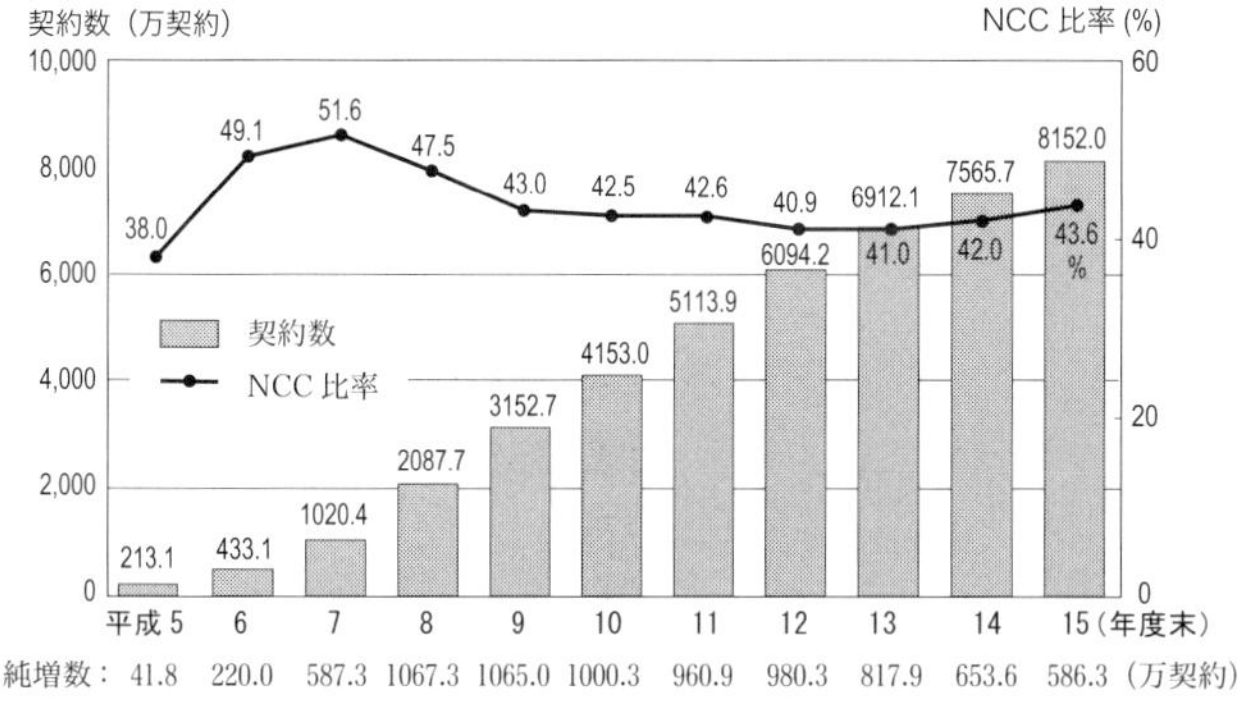


出所：『平成16年度版　情報通信白書』2004年

基盤とする機器が日常生活に浸透し、テレビは人びとの生活世界のなかにあるさまざまなメディアの一つにすぎない状況が成立していることがわかる。こうした多メディア利用のなかでのテレビはどう位置づけられているのか。テレビ視聴は他のメディア利用といかなる関連をもっているのだろうか。

九八年に実施された「デジタル時代の視聴者」調査によると、電話を中心とした本・雑誌・テープ・CDなどのメディアグループと、テレビ・ラジオ・映画のグループがみられるという。前者は若年層を中心とした利用であり、後者は中高年層を中心とした利用である。さらにメディア利用による四類型「パソコン型」「ビデオ型」「ラジ

図６　情報機器の保有率（1998 年調査）

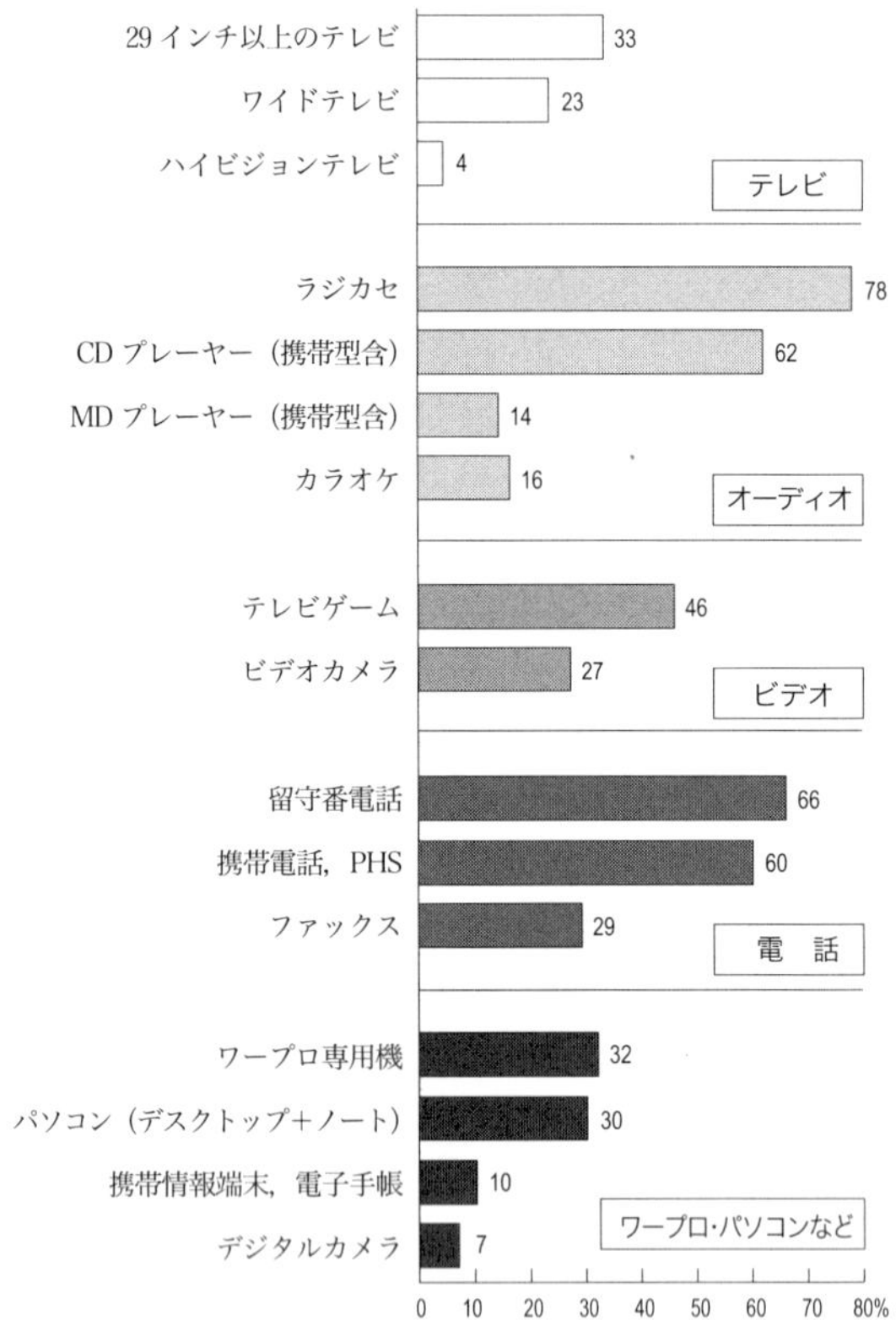


出所：「新メディアの利用と情報への支出；「デジタル時代の視聴者」調査から」1999 年

オ型」「テレビ型」を設定してその特徴を描き出している（表4）。なかでも注目されるのは「パソコン型」である。この利用タイプは、メディアの保有台数が多く、他のメディア利用も活発である。それに対して、「テレビ型」「ラジオ型」ではメディア利用が少ない。またテレビ視聴との関連でみると「パソコン型」は、視聴時間量が少なく、その半数が二時間以下で、逆に四時間以上の人は他のタイプが五〇%近いのに対して、二二%しかいない。

表5は、タイプ別に生活状況と行動傾向との関連性を示している。ここで注目したいのは、「本当のよさはナマで」と「納得のいくまで探す」という項目である。この「ナマ指向」と「選択指向」は若年層ほど多く、彼らのメディア利用の活発さや多様性さは、そ

表4　メディア利用タイプ別のサンプル構成　(%)

| | | 全体 | パソコン型 | ビデオ型 | ラジオ型 | テレビ型 |
|---|---|---|---|---|---|---|
| 性 | 男 | 48.7 | 65+ | 48 | 48 | 39– |
| | 女 | 51.3 | 35– | 52 | 52 | 61+ |
| 年齢 | 16～19歳 | 4.7 | 5 | 10+ | 1– | 4 |
| | 20代 | 14.9 | 22+ | 22+ | 8– | 9– |
| | 30代 | 15.3 | 24+ | 22+ | 9– | 9– |
| | 40代 | 20.1 | 25+ | 19 | 22 | 17– |
| | 50代 | 18.1 | 17 | 14– | 23+ | 18 |
| | 60代 | 14.2 | 5– | 8– | 19+ | 21+ |
| | 70歳以上 | 12.7 | 3– | 5– | 17+ | 22+ |
| 職業 | 農林漁業 | 3.9 | 1– | 1– | 7+ | 5+ |
| | 自営業 | 7.3 | 5– | 7 | 11+ | 7 |
| | 販売サービス | 10.7 | 8– | 16+ | 9 | 10 |
| | 技能作業 | 13.9 | 9– | 17+ | 16+ | 13 |
| | 事務技術 | 18.0 | 42+ | 13– | 12– | 11– |
| | 経営管理 | 4.0 | 11+ | 2– | 3 | 1– |
| | 専門自由 | 3.8 | 6+ | 4 | 4 | 2– |
| | 家庭婦人 | 15.0 | 5– | 19+ | 15 | 19+ |
| | 学生 | 6.0 | 9+ | 10+ | 2– | 4– |
| | 無職 | 15.2 | 4– | 9– | 20+ | 24+ |
| サンプル数（人） | | 2,892 | 609 | 676 | 730 | 877 |

注：+（–）は全体に比べて多い（少ない）ことを示す（以下同じ）
出所：「人々は新しいメディアをどう受け入れているか；「デジタル時代の視聴者」調査から」1999年

の欲求や期待の現われであると考えられるが、この「ナマ指向」と「選択指向」はパソコン型で多くみられ、テレビ型で少ない。もちろんパソコン型は若年層が多いこともあるが、パソコン型で五〇歳代以上でも選択指向が強いことを考えあわせると、年齢そのものが要因ではなく、この二つの特性がパソコンというメディアの選好に深いかかわりをもつことを示唆している。彼らにとってテレビの視聴意欲は大きくなく、メディア選択としてテレビが選ばれるとは限らない状況が生まれている。

今後テレビは、人々のコミュニケーション欲求とどうつながり、どのような見られ方をしていくのだろうか。

### 現代のテレビ視聴態様

テレビは今日どう見られているのだろうか。第一章では、若者を中心とした、「漠然視聴」の増加について明らかにしたが、ここでは全世代にかかわる傾向をみておこう。表6は、一九九七年に行なわれた調査で、テレビの視聴態様を「よくある」「ときどきある」「あまりない」「ぜんぜんない」の選択肢のなかから選んでもらい、「よくある」「ときどきある」を三つの年層区分別にみたものである。

表5　生活状況と行動傾向　(%)

| | | | 全体 | パソコン型 | ビデオ型 | ラジオ型 | テレビ型 |
|---|---|---|---|---|---|---|---|
| 余暇時間 | 1～2時間 | | 25.1 | 37+ | 26 | 23 | 19− |
| | 3～4時間 | | 33.1 | 35 | 33 | 35 | 31 |
| | 5時間以上 | | 34.1 | 21− | 35 | 35 | 42+ |
| 世帯収入 | 400万未満 | | 23.5 | 11− | 22 | 26 | 31+ |
| | 800万未満 | | 37.1 | 37 | 42+ | 39 | 32− |
| | 800万以上 | | 28.6 | 43+ | 27 | 27 | 21− |
| 行動傾向 | 納得いくまで探す | | 64.3 | 75+ | 74+ | 60− | 53− |
| | 本当のよさはナマで | | 61.7 | 71+ | 66+ | 59 | 54− |
| | 新聞よりテレビ | | 50.8 | 47− | 53 | 48 | 54+ |
| | コンピュータ使わない | | 33.5 | 12− | 30− | 43+ | 43+ |
| | 納得いくまで探す（再掲） | Y群（40代以下） | | 79+ | 76+ | 73+ | 63 |
| | | O群（50代以上） | | 62 | 69 | 51− | 47− |

出所：「新メディアの利用と情報への支出；「デジタル時代の視聴者」調査から」1999年

表6　テレビの見方（1997年調査）　（％）

| | 全体 | 16～29歳 | 30～44歳 | 45歳以上 |
|---|---|---|---|---|
| A 見たい番組を見るために早く家に帰ること | 37 | 48 | 31 | 36 |
| B ドラマを見ていて登場人物の気持ちになりきってしまうこと | 47 | 49 | 51 | 44 |
| C 番組にのめりこんで電話に出ないこと | 7 | 8 | 6 | 7 |
| D もっと見ていたいのにと思いながらテレビを消すこと | 40 | 37 | 38 | 48 |
| E ひとりだけで気に入った番組を見ること | 71 | 71 | 66 | 74 |
| F いっしょにいる人との間をもたせるために見ること | 27 | 28 | 24 | 28 |
| G リモコンでたくさんの番組の面白いところだけをつまみ見していくこと | 38 | 49 | 41 | 32 |
| H リモコンで2つの番組を交互に見ること | 28 | 40 | 29 | 22 |
| I 気がつくとリモコンでチャンネルを次々と換えていること | 37 | 50 | 48 | 30 |
| J 1つの番組をチャンネルを換えずにじっくり見ること | 82 | 81 | 81 | 83 |
| K つまらないと思いつつ最後まで番組を見てしまうこと | 32 | 39 | 34 | 29 |
| L 音を消して画面だけを楽しむこと | 3 | 4 | 3 | 3 |
| M 画面を見ないで音だけを聞いていること | 19 | 22 | 19 | 18 |
| N テレビをつけたまま仕事，家事，勉強などをすること | 57 | 62 | 62 | 52 |
| O ながら視聴の途中で，つい面白くなってテレビに専念すること | 50 | 62 | 51 | 44 |
| P 見たい番組がなくてもテレビをつけたままにしておくこと | 48 | 51 | 58 | 40 |
| Q 外国番組の言葉がわからなくても雰囲気で見てしまうこと | 26 | 29 | 23 | 26 |
| R コマーシャルの映像を楽しむこと | 38 | 59 | 46 | 25 |
| S コマーシャルの音や音楽を楽しむこと | 39 | 58 | 45 | 25 |
| T コマーシャルのストーリーを楽しむこと | 33 | 56 | 44 | 19 |
| U 録画した番組の気になる箇所だけをつまみ見していくこと | 20 | 31 | 27 | 12 |
| V 録画した番組の気になる箇所を何回も繰り返して見ること | 21 | 67 | 25 | 12 |
| W 録画した番組の早回しして見ること | 10 | 13 | 15 | 7 |
| X ファックスや電話で参加しながら番組を見ること | 4 | 6 | 5 | 2 |
| Y 番組を見てすぐに感想，抗議，問い合わせの電話をかけること | 1 | 0 | 1 | 1 |

注：数字は「よくある＋ときどきある」の％。濃い網は全体より有意に高い，薄い網は全体より有意に低い。

出所：「『テレビ世代』の現在 I　人びとの情報行動」；「テレビと情報行動」調査から」1997年

「見たい番組がなくてもテレビをつけたままにしておく」が一六～二九歳で五一％、三〇～四四歳で五八％を占め、さらに「コマーシャルの映像を楽しむ」「コマーシャルの音や音楽を楽しむ」もこの年代で高いことがわかる。個々の番組単位ではなく、フローとして流れるテレビ全体に接して楽しんでいるのである。

しかしその一方で、一六～二九歳で、「リモコンでたくさんの番組の面白いところだけをつまみ見している」「リモコンで二つの番組を交互に見る」「気がつくとリモコンでチャンネルを次々と換えている」など、一般にザッピングといわれる視聴態様の傾向が高いことがわかる。報告書は、「テレビに絶えず『より面白いもの』『より刺激のあるもの』を求め、結果的に自分なりの能動的な選択視聴をする傾向が強い」と指摘している[9]。

さらに注目したいのは、「録画した番組の

表７　専門的と思われるテレビの見方　（％）

| | 全体 | 16～29歳 | 30～44歳 | 45歳以上 |
|---|---|---|---|---|
| ニュースが第一報中心で物足りなく思うこと | 46 | 46 | 52 | 44 |
| 同じ問題でもキャスターや番組によって伝え方が違うと思うこと | 68 | 63 | 75 | 67 |
| 同じ問題でもテレビと新聞で取り上げ方が違うと思うこと | 67 | 61 | 74 | 66 |
| 客観報道とはいえやはり取材者の考えが入っていると思うこと | 70 | 65 | 76 | 68 |
| 絵になるものが優先されて事実が伝わっていないと思うこと | 57 | 53 | 86 | 55 |
| バラエティ番組でヤラセがあると思うこと | 79 | 86 | 88 | 72 |
| 番組のしかけが途中で分かってしまうこと | 68 | 73 | 76 | 61 |
| 視聴率をとるために同じような番組が増えていると思うこと | 83 | 84 | 89 | 79 |
| 番組を作っている人が視聴者をバカにしていると思うこと | 53 | 48 | 59 | 51 |
| テレビの見方を教える教育が必要だと思うこと | 38 | 30 | 41 | 40 |
| 後で思うとテレビのいうとおりに動かされてしまったと思うこと | 29 | 31 | 32 | 26 |

注：数字は「よくある＋ときどきある」の％。濃い網は全体より有意に高い，薄い網は全体より有意に低い。

出所：「『テレビ世代』の現在Ⅰ　人びとの情報行動」；「テレビと情報行動」調査から」1997年

気になる箇所だけをつまみ見る」や「録画した番組の気になる箇所を何回も繰り返して見る」といった、ビデオ活用によるマニアックな番組ソフトの享受が、一六～二九歳の世代で定着していることである。

このような、視聴時間は短いとはいえ、テレビの見方や番組選択が能動的な一六～二九歳の世代との比較でみたとき、三〇～四四歳の世代はどんな特徴を示しているのだろうか。表7は「専門的と思われるテレビの見方」を設定し、これらについて、「よくある」「ときどきある」と答えた人の率を示した。一つの項目を除いていずれも高い比率を示している。ここから示唆されるのは、テレビが伝える情報の専門性についてかなり厳しい目をもち、テレビ特有の情報編集に対して敏感で、番組の仕掛けについても理解しながら、テレビを視聴していることである。この世代は物心がついたときからテレビがある環境で育った最初の「テレビ世代」である。その意味で、テレビというメディアの特性やテレビの面白さを知り、他方でそうしたテレビと自己との関係を醒めた目で客観視している世代ともいえる。

こうした年層によるテレビの見方の違いがはっきりと顕在化していることと合わせて、現代のオーディエンスは、テレビが環境化したなかで漠然とテレビを視聴することを基調としつつも、第一章で指摘したように、その時々に応じて「断片性」「熟練性」「対話性」「感情性」を備えた多様な視聴態様を示しているといえよう。

## テレビの世界の変容

この時期は、すでに指摘したように、国際的な大事件や阪神・淡路大震災、そして地下鉄サリン事件などがあり、テレビの最も基本的な機能である報道機能の卓越性が再確認される一方で、「ニュースが売れる時代」との認識の下に「ニュースのショー化」「ワイドショーとニュースとの境界の曖昧化」が進み、過熱・過剰取材が日常化して、テレビ批判が表面化した。

また他方で、『進め電波少年』『伊東家の食卓』などの新たなバラエティ番組が開拓され、『料理の鉄人』『チューボーですよ』にみられる各種の料理・食べ物番組や紀行・温泉・お国自慢の料理にまつわる日常性に密着したバラエティ番組が増加したことも特筆すべきだろう。一見多様にみえるこれらの番組に共通するのは、旅行、食事、健康など些細で身近な話題が前面に出ていることである。さらにこうした身近なわかりやすいテーマの設定はバラエティ番組に限らず、犯罪事件を報道するニュースが被害者の感情や怒りを前面に押し出した番組構成にも共通するものだといえる。事件に至る複雑な社会的背景や原因よりは、視聴者にとってわかりやすい被害者の感情が取り上げられていく。これをセネットにならって「親密圏の専制」と位置づけることができるのではないだろうか。[10] 身近な人間関係の枠組みで理解できる構図へ社会的な問題を当てはめ説明することはたしかに視聴者にはわかりやすさとして受けとめられるかもしれない。だが他方でそれは、「公的」に議論されるべき争点の消失につながりかねない。

世界のグローバル化とメディアのグローバル化が進展する一方で、テレビの世界はグローバル化した世界に対する人々の社会認識を高める機能を十全に発揮しているのだろうか。

# 第II部　テレビ視聴行為の構造

# 第三章　コミュニケーション行為としてのテレビ視聴

## 一　コミュニケーションとテレビ視聴の構造

日本人のテレビ視聴の特徴を明らかにするためには、テレビを日本人のコミュニケーション構造に位置づけて考えてみることが重要である。というのは、生活のなかで環境化しているテレビ視聴をそれだけ単独に問題にしても、人びとの生活・文化のなかでの位置づけを明らかにすることは困難だからである。

かつて、テレビ三〇年の時点で、日本人のテレビ視聴は「送り手」の論理を離れたところで、独自の展開をしてきたと考え、人びとのコミュニケーション行動の一つとしてテレビ視聴を捉えようとした(1)。そこでは、テレビ視聴の日常化をめぐり、実証的な知見として次の三点が指摘されている。

①トータルなコミュニケーション構造において、対人レベルのコミュニケーションが中心的な位置を占めること。

②対人レベルのコミュニケーションの特徴が、テレビ視聴のあり方を規定するライフ・ステージごとのコミュニケーション行動において重要な意味をもつこと。

③テレビ視聴は生活に不可欠なものとして、他の生活行動、とりわけ対人コミュニケーションと結びつき、生活環境の一部として定着すること。

そこでは、日本人のコミュニケーションのコアをなす対人コミュニケーションは、具体的には「家族や友人」などの第一次関係のレベルで展開される。テレビ視聴は社会関係の多様化・複雑化のもとで、「関係の調整・代償」機能を果たすものとして、対人コミュニケーションに近い意味を与えられつつ定着化し、この文脈のなかでテレビと受け手との間に一つの「擬似的社会関係」を作り出しながら環境化したことを明らかにした。

テレビ視聴の構造とは、テレビ視聴の行為や意識の成立にかかわる仕組みや結びつきのことである。ここではまず、テレビ視聴の構造がこれまでどのように捉えられてきたかについて述べ、ついでテレビ視聴をコミュニケーションのあり方と関連させて分析することによって、視聴の構造の特徴について検討する。

私たちは本書で、テレビ視聴を人びとのトータルなコミュニケーション構造に位置づけてその機能と意味を明らかにしようとする。この場合、〈人間→（コミュニケーション）→テレビ〉という捉え方によって、「コミュニケーション行為としてのテレビ視聴」の実態に迫りたい。これは、テレビ初期における〈テレビ→人間〉という捉え方と異なり、人びとをコミュニケーション主体者として位置づけることによって、「日常化したテレビ視聴が人々のトータルなコミュニケーションの一部を形成するものであり、また、テレビ視聴の機能を正しく把握するためには、コミュニケーションの全体構造を明らかにすることが必要である」(2)という認識に立つものである。

### テレビ視聴の構造はどう捉えられたか

①成長・発展期（一九五三年〜一九七〇年代前半）における視聴の構造

テレビ視聴を「行為」と「意識」から成るコミュニケーション構造に位置づけてみよう(3)。第一章で紹介したとおり、一九七三年のＮＨＫの「生活とコミュニケーション」調査の数量化第Ⅲ類による分析結果（一九七三年）では、「自己拡充 - 没自的適応」と「参加度・大 - 小」の軸から次の五つのブロック、①「内面形成」（＋＋）、②「以心伝心」（＋－）、③「マスコミ観」（－－）、④「環境監視」（－＋）、⑤「環境化・非意識化」（中心部）が析出された。

ここから、一九七〇年代前半におけるテレビ視聴は、人びとのコミュニケーション総過程のなかで、「漠然視聴」の「環境化」のブロックを中心に、「娯楽機能」が「以心伝心」のブロックに、「報道機能」は「環境監視」のブロックに位置づけられ、また、「環境化・非意識化」のブロックは最も普遍的であるという意味で、コミュニケーション構造では表層に位置しており、「自己との関わり」が最も強い「内面形成」のブロックは基層に位置している。そして「以心伝心」と「環境監視」のブロックは、「自己との関わり」や参加度の特徴からみると対極にあって、表層と基層の中間の層に位置づけられる。

このことから、人びとはテレビ視聴を対人レベルのコミュニケーションに類似したものとして受けとめていることがわかる。これは、テレビ視聴が「雑談・うわさ話」と近いコミュニケーションとして位置づけられていることや、対人レベルのコミュニケーションの有無が、テレビ視聴の活発さと関係が深いことなどのデータからも指摘できる。このように、日本人がテレビを見ることに対人コミュニケーションのような意味づけをしていることは、人びとがよくテレビを見ることや、テレビに対してきわめて肯定的な態度を示すことの重要なベースになっている。

②停滞・減少期（一九七〇年代後半〜一九八〇年代前半）における視聴の構造

この時期には、視聴内容をそのまま受けとめるだけでなく、「自己との関わり」の側面を重視した見方が行なわれるようになる。テレビとのコミュニケーションを通じて、自己を意識化したり対象化して捉えるという見方である。このことは、視聴時間の停滞から減少への傾向や、意識面でのテレビ離れと関連しており、人びとがそれまでのテレビとのアタッチメントな関係から距離を置きだしたということを意味している。

ここで、テレビ視聴における「交流」の軸の重要性（一九八〇年）について取り上げてみよう（表1）。[4]
それは、コミュニケーション構造（「行為」「欲求」「話題になること」「視聴番組」の四つの項目）の分析で析出された三つの軸にもとづいている。第Ⅰ軸は、人びとのコミュニケーションへの態度・志向性が私的か社会的かを、第Ⅱ軸はコミュニケーションの内容や広がりが、家庭（近隣）型かそれ以外かを、第Ⅲ軸はコミュニケーションの機能が対人志向の強い「交流型」と日常性志向の強い「受容型」とを分けている。ここで、第Ⅲ軸の「交流－受容型」に注目するのは、それがコミュニケーションに内在する特徴をもつからであり、その軸には次のような傾向がみられた。

・「交流型」のほうが「受容型」よりも活発であり、とくにコミュニケーションの行為と欲求の領域でこの傾向が著しい。

・「交流－受容型」を年齢別にみると、「交流型」がU字型カーブ（「受容型」は逆U字型）を示し、年齢の変化とともに回帰現象がみられる。

若年層と高年層で「回帰型」を示すものとして、「テレビのことが話題になる」「テレビがついてないと物足りない」の項目があげられる。このことは、

表１　コミュニケーションのタイプの特徴

| | | | 行為 | 欲求 | 話題 | 番組 | 生活目標 | 各タイプの特徴 |
|---|---|---|---|---|---|---|---|---|
| 私的 | 家庭外 | 交流 | 16 | 7 | 10 | 8 | 快 | 私生活・コミュニケーション活発，スリルや解放感の要求が強い |
| | | 受容 | 9 | 3 | 5 | 4 | － | 私生活・メディア中心・話題のひろがりが狭い |
| | 家庭内 | 交流 | 13 | 10 | 8 | 7 | － | 人間関係を重視，他人のうわさ，活発な対人コミュニケーション |
| | | 受容 | 3 | 1 | 6 | 5 | 愛 | 家庭中心，コミュニケーションが家庭に限定される |
| 社会的 | 家庭外 | 交流 | 16 | 14 | 18 | 14 | 正 | 社会・知識志向，最も活発なコミュニケーションを行なう |
| | | 受容 | 3 | 2 | 11 | 11 | 利 | 利益・情報志向，テレビの情報に依存する傾向 |
| | 家庭内 | 交流 | 9 | 9 | 16 | 8 | 快・正 | 対人コミュニケーションを希求，家族・近隣の生活中心 |
| | | 受容 | 3 | 0 | 11 | 5 | 愛 | 消極・満足のタイプ，話題のほかは不活発（とくに，欲求） |

注：数字は全体よりも有意に高い項目の数を示す
出所：小川文弥「日本人とテレビ(4)」，『文研月報』1980年12月号

異なる生活構造をもつ二つの年層の人びとがテレビとの心理的距離では近いことを示しており、またテレビ視聴がそれぞれの対人レベルのコミュニケーションのあり方に深く関わっていることを意味している。

そしてテレビ三〇年の段階で、テレビ視聴の動向の分析から次の知見が得られた。「非意識化するテレビ視聴が、人々によって意識されるのは、自分にとってかけがえのないものとして捉えられるときである。つまり、人びとがテレビを道具的でない自己完結的メディアとして位置づけ、機能特性の面では『自己向上』や『自己との関わり』という領域で、その機能を認めている場合である。そのとき、テレビ視聴は単なる視聴行動を超えたコミュニケーション行為として意識される[5]」。

そこには、また次のような知見が関わっている。「マス・コミュニケーションの機能を三層構造として捉えると、最も表層部分に『関係の調整・代償』機能が存在し、より深層では『環境監視』機能が期待され、そして『自己との関わり』のコア機能へと展開していく[6]」。

以上のことから、意識的な見方をするコミュニケーション行為としてのテレビ視聴は、「自己との関わり」のレベルが問われることになると考えられる。

③回復・堅調期（一九八〇年代後半〜現在）における視聴の構造

「テレビ五〇年」調査[7]のデータからテレビ視聴の構造についてみてみよう。

まず、「現代的なテレビの見方」についてである。

調査報告によると、テレビの見方（視聴態様）は、「感情性（視聴の反応が感情と直結している見方）」「環境性（生活環境に溶け込んだ見方）」「熟練性（番組を深読みする見方）」「断片性（非連続的な見方）」「一体性（人と対話するような見方）」の五つに整理されている。ここでは、これまでの視聴構造の分析をふまえて、「環境性」「一体性」の二つの見方が重要であると位置づけられた。

「環境性（六〇％）」は二〇代で最も多く、「家に帰ると、とりあえずテレビをつけ」たり、「ただなんとなく」見ていたりする見方である。テレビを見ることが習慣化しており、テレビの存在が環境化している関わり方であり、これが若年層に多いということは、彼らにとってテレビの存在は感覚器官での反応のレベルを超えて「身体化」していることを示す。

「一体性（四八％）」はテレビとの「対話」が中心になる。若年層と高年層で高く、両者とも多くが「友達と雑談しているような気楽な番組がよい」と回答しているが、これは、停滞・減少期でテレビ視聴の「交流」と捉えたU字型カーブの出方に対応している。また、若年層では「画面にツッコミ」を入れ、高年層では「話し相手がいない」のでテレビを見ている人が多い。このような「対話性」は、現代的なテレビ視聴の重要な特徴として指摘することができる。そしてこれは、コミュニケーション構造との関連でみると、あまり変化しない安定した見方であるといえよう。

次に、情報メディアの機能評価の面からテレビ視聴の構造について検討してみよう。

テレビを新聞・パソコン・携帯電話などと比較すると、「心がゆりうごかされる感じ」（七二％）、「心の安らぎが得られるような感じ」（七一％）、「外の世界とつながっているような感じ」（六七％）などの項目において、テレビが最も高い評価を得ている。属性別では、「外界とのつながり」は女性に多く、「心の安らぎ」は高年層、「感動」は男性の六〇代で多い。

ここから、テレビにおいては情報だけに価値が置かれるというよりも、情動的なレベルでの評価が高いことがわかる。マルチメディアの時代においても、テレビというゼネラルサービスの役割を果たすメディアは人びとにとって必須のメディアとして機能することが期待されている。テレビはたんなる情報提供にとどまらず、記号・情報で形成されたバーチャルな空間を作り出すのであり、そこに意味の世界が形成されることで、感動や心の安らぎを与えることが可能になる。

三つの時期区分により、テレビ視聴の展開過程を特徴づけてみた。第一章では、一九八〇年代後半以降から現在までの「回復・堅調期」を、成熟から相関（インターフェイス）へと特徴づけたが、現在進行形の規定であらざるをえない「相関」についてはさておき、テレビ視聴の「成熟」については、これを端的に規定しておかなければならない。

パソコンやモバイル・コミュニケーションの発達により、人びとのメディア接触が多様化してきている。そのなかで、テレビ視聴においては、目的意識的・選択的な接触、つまり「個性化」が拡大する一方、「ながら視聴」「ザッピング」といった視聴形態も増大している。後者は、熱中・密着の弊を超えるテレビの「生活媒体」化＝道具化・相対化と捉えられうる側面をもっている。さらにまた、メディア・ミックスとテレビの「環境化」という状況のなかでは、「身体性」のレベルにまで及ぶ「対話性」の深まりもある。こうした視聴形態の多様化、テレビとの関係の深まりによってこそ、その画面をより多様で豊かなものとして受け取る視聴が展開され、批判をも含む双方向的なものへと、送信側と視聴側との関係のさらなる発展可能性が拓かれるであろう。

すなわち、テレビ視聴の「成熟」段階とは、テレビと視聴者の関係の多様化・深まりであるとともに、テレビの見方の多様化と個性化、相対化と身体化といった、複合的な変化の過程をいう。

テレビ視聴の構造とコミュニケーション行為

①コミュニケーション構造とテレビ視聴との関連

コミュニケーション構造を構成する要因として、コミュニケーション行為とコミュニケーション欲求、そして〈場〉の三つの要因を設定した。〈場〉は「行為」や「欲求」が成立する社会的文脈に位置づけられ、具体的な集団や外界との諸関係だけでなく、メディアによって形成されるバーチャルな空間や関係などを指す。人びとの欲求のあり方は、環境化するメディアの存在に強く規定されていることを考えると、「行為」と「欲求」が成立する〈場〉をセットにしてコミュニケーション構造を考えることは有効であろう。

コミュニケーション構造における「行為」「欲求」、〈場〉の要因の相互関連を分析したところ、「行為」と「欲求」との関連が最も強く、「欲求」の説明要因としては「行為」のウエイトが最も高かった。また、この「行為」を説明する要因としては〈場〉が「欲求」よりも高かった[8]。

ここでは、時期区分と「欲求」「行為」、〈場〉の対応についてみてみよう。

テレビ視聴における展開過程に、コミュニケーション構造の「行為」「欲求」、〈場〉の考え方を適用してみると、テレビ視聴の構造は三つの時期ごとに以下のように変化していると考えられる。

まず、成長・発展期は、「欲求」の時代である。テレビが欲しい、テレビを見たいという人びとの欲求がきわめて強烈で、わが国にテレビ時代をもたらしたすべての出発点であった。当時の爆発的なテレビの普及と、視聴時間の急速な拡大を支えていたのは、人びとのテレビに対する欲求であり、その後の消費生活においてもこれほど強い欲求を示したモノは現われていない。欲求がまず先行し、行為は欲求の強さに応じて増大を続けたのである。〈場〉は、家族やテレビを媒介にして成立する対人コミュニケーションの範囲という、現実の集団や関係が中心であった。また、テレビ視聴の特徴としては、テレビが人びとの生活に浸透するという意味で「定着化」と捉えることができよう。つまり、テレビがソトからウチへと浸入してきた時期である。

次に停滞・減少期は、テレビ視聴についての関心や興味の低下が始まり、次いで行動面では視聴時間量が停滞から減少へと転じて「テレビ離れ」が問題になる。これは、テレビ視聴の日常化や、視聴意識における非意識化傾向と関連している。放送開始以来増加を続けてきた視聴時間量が減少したことは、行為のレベルでの変化ということであり、この時期は「行為」の時代と捉えることができる。ここでのテレビと人間との関係はそれまでの視聴体験を通じて、視聴者に主体性や能動性が培われた結果「人間→テレビ」のベクトルが成立する。このように、テレビ視聴をコミュニケーション行為として捉える考え方が提示されたのはこの停滞・減少期においてであった。

最後に、回復・堅調期においては、テレビが遍在化し、高齢化や一人暮らしの増加などの視聴時間量の自然増を支える要因が増大することなどによって、視聴時間は回復から増加傾向をたどる。また、メディアとしてのテレビに対する評価はいぜんとして高い一方で、テレビの機能面については、批判的な意見が増加している。

「状況の変化が激しい場合には、場を始発とする場→行為→欲求という流れが考えられる(9)」ことからすると、社会的な激動期にあったこの時期におけるコミュニケーションの〈場〉は、メディアと現実の環境を結びつける役割を果たしているといえる。バーチャル・リアリティは新しい生活空間であり、人びとにとっては環境世界の一部を形成する。その意味で、この回復・堅調期は〈場〉の時代である。

テレビ視聴が成熟した結果として、〈場〉のレベルでのテレビとの関わりは、「欲求」や「行為」の場合よりも深化し、感覚器官にとどまらず身体性のレベルにまで達しているといえよう。

テレビには、大切な人間関係とか外界への関係の回路の豊かさが存在しており、他者に対して開かれたメディアとしての可能性が高い。バーチャル・リアリティによって成立する〈場〉とは、主体の外部に客観的・物理的に存在する空間ではなく、その内部環境として相互作用を通じて成立するメディア・情報空間である。そして、メディア・情報の環境化の展開が徹底することで、テレビ視聴の「身体化」が成立する。

以上のように、コミュニケーション構造の要因が、欲求→行為→場と推移するということは、テレビとの関わりが定着化→環境化→身体化することによって、テレビ視聴のあり方が変化することを意味している。

テレビが生活世界のなかに導入される過程において、記号、情報とオーディエンスの欲望や感性との結びつき方が変化し、それが身体のなかに内在化されてきた。「欲求」の時代にあっては、外部の記号・情報を意図的に取り込んでいたが、環境化を経過した後の身体化の段階である〈場〉の時代においては、身体とテレビの画面が触れあうことで記号・情報が身体のなかに浸透してくる。いわば、テレビと呼吸する生理的なレベルにまで達しており、テレビに接することは身体のリズム感や生活感覚と切り離せないものになっている。「家に帰ると、とりあえずテレビをつける」ことがよくある人が四一％で、二〇代では六割を占めていた（「テレビ五〇年」調査）ことはテレビが〈場〉として人びとにとって重要な環境世界を形成していることを示している。また、日本・アメリカ・フランス・タイの四か国調査において、この項目が視聴態様二〇項目のなかで日本が最も高い唯一の項目であったことは、日本人のテレビ視聴の特徴として「環境化」との結びつきが強いことを指摘できる。

そこでは、身体性をよりどころにして、どれだけ豊かな第一次関係やバーチャルな関係を構築してコミュニケーション行為を享受していくかが課題である。現代社会では人びとが相互に関係する機会は量的には増加しているが、そのかなりの部分は間接化・抽象化・細分化・無機質化しており、そういう状況のなかでは具体的でエモーショナルな関係形成の可能なメディアが強力な影響力を発揮できる。テレビは情動や感動を呼び起こすメディアであることが、〈場〉の時代においてはあらためて注目される必要があろう。

②コミュニケーション行為としてのテレビ視聴の変容

かつて私たちは、『「テレビ視聴理論」の体系化に関する研究』（一九八五年）で、テレビ視聴を「かなりの程度、目的意識性や選択の作用の加わった『行為』」として捉え、それは、人びとが「それぞれの生活世界のなかで具体的に確保している対人コミュニケーションのパターンや他のコミュニケーション行為によって織りあげられているその他の社会諸関係の網の目のなかに定位されることによって分析される『行為』[10]」であると規定した。この仮説を導き出した実証データは、成長・発展期および停滞・減少期の調査・研究にもとづくものであるが、ウエイトとしては後者の時期のそれが大きい。

そこで、五〇年を経過したテレビ視聴の変化から、コミュニケーション行為としてのテレビ視聴のあり方について検討してみよう。

まず、目的意識性についてみてみよう。

視聴理由からみると、一九七三年から二〇〇二年にかけて意識的な視聴理由（「世間の出来事を知る」六八↓七五％、「日常生活に役立つ知識」四二↓五八％、「教養を高める」二五↓二九％）が増加している。そして、それほど意識的でない「気楽に楽しめる」（七〇↓六三％）や、「疲れが休まる」（二六↓二一％）などの理由は減少する傾向がみられる。

以上の結果から、意識的に見る視聴傾向が増大しているといえよう。

次に、選択性についてみてみよう。

見たいものを見る人が増えており、それと関連して個人視聴も増加している。

一九八五年から二〇〇二年にかけて「自分で選ぶ」人は六三％から六六％へと増加し、また、「見たい番組しか見ない」人は六割で定着している。また、「時間のやりくりをしてテレビを見る」人は二割強で変化がない（「日本人とテレビ」調査[11]）。

「漠然視聴」は、ここ二〇年ほどは増加しているが（一九八二年が二一％で、二〇〇二年が二八％）、一九六九年には二九％であったことからすると、その増加傾向を強調しすぎることは適切ではない。二〇〇二年においても「選択視聴」は六六％であり、漠然視聴の二倍以上を占めているからである。

選択視聴は年齢が高くなるほど増えており、これからの急速な高齢化の進展を考えると、漠然視聴が増えて選択視聴が急激に減少するとは考えにくい。

また、選択視聴の背景としての個人視聴についてみると、八五年から二〇〇〇年にかけて「一人で見たい」が三二%から三七%に増加しており、「一人で見る」も二一%から四四%へと倍増している。

以上のデータからみると、現在のテレビ視聴における「目的意識性」や「選択性」の増加は、テレビ視聴が環境化し日常化するなかでもたらされた基盤の上に成立している点を無視するわけにはいかない。そうした行為的な見方が漠然視聴をベースにして広がりをみせる一方、そのなかから選択して凝視する見方も成立してくる。また、「とりあえずテレビをつける」人が四割を占め、「テレビがついていないと落ち着かない」人が一九八五年から二〇〇〇年にかけて一六%から二〇%へと増加していることからみると、テレビ視聴は環境化を越えてより深化し身体化への傾向をみせているともいえよう。視聴時間量が増加し続けていることは、テレビ視聴においては慣習行動がベースにあることを意味しており、また、そこにはテレビ・メディアに対して基本的に好意的な態度が関わっている。テレビの重要性について「なくてはならない」という人が三七%から四三%に増加し、「あれば便利という程度」という人は五六%から五二%に減少していること、また、不可欠なメディアの比較においてテレビ(一番目と二番目の合計)が五五%から五九%に増加して二位の家族(四八%)を上回っていることからみると、テレビ視聴がかけがえのないコミュニケーション行為としての側面を示していると考えられる。

このような状況は、テレビ視聴における〈場〉の時代が関連しているといえないだろうか。慣習行動が成立するには、自分にとって有意味な情報を摂取することで、環境とのかかわりを確定させる作業が不可欠であり、コミュニケーション行為においては、記号・情報と身体的欲求との連関の有無が問われることになり、そこにはメディアが介在することで成立する〈場〉が関与してくる。そして、〈場〉(シチュエーション)によってコミュニケーションの行為や欲求を規定する関係が強化される。

### ③〈場〉におけるテレビ視聴――〈身〉としての捉え方

〈場〉においては、テレビは電子メディアの環境化のなかで、情報とリアリティの編成・発信のみならず、バーチャル・リアリティにもとづいた情報環境を創り出す。テレビはバーチャル・リアリティをも創出して情動や感動を伝えるメディアである。バーチャルな現実が日常的な世界に浸入してくることで、メディアとの限定された対応関係にとどまらず、対人コミュニケーションのなかへ広がりをもつ回路が準備されるのである。

初期のテレビ視聴においては、テレビを見ることは非日常的体験であり、自分の身体の外側にある記号・情報を意識的に取り込むかたちがふつうであった。そこでは、「見る」ことの感覚比率が大きかった。そして、面白いもの、珍しいもの、感動を与えてくれるものに対して、心理学的にいう視聴行動のレベルで対応していたのである。

視聴の非意識化の過程を経て、テレビは日常的な存在になった。視聴時間量の大きさからみても、たんなる視聴覚メディアというよりは「生活媒体」という方がふさわしい。テレビ視聴は慣習化した生活行為であり、「身体」のレベルで定着する。それは、視聴覚という感覚器官だけではなく五感を超える統合化された身体の感覚によって支えられている。

テレビと呼吸する、テレビのリズムが身体のリズムに同調して内在化することが視聴者の生活感覚になっており、欲求や感性と記号・情報との結びつきが「身体化」する。このことは、生理的な身体にとどまらず文化的・社会的なカテゴリーである〈身〉のレベルで考えるほうがふさわしいだろう。すなわち「〈身〉は、必ずしも個としての私に限定されず、関係的存在としての社会的自己を意味する」[12]からである。

〈身〉のレベルで考えて、テレビ視聴を「自己との関わり」として捉えると、情報を摂取することが行為主体である視聴者自身に返ってきて、次の視聴行為を誘発するという意味で再帰的な構造をもつといえよう。そして、テレビ視聴が他者との関係の広がりにおいてどう変化するか、またそこでどのような役割を果たしているかが問われることになる。

たとえば、視聴の基本的なタイプを考えてみると、女性的視聴はテレビを介して他者との関係を開いていく広がりのあるタイプであり、男性的視聴はテレビを主に情報受容の手段として位置づけ、メディアとの関係にとどまり、他者との関係には広がらないタイプであることが浮かび上がってくる。

テレビ視聴は、社会的・文化的な諸要因と深く関係づけられており、それを単独のコミュニケーション行為として取り出すことは困難である。テレビが遍在化し、視聴行為が定着し、それが〈身〉のレベルで身体化（体内化）することによって、コミュニケーション構造に影響をもたらす。その結果、テレビ視聴の構造に影響を与えるという循環のループが成立する。

## 二　女性のコミュニケーションとテレビ視聴

半世紀にわたるテレビ視聴の展開過程から見えてきたことは、性差がわが国におけるテレビ視聴の特徴を大きく規定しており、とくに女性のコミュニケーションのあり方が日本人のテレビ視聴の基本構造に対応しているのではないかということである。テレビが家庭メディアであるという特性や、テレビが女性を主要な視聴者として重視し、また女性の嗜好・ニーズに対応して番組編成してきたという経過からすると、テレビと女性の関係史は、それ自体つぶさに分析してみるべきテーマであるといえよう。また、日本人の意識において、その変化が最も大きかったのは「家族と男女関係」の領域であることからすると、テレビが女性のコミュニケーションに大きな影響を与えてきたことが考えられる。そして、テレビ視聴における性差には、社会的・文化的に形成されたジェンダーとしてのあり方の重要性が浮かび上がってくる。

### 女性の変化とテレビとの関わり

戦後の貧しかった時代、人びとが生活の豊かさを実感することができたのは「三種の神器」といわれたテレビ、電気洗濯機、電気冷蔵庫などの家庭電化製品の普及を通してであった。

「三種の神器」によって大きな恩恵を受けたのは家事を預かる女性であった。当時、ほとんどの時間を家事と家内労働に当てていた女性の生活には、家事の効率化・合理化によって大幅な余暇時間が生み出された。テレビを見る時間はこうして可能になったのであり、女性とテレビとの関係には、その出会いの段階から緊密な結びつきがみられたのである。その当時、家庭中心の生活をしていた女性にとって、テレビは平等に開かれた「社会への窓」として大きな期待をもって迎えられた。その後も、テレビは女性のあり方と大きく関わりながら、家庭のメディアとして発展を遂げていくことになる。

#### ①テレビ視聴の時期区分ごとの特徴

まず、「成長・発展期」の特徴についてみてみよう。

テレビは女性に身近なメディアとして登場した。文字がウエイトをもつ男性原理の社会のなかで、テレビの非文字の世界は女性の生活に急激に浸透していった。女性は、テレビに対して自分たちに適したメディアとしての期待をもっていたと考えられる。こうしてテレビは戦後の民主化の過程で、女性の平等や地位の向上などにおいて一定の役割を果たしてきたといえよう。

この時期は、「夫は外で働き、妻は家庭を守る」という伝統的な夫婦役割意識が強かった。これは、高度経済成長期の一九六〇年から七五年にかけて女性労働力が五五％から四六％へと低下しており、その逆に、家事専従者が三〇〇％から三七％まで増加していることと見合っている。専業主婦の比率が高かったのは七〇年代半ばまでであり、この時期は女性のあり方が伝統的な考えによって支配されており、社会的な存在としての女性の認知がまだ十分ではなかったといえよう。それが変化するのは、次の停滞・減少期においてであるが、そのきっかけになったのは一九七五年の「国際婦人年」のスタートであり、自立、自己実現、社会参加と、女性の環境がウチからソトへと拡大を遂げることになる。

次に、「停滞・減少期」の特徴についてみてみよう。

一九七〇年代から八〇年代にかけては、「消費」に代わって「生活」がキーワードになったが、それをもたらしたのは女性パワーであり、その背景としては女性の雇用労働者の増加による社会進出があった。オイルショックによる不況の影響などで、一九七五年以降、女性の被雇用者は一貫して増加し、高度成長期には低下していた女性労働力率も七七年からは上昇に転じた。また、女性の雇用者比率が上昇し、一九八四年には家事専業者の比率を上回り、女性の有職者には家事のほかに仕事が加わるという重い役割分担が課せられることになった。そうしたなかでも、家事時間が短縮されることによって、能動的な趣味やレジャー活動などが増加する傾向がみられ、女性の生活のスタイルは次第に変化していった。

この背景としては、わが国の女性のあり方と時代の変化が関わっている。家計の八割に裁量権をもつといわれるほど日本の女性は、日常生活の消費行動で重要な役割を果たしてきた。そこに、時代の流れとして、「生産」よりも「生活」のコンセプトが重視されるようになると、企業の側には女性の感性や生活実感を生産や流通の場で活用しなければ消費者のニーズに応えられないという事態が生じてくる。こうした変化は「男性の論理から女性の論理」への構造的な転換を意味しており、八〇年代は「生活の時代」であると同時に「女性の時代」ともいわれるようになったのである。(13)

この当時、広告の世界でも、男性に比べて女性の元気の良さが注目されだした。「女性よ、テレビを消しなさい女性よ、週刊誌を閉じなさい」（角川文庫のキャッチフレーズ、一九七六年）などにみられる「その存在を誇示し、みずからを主張する女性」が目立つ。これは、「男性のソフト化が進むなかで、女性をテーマとした広告が、強い自己主張を示しはじめた」現象として注目された(14)。

最後に、「回復・堅調期」の特徴についてみてみよう。

この時期には、女性の社会進出が加速するとともに多様化した。一九八五年に男女雇用機会均等法が制定されたことで、女子の雇用形態は多様化し、また、一九九一年の育児休業法などによる育児や保育の環境整備にともなって、女性の雇用労働者が増加した。生活時間の面からみると、家族人数の減少、家事労働時間の大幅な短縮によって自由時間が伸びた。そして、家事労働時間の減少は、家計を補うための短時間のパート労働への参入を増加させた(15)。

ここで、女性有職者の仕事時間量の変化をみると、短時間働く女性が増加するのにともなって、七〇年では一日当たり六時間五九分であったが、八五年には六時間四五分、二〇〇〇年には六時間一二分と減少している。このことは、多くの女性が仕事をする場合には、家事との両立が可能な短時間の周辺的な仕事に就かざるをえないという厳しい現実を示している。しかも、長期化する不況のもとでは、自由時間の増加が必ずしも外でのレジャーや能動的な活動に向けられるとは限らず、全体としては在宅時間の増加をもたらすことになった。

少子・高齢化の動きが急激に進展し、家事労働時間が減少する一方で、女性にとって育児や子どもの世話の負担はますます増大しており、また高齢者の介護に関わらざるをえない時間もふえてきている。しかも、デフレ不況のもとでの雇用環境の悪化が女性労働者にしわ寄せされるなど、女性が置かれている性差別の過酷な実態が、回復・堅調期における女性のテレビとの関わり方を基本的に規定しているといえよう。

②女性の意識の変化とコミュニケーション

テレビ視聴の特徴の背景にある女性の意識とコミュニケーションの変化について検討してみよう。

ＮＨＫの「日本人の意識」調査によると、日本人の意識の変化において、一九七三年から九八年にかけてその変化が最も大きかったのは「家族・男女関係」の領域であった。その平均変化量の値は一〇・三であり、その他の「政治」七・七、「経済・社会・文化」四・九、「基本的価値」四・三などに比べると、その大きさが明らかである。そしてこの変化は、社会的な出来事とあまり関係なく、どの時期においても着実に生じている傾向である。[16] ということは、その変化は表面的なものではなく、意識の基層部分における構造的な変化に関わっているといえよう。

そして、この領域における変化は、「個人の尊厳と両性の平等」をもたらしたという点で、男性原理にもとづく社会に女性の論理が持ち込まれたことを意味している。また、家族という集団原理の強固な体系のなかに個人の原理が浸透することによって、日本社会の伝統的な家族主義が解体への傾向を強めていることを示している。そして、その背後に女性に関する意識の変化を指摘することができる。この調査で指摘された変化の特徴を整理してみると、[17]「性に関する意識の解放化」「結婚にともなう慣例や考え方の柔軟化」「性役割における平等化」「女性の自立を支える意識の増加」などが読み取れる。このことは、これまでわが国において男性原理が支配的だった社会システムが大きく変動しつつあることを意味しており、そこでの意識の変化は当然人びとのコミュニケーションのあり方と連動しているといえよう。

その意味で、これまでの半世紀にわたるテレビ視聴とコミュニケーションの関連を考察する際には、ジェンダーとしての男性‐女性の違いに焦点を当てて分析することは、新しい視点を提供することになるだろう。

性差にみるテレビ視聴の特徴

テレビ視聴において性別の違いが存在することは、初期の段階から指摘されていたし、その後も男女別の特徴は、基本的属性の一つとして重要な意味をもっていた。しかし、これまでの研究の経緯を振り返ってみると、性差よりは年齢差のほうがメディア世代の分析や、生活世界に関わるライフ・ステージの分析との関連で重視されてきたのが実情である。[18] ところで、テレビの環境化が一段と進んでいる現在、視聴者の基層にある性差のコミュニケーション構造の特徴がテレビ視聴のあり方に重要な影響を与えていると考えられる。

①成長・発展期から、停滞・減少期へ

テレビ視聴の特徴を男女別に分析する試みは、テレビの歴史とともに古く、初期の段階から性別によってかなり明確な違いが指摘されていた。NHKでは、テレビ放送が開始された年に「見たい番組」の調査を行なっているが、そこでは男性のスポーツ、女性の舞台中継などの芸能・娯楽系の番組への志向がみられた。その後の同様な各種調査においても、性別による番組嗜好の違いが明らかにされている。

『日本の視聴者』[19]（一九六六年）の分析によると、女性は、目的意識的視聴で効用感が強く、教養・報道志向型であるとされたが、テレビの機能の「娯楽性」「速報性」「教養性」「実用性」「平易性」のいずれについても、他のメディアよりも強く支持している点からみても、この時点ですでに女性とテレビとの強い結びつきが明らかになっている。

「テレビ三〇年」の調査報告[20]（一九八三年）においては、女性にとってテレビが大きい比重を占めていることが解明されている。そこでの特徴は、「新聞よりもテレビを重視する」「知識や話題もテレビから得る」、「家庭婦人は長時間視聴者である」、「女性はながら視聴とつきあい視聴が多い」ことなどであった。そして、テレビに求めているものは「生活の手引きと安定感」であり、好きな娯楽番組やドラマからも生活の知恵や生き方を得ている積極的な関わり方が浮かび上がってくる。

以上のように停滞・減少期においても、女性とテレビとの結びつきは強く、女性はテレビを見ることが好きであり、テレビが自分たちにとってふさわしいメディアであると考えていた。女性の在宅時間の長さは視聴に有利な条件であるし、家族視聴のウエイトが大きい場合には、家族の人間関係において要の位置を占める女性は、対人コミュニケーションと関連づけてテレビを受けとめていたのである。

この時期の女性のテレビ視聴の特徴を示すものとして、「視聴への興味」の減少が男性よりも大きかったことがあげられる。このことは、テレビとの関わりが深くなるにつれて、女性の生活世界やコミュニケーション構造の違いが反映された形で、女性に固有のテレビ視聴の特徴が明確になってきた結果であるといえよう。

ところで、テレビ好きの女性にとって、いちばん楽しいコミュニケーションは実はテレビではなく、「家族・友人との会話」なのである。男性は、一見テレビと距離を置いているようだが、テレビが見られなくなったときに、物足りなさや寂しさを強く感じるのはむしろ男性のほうであるという傾向がある。つまり女性は、テレビを好んで視聴するものの、テレビは日常のコミュニケーションの広がりのなかで位置づけられており、家族・近隣・地域での「対話」と同じような位置を与えられているのである。

女性とテレビとの関わり方についてみると、その基本的な部分は成長・発展期に形成され、続く停滞・減少期においてそれが確立されたといえよう。このようにテレビ視聴の初期の段階から明確な性差が認められたということには、テレビとのつきあい以前に、性別のコミュニケーションの違いが深く関連していると考えられる。そしてわが国におけるテレビ視聴において、性差による特徴が明らかになり始めたのはこの停滞・減少期であったと考えられる。

テレビ視聴の成長・停滞・回復、成熟化の過程がジェンダーの形成に関わっており、性差によるテレビ視聴の違いをもたらしている。

②回復・堅調期の特徴

停滞・減少期からテレビが復活して、また視聴時間量を増加させているという現象が起きた回復・堅調期を、性差を中心にしてみてみよう。

一九九五年から二〇〇〇年にかけて性別にみた視聴時間量の変化は平日ではあまり大きな差はみられないが、家庭婦人が一三分増とやや伸びている。男女・年層別にみると、大きく増加しているのは男性の七〇歳以上だけである(五時間一〇分↓五時間三四分)。しかし女性の高年齢層ではほとんど伸びていない。

この時期の特徴としては、以下に述べるように女性のテレビ視聴の変化がテレビ全体のあり方に大きく影響していることが注目される。つまり、テレビ視聴における時系列変化と同じ動きを示す項目が女性のほうに多く、男性よりも女性のほうが全体の動向に関わる傾向が多くみられるということである。

戦後、わが国における女性の生き方や考え方は大きく変化してきたし、社会的進出の増大によって社会的存在としての女性のあり方は、それまでの男性の論理で支配されてきた社会のありようを大きく変えようとしている。このことは、テレビとの結びつきが強いと考えられてきた女性を捉える際には、社会的・文化的な性差としてのジェンダーの視点からの分析が重要であることを示唆しているのである。

③テレビ視聴における女性のウエイトの増大

まず、「日本人とテレビ」調査の結果からみてみよう。

一九八五年から二〇〇〇年までのテレビ視聴の推移を、五年ごとに全体で有意な差をもって変化している主な項目について整理してみると、そこには女性の変化がテレビ視聴全体の動向に大きく関わっているという特徴が浮かび上がってくる。

・一九八五年〜一九九〇年

この時期に全体で増加している以下の項目では、その傾向は女性のみに限られており、男性では認められない。「テレビは欠かせないメディア」（一位の結果）、「直接見聞きしたと同じように実感が持てる」、「世の中の動きを伝える番組を希望する」、「コマーシャルを楽しんで見ている」。

また、全体で減少している「くつろいで楽しめる番組を希望する」の項目は、女性のみに認められた。一方、男性のみに認められるのは「マスコミが伝えていることは、ほぼ事実どおり」「生き方の手本が得られる」の項目である。

・一九九〇年〜一九九五年

全体で増加している「習慣やリズムがつくられる」、「テレビはなくてはならない」の項目は女性のみに当てはまり、また「マスコミに誘導されている」は男性のみで増加している。

また、全体で減少している「実感が持てる」は男女ともに認められた。

・一九九五年〜二〇〇〇年

全体で増加している「マスコミに誘導されている」は、女性だけ増加している。

また、減少している「現実にはできない経験が味わえる」と、「実感が持てる」「ほぼ事実どおり」は、男女に共通して認められた。

なお、視聴時間に関して、短時間（二時間以下）が減少して、長時間（四時間以上）が増加しているのは女性のみに当てはまっており、視聴時間の増加を支えているのは女性であることがわかる。

以上の結果をみると、一九八〇年代後半において特徴的なことであるが、有意差のある変化がみられたのは女性がほとんどであった。男性が女性と同じように関わっている項目は少なく、しかも男性だけが単独に関わるというケースはきわめて少数であった。このことは、テレビ視聴における履歴効果が性別によって異なっていることを示す結果と考えられる。

女性が変化に大きく関わっている項目をみると、テレビをメディアとしてトータルに捉えて肯定的な反応を示している項目と、テレビの環境化が進展していることを示す項目であり、期待機能の面では女性の動きが全体の傾向を先取りしていることが読み取れる。このことは、八〇年代の後半における女性の社会的なあり方や役割の変化に関係しているであろう。いずれにせよ、テレビ視聴の成熟化の過程において、女性のテレビとの関わり方は男性とは異なった展開を遂げてきた面があるのではないだろうか。

次に、「テレビ五〇年」調査（二〇〇二年）の結果からみてみよう。

女性のテレビとの関わり方は、半世紀にわたるテレビとのつきあいのなかで、いっそう深まっている面がみられる。視聴体験では、「あこがれの番組」（男四二、女四七％）、「感動を共有したかった番組」（男三一、女四三％）、「心の支えになった番組」（男二七、女三五％）のいずれにおいても、女性のほうが男性よりも高い。

また、過去の主な視聴番組についても、全体よりも視聴率が高い番組は昭和三〇年代、四〇年代、五〇年代を通して、男性は六本なのに対して、女性は二三本と圧倒的に多い。しかも男性は、「プロ野球（巨人戦）」「ニュース番組」などに限られているのに対して、女性は多種多様な番組をあげており、人気番組や視聴率高位番組などに多く関わってきたのは女性の視聴者であるといえよう。

女性にとってテレビ番組は生活の文脈や記憶のなかに息づいており、番組をそれ自体として享受するというよりも、そこに自分の生活を投影して、視聴体験が生活史を形成するといった、女性に特有な視聴のありようであると考えられる。

女性におけるメディアとしてのテレビの位置づけはきわめて高く、男性に比べるとさまざまな機能がテレビに集中しているのが特徴である。

生活必需品とされたもののウエイトをみると、女性で全体より高いのは「冷蔵庫」二八％、「テレビ」二五％、「携帯電話」一六％であり、男性で高いのは「自動車」三〇％、「パソコン」一三％である。女性は、テレビを生活媒体として捉えており、技術優先や利便性を重視する男性との間でテレビとの関わり方におけるスタンスの違いが感じられる。

現代的なテレビ視聴態様としてあげられた「環境性」「断片性」「熟練性」「一体性」「感情性」の五つの特性の二〇項目のなかで、女性が全体を上回っているのは半分の一〇項目であったが、男性が上回っているものは皆無であった。特徴的な違いがみられた「感情性」（テレビを見て元気になったり、ストレスを発散させるなど、視聴中・視聴後の反応が感情と直結した見方）と、「一体性」（番組や出演者に対してリアクションするなど、友達と雑談しているかのような見方）の結果からみると、女性における感性のあり方と他者との結びつきにおける広がりが、テレビとの深い関わりをもたらしていると考えられる。

次に、視聴理由から性差をみると、女性が全体を上回っているのは、視聴理由の九項目中、「世間の出来事を知らせてくれる」（女七八％、男七一％）、「気楽に楽しめる」（女六七％、男六〇％）、「日常生活に役立つ知識を与えてくれる」（女六二％、男五四％）、「心を豊かにしてくれる」（女三一％、男二六％）、「見るのが習慣」（女二八％、男二四％）などの五項目に及んでいる。男性では高い項目はなく、低いのは四項目である。

また、一九七四年のデータと比較すると、「世間の出来事」（六七→七八％）、「日常生活に役立つ知識」（四六→六二％）における女性の伸びが著しく、前者の視聴理由は、二〇〇二年においてはじめて男性を上回った。

一九七四年に性差がみられたのは「日常生活に役立つ知識」（男三六、女四六％）の一項目だけで、他の八項目には差がみられなかった。それが二〇〇二年には上記の五項目に増加しており、しかもそれらはすべて女性が男性を上回ったわけである。

この結果からいえることは、一九七四年から二〇〇二年にかけての三〇年近くの間に、女性の方が男性よりもテレビとの関わりをいっそう深めてきたということであろう。そしてこれは、女性の社会的進出が背景にあり、それに促されての社会的関心の増大を反映しているであろう。また、楽しみ、心の充足感を得る手段としても、テレビは女性の生活において必須の存在だったわけである。テレビの「送り手」側が、そのような実態に対応してきたことはいうまでもなく、その意味でテレビ番組の編成は女性を重視したものになってきた。その傾向は今後もなお続いてゆくであろう。ただ、「世間の出来事」の情報把握がテレビに依存したり、「日常生活に役立つ知識」を得るという範囲の知的欲求の充足のためにテレビを見ているという側面もないとはいえないとすれば、こうした実態そのものがコミュニケーション行為のなかでどう評価されるべきかが問われなくてはならない。また、それに即応して発信される番組の質や問題性も、当然別個に問題にされなくてはならない。しかしここでは、現代のテレビ視聴において、女性の関わり方が男性のそれよりも大きく強いという事実を確認しておくにとどめたい。

一方、一九七〇年代においてはテレビ視聴の「非意識化」傾向が指摘された。二〇〇二年においては「見るのが習慣になっている」が増加しており（七四年一九％→〇二年二六％）、しかも女性が男性を上回っていた（女性二八％、男性二四％）。視聴理由の変化からみる限り、視聴の慣習化は女性によって促進されているといえよう。

ここで、女性のテレビ視聴について簡単にまとめておこう。
・女性はテレビに対して基本的に肯定的な態度を示している。これは、テレビにおける「自己との関わり」の度合が強いことにもとづいており、その背景にはテレビ視聴を対人コミュニケーションの延長として捉えるという日本人の基本的なテレビ視聴の構造が関連している。
・しかも、女性はテレビだけに特化しないで、対人コミュニケーションにも広がりがみられ、豊かな人間関係を築いている。

・女性のバランス感覚が、環境への適応力や生命力の強さを生み出しているが、その身体性に根ざしたリズムにテレビ視聴が同調しており、女性は男性よりもテレビ視聴における非意識的な関わり方が強いと考えられる。

・テレビ視聴の変化の過程で、女性のテレビ視聴は男性とは違う動きを示しており、性差が拡大してきていることが指摘できる。そして、一九八〇年代後半以降においては、女性の視聴態様が国民全体のテレビ視聴のあり方に大きく関わる傾向がみられるようになったといえよう。

### 女性のコミュニケーションの特徴

これまで明らかになった男性とは異なる女性のテレビ視聴の特徴は、それを支えているコミュニケーション構造の違いによるのではないだろうか。そこで、性別にみた場合にコミュニケーションの特徴にどのような違いがみられるのかを検討してみよう。

#### ①「会話・交際」からみた特徴

ここでの「会話・交際」(「国民生活時間」調査)は、つきあい、おしゃべり、訪問などの行動が独立に行なわれた場合である。二〇〇〇年の結果をみると、いずれの曜日においても、同年層の男性より女性のほうが行為者率が高い。全員平均時間も女性は男性とほぼ同じくらいか、やや多くなっている。男女とも一〇代、二〇代が活発であるが、それぞれの平日の行為者率と全員平均時間を比較すると、男一六〜一九歳では二五%と二七分、女一六〜一九歳では五〇%と四五分であり、男二〇代では一九%と二二分、女二〇代では三七%と四一分と女性のほうがアクティブであるという特徴がみられる。

②コミュニケーションの行為と欲求について

「生活とコミュニケーション」調査（一九七三年）では、コミュニケーション行為（二五項目）を、「即自的」「対自的」「第一次関係」「マス・コミュニケーション」の四つのブロックで捉えた。その結果、男性が多かったのは、「対自的」ブロックの「議論」「立場上の話」と「マス・コミュニケーション」ブロックの「テレビのニュース」「新聞」「雑誌」の項目であり、女性が多かったのは、「即自的」ブロックの「祈り」「手紙を書く」「日記を書く」、「第一次関係」ブロックの「電話をする」「相談する」などの項目であった。

コミュニケーション欲求（一四項目）においては、男性が「他人・アウトプット」ブロックの「他人に影響を与えたり、人を動かしたい」と「外界・インプット」ブロックの「他人の知らないことを人よりもはやく知りたい」「刺激やスリルを求めたい」など三項目で全体よりも高く、女性は「他人・インプット」ブロックの「聞き上手になりたい」「他人に導いてもらいたい」などの二項目で全体よりも高かった。

以上の結果から、男性と女性のコミュニケーションの行為と欲求については性差による違いが存在しており、女性のコミュニケーションの特徴として、行為における即自的・第一次関係の活発さと、欲求における他者と関わるインプットの強さが大きく関わっていることが明らかになった。

その後の調査結果からも、性差による特徴の違いが指摘されており、女性のほうに活発な傾向がみられる。「テレビと情報行動」調査（一九九七年）の結果[21]によると、全体としては、女性のほうが能動的な傾向がみられる。「大切な情報行動」（マスコミ接触から住民運動参加までの二七項目）のなかで、「欠かせない行動」として女性が多いのは一一項目、男性は八項目である。特徴的なのは、女性が自己内部や対人関係の領域で広がりを示しており、また、他者との関係においてもインプットとアウトプットのバランスがとれた形で、多様な情報行動に積極的に関わっているということである。これに対して、男性に多いのは、メディアによる情報の受容と、パソコンを介した行動に限られており、「スポーツを生で観戦する」が唯一アクティブな行動である。このように、女性の場合の生活世界に根ざしたバランス感覚と他者への意欲的な関わり方に対して、男性のほうはメディアや機器に依存した情報受容が中心で、他者との関係が希薄といえよう。

### ③若者のコミュニケーションにみる性差

以上は、国民全体における男女別のコミュニケーションの特徴であるが、発達的にみてその性差が形成される過程について明らかにするために、現代の高校生のコミュニケーションの特徴について検討してみよう。[22]

メディア・コミュニケーションに関しては、男子がパソコンや報道機能に関連する番組や活字メディアとの接触が多いのに対して、女子は娯楽番組や地域情報の受容やコンサートなどのナマの行動が活発

表２　パーソナル・コミュニケーション行為　(%)

| | | 男子 | | 女子 |
|---|---|---|---|---|
| 1 | しゃれや冗談を言い合う | 59.1 | | 63.0 |
| 2 | とりとめのないおしゃべりを楽しむ | 63.8 | < | 90.5 |
| 3 | 他人の消息，うわさ話をする | 36.2 | < | 47.8 |
| 4 | 人と話したくなって電話する | 20.4 | < | 45.9 |
| 5 | 悩みや心配ごとを相談し合う | 29.1 | < | 67.7 |
| 6 | 過去を振り返ったり，将来のことを考えたりする | 61.0 | < | 70.9 |
| 7 | 自然の美しさを感じる | 31.9 | | 28.5 |
| 8 | 神様や仏様にお祈りする | 6.8 | | 6.3 |
| 9 | 手紙を書く（仕事は除く） | 5.6 | < | 61.4 |
| 10 | 日記を書く | 5.3 | < | 34.2 |
| 11 | 相手を説得したり，説得されたりする | 27.2 | | 29.6 |
| 12 | ある問題について人と議論する | 28.2 | | 30.2 |
| 13 | 立場上，やむを得ず話をしたり聞かされたりする | 26.9 | | 23.4 |
| 14 | 自分の考えや意見を伝えたくて投書や電話をする | 5.0 | | 5.2 |
| 15 | 趣味や関心のあることについて意見をかわす | 63.2 | | 59.5 |

注：<>は％の差の検定で5％の水準で有意差のあるもの
出所：小川文弥「性差にみる若者のコミュニケーション」，『東京国際大学論叢・人間社会学部編』第６号（通巻57号），2000年９月

であるというように、性別ごとに特徴的な出方をしており、全体としての活発さはどちらも同じ程度である。

しかし、パーソナル・コミュニケーションに関しては、性別による明らかな違いがみられる（表2、表3）。有意差の大きなものをみると、女子が一五項目中で男子を上回る項目が七つあるのに対して、男子が女子よりも多い項目はなく、女子のほうが活発である。女子は自己内部、他者との関わりのいずれのレベルにおいてもきわめて能動的であり、しかもバランスがとれている。とくに「とりとめのないおしゃべりを楽しむ」が九割を占めているのが象徴的である。

コミュニケーション欲求についても、一九項目中女子が男子より多いのは八項目、男子が多いのは一項目のみであ

表3　コミュニケーション欲求　（%）

| | | 男子 | | 女子 |
|---|---|---|---|---|
| 1 | 世の中の出来事や，考え方をいろいろ知りたい | 44.0 | | 38.0 |
| 2 | 心を奪われたり，感動したい | 54.2 | ＜ | 63.3 |
| 3 | 刺激やスリルを味わいたい | 53.9 | | 49.2 |
| 4 | 自分を表現したい | 40.9 | | 44.3 |
| 5 | 自分の意見を世の中の人に伝えたい | 22.0 | | 19.0 |
| 6 | 人から注目されたい | 23.8 | | 22.6 |
| 7 | 聞き上手になりたい | 38.1 | ＜ | 54.6 |
| 8 | 人に無視されたくない | 47.7 | ＜ | 63.0 |
| 9 | 他人（身近な人）の気持ちや考えを知りたい | 50.5 | ＜ | 66.3 |
| 10 | 自分自身を理解したい | 54.8 | | 60.6 |
| 11 | 誰からでもよいから話しかけられたい | 25.1 | | 28.5 |
| 12 | 話し上手になりたい | 60.7 | ＜ | 67.9 |
| 13 | 自分の気持ちや考え方を他人（身近な人たち）に知らせたい | 24.8 | ＜ | 35.3 |
| 14 | 自分のしたことを他人（身近な人たち）に知らせたい | 30.7 | ＜ | 38.9 |
| 15 | しっかりとした自分なりの考えを持ちたい | 64.7 | ＜ | 77.7 |
| 16 | 何かに熱中したり，打ち込んでみたい | 66.3 | | 70.1 |
| 17 | 神秘的で不思議な体験をしたい | 47.1 | | 42.1 |
| 18 | 世間のわずらわしさから逃れて一人になりたい | 33.7 | ＞ | 18.2 |
| 19 | 心のよりどころになるものが欲しい | 40.2 | | 43.2 |

出所：表2に同じ

る。女子は、他者との関わりにおけるインプット‐アウトプットの両面で強い欲求を示している。すなわち、「他人の気持ちや考えを知りたい」「自分自身を理解したい」という自他の認識・理解に対する積極性、「しっかりとした自分なりの考えを持ちたい」、「自分の気持ちや考え方を他人に知らせたい」という意欲においてまさり、「聞き上手になりたい」と「話し上手になりたい」がともに多く、バランスがとれている。男子は自己内部の欲求は強いが、他者とのインプット‐アウトプットの領域が弱く、「一人になりたい」志向が女子を大きく引き離している唯一の項目である。

つぎに、テレビとの関わりについてみてみよう。

女子は視聴時間量が多く、娯楽志向であり、「なんとなくテレビをつけておく」が五割に達している。テレビ観では、女子が男子を上回っているのは「テレビを見ていて喜んだり、腹立たしい思いをする」(女＝九四％、男＝七九％)、「テレビで話をしている人にうなずいたり、話しかけたい気がする」(女＝四三％、男＝二二％)、「見慣れているテレビ番組の登場人物は親しい人のような気がする」(女＝四〇％、男＝二一％)などであり、男子が上回っているものはなかった。このことから、女子はテレビに対する親和性が男子よりも強く、女子の方がテレビを擬人化して捉え、対人コミュニケーションに引き付けて見る傾向が強いといえる。

以上の結果から、女子がコミュニケーションの行為と欲求のいずれにおいても男子より活発であり、またテレビとも近い関係にあることがわかる。すなわち、高校生のコミュニケーションにおいては、男子の消極的な反応と、女子のまわりとの「交流」をベースにした、つながりと広がりを求める積極的な特徴が指摘できよう。ここから、より一般化すると、日本人のコミュニケーションにおいては、男性の「きれる・とじる」志向型と、女性の「つながる・広がる」志向型の二つのタイプが存在するといえないだろうか。

④女性のコミュニケーションの特徴とテレビ視聴

現在、女性のコミュニケーションのあり方がテレビ視聴全体の変化に大きく関わっている状況を考えると、以上の二つの基本的なコミュニケーションの類型は、日本人のテレビ視聴のあり方を分析する際には有効な分析枠組みになると考えられる。なぜなら、テレビは「つながり、広がり」を求めるという女性のコミュニケーションの基本的特徴で捉えられており、そこでは「自己との関わり」が強く機能しており、結果として女性とテレビとの深い結びつきがもたらされている、と考えられるからである。

すなわち、女性においては人間との関わりあいを基調にした情動的なコミュニケーションを志向する傾向が強く、「非メディア（機器）型」で、やや「非文字型」の特徴を示している。そして、生活世界に根ざしてバランスのとれた能動的なコミュニケーションを営んでいる。しかも、テレビは自己の生活時間の流れやコミュニケーションのリズムに位置づけられて、女性はテレビに対し、自己の感性を重視した生活感覚にもとづく受けとめ方をしており、それと共生・共存した関係を自然体で維持している。このような特徴は、女性のコミュニケーション構造の背景として、女性が「産む」性として、自然や人間をはじめとする命ある存在や、超越者との関わりに引かれる傾向があるからなのではないだろうか。また、女性とテレビとの関わりは大きいけれども、対人関係の豊かさからみてもそれは多くのコミュニケーション行為のなかのワン・オブ・ゼムなのであり、テレビがすべてというわけではない。

ところで、女性におけるテレビ視聴の基本的なプロセスを考えてみると、テレビからの情報をメディアの論理にもとづいて一方的に受容するのではなく、その根底には他者と関わるという「交流感」があり、テレビ視聴を自分に関わらせて内面化しようとするメカニズムがみられる。女性にとって、テレビは対人コミュニケーションの延長上にあるメディアであり、自分の生活のリズムと響きあうことによって、情動的なレベルでの同調が生じる。こうして、生き方やものの考え方の面でもテレビとの関わりは深まっていくことになるであろう。女性のコミュニケーションをサブカルチャーとして捉えると、「基本的に声にもとづく枠組みのなかで活動しており、情報志向ではなくむしろ、演じ語り指向（performance-oriented）なのである」[23]。

わが国においては性差による地位・役割や文化などの違いが大きいとされているが、テレビはこれまでの歴史のなかでジェンダーによる差異を絶えず再生産してきたのではないだろうか。このことが、わが国におけるコミュニケーションの基本構造において性差が根強く存在している要因の一つと考えられる。女性のコミュニケーションがテレビ視聴のあり方に大きく関わっていることを考える際には、コミュニケーションの特徴そのものがテレビの影響によって規定されている側面が認識されるべきであろう。女性とテレビとの結びつきは、両者のこのような関係によってもたらされているのである。そしてそこでは、「切断する」という「父性原理」に対してすべてのものを「包含する」という「母性原理」（河合隼雄[24]）に根ざしたコミュニケーションのあり方が問われることになるだろう。

日本人のコミュニケーションにおいて、ウチ‐ソト、類別しない精神構造、家族主義、情緒志向などと捉えられてきたことは、他者とのつながりを求め、包み込むという、女性としてのコミュニケーションの特徴に対応している面が大きいのではないだろうか。テレビ視聴もそれとの関連で検討される必要があると考えられる。

## 三　日本人のコミュニケーションとテレビ視聴の特徴

これまでの分析で、テレビ視聴をコミュニケーションと関連づけて捉えることの有効性について述べてきた。テレビはこの五〇年の間、人びとの生活世界において環境化し定着化しており、生活と切り離せない存在になっていることから、独立した視聴行為として取り上げるよりもトータルなコミュニケーション構造のなかに位置づけて捉えることがふさわしいメディアであると考えられる。

第三節では、現在の日本人のテレビ視聴の特徴を、彼らのコミュニケーション構造に関連づけて、実証的データ（「テレビ五〇年」調査）にもとづいて検討する。

まず、国際比較のデータから、四か国のなかでの日本人のテレビ視聴の特徴を明らかにし、ついで、人びとにとって重要と考えられるコミュニケーション行為とテレビ視聴との関連を分析し、最後にまとめとして、日本人のコミュニケーションからみたテレビ視聴の特徴について考察する。

国際比較からみたわが国のテレビ視聴の特徴

①テレビ視聴の態様

世界のなかでも日本人はテレビをよく見るテレビ好きの国民であるといわれてきたが、どのようにテレビ好きなのか。そのテレビ視聴の特徴を、「テレビ五〇年」調査の、日本、アメリカ、フランス、タイの四か国比較調査の結果にもとづいて検討しよう。

まず主な結果からみると、

・視聴時間量では、「五時間以上」見る人は、タイ三一％、日本二三％、アメリカとフランスは一四％であり、「二時間」以下の人は、アメリカ五四％、フランス五二％、日本四一％、タイ三九％であり、日本とタイでテレビがよく見られている。

・「ひとりで見るか、家族と見るか」については、日本では個人視聴が四四％とアメリカと並んで最も多く、家族視聴は四六％と四か国のなかで最も少ない。この点はわが国における最近のテレビ視聴の重要な特徴の一つであり、家族視聴が減少して個人視聴が増加しつつあることはテレビ視聴の基本構造の変化を示している。

・視聴後の感想では、「ためになった」（二八％）と思うことがタイとならんで多く、「時間を無駄にした」（六％）

という人は最も少ない。このように、日本ではテレビを見ることに肯定的な態度がみられる。

・最も重要な生活必需品（二、三か月の間生活するのに必要な品物）としては、日本だけが「テレビ」（二三％）を最も多くあげており、タイ一三％、フランス一〇％、アメリカ五％に比べると、生活のなかでテレビの占めるウエイトが大きいことがわかる。

・テレビが世の中にもたらした影響の大きさについては、影響が「非常に大きい」という人は五七％で、アメリカ（六九％）に次いで二番目に多い。

以上のように、日本は四か国のなかでテレビとの関わりがきわめて深い国であると考えられる。

次に現代的なテレビ視聴態様であるが、全二〇項目の質問に対する回答の積極性の視点からみると、反応が強いのはアメリカとフランスで、日本とタイは反応の弱い消極的なグループになる。反応が積極的ということはテレビの個別の機能特性に対して意識的であること、また、テレビを使いこなすという積極的態度がみられるということである（表4）。

視聴態様で最も能動的な反応を示していたのはフランスであり、「熟練性」「断片性」「一体性」において一位を占めており、次いで「感情性」「環境性」で一位のアメリカが続いている。日本とタイは一位を占める特性がない。日本は「環境性」が二位であるが、「感情性」「断片性」「一体性」に関しては四位であり、タイとともに消極的な傾向がみられる。

日本の特徴をみると、四か国のなかで一位を占めた項目は「家に帰るととりあえずテレビをつける」（四一％）の一項目だけである。二位の五項目のなかでは「テレビは水や空気のようなものだ」（二二％）、「なかなかテレビを消すことができない」（一二％）といった「環境性」の項目が含まれており、わが国の視聴態様においてはテレビ視聴が環境化していることがその特徴として指摘できる。このことから、日本人はテレビの存在を身近に感じて、テレビとつながっているという感覚をもっており、また、視聴習慣が身体化しているともいえよう。テレビ視聴を具体的に意識するのではなくテレビと共生している感覚であり、テレビは生活における「間」を埋めてくれる存在になっている。テレビがついていることで人の気配を感じたり、寂しさを紛らわせてくれるので気が休まったり安心感を感じることとは、属性に関係なくよく指摘されており、日本人のテレビ視聴における関わりの深さを示している。

以上をまとめてみると、日本人はテレビをよく見ているテレビ好きの国民であり、テレビはメディアとして生活のなかで不可欠な位置づけ方をされている。しかし、テレビの存在を客観化して、テレビ視聴を意識化したり対象化して受けとめる傾向は少なく、それだけテレビ視聴が生活のなかに環境化・定着化しており、より深いレベルで身体化された関わり方になっているとも考えられる。このことは、日本人のテレビ視聴にはこれまでみてきたように女性の見方が強く反映している面があるからであるといえよう。そして、テレビとの関わり方の深まりによってテレビはたんなる情報受容のメディアというよりは「生活媒体」として位置づけられるという傾向が指摘できる。

②重要なコミュニケーション――「見る」と「読む」の違い

四か国比較の結果から、テレビ視聴においては日本とタイが、そしてアメリカ

表４　視聴態様の比較

| | 日本 | アメリカ | フランス | タイ |
|---|---|---|---|---|
| 感情性 | 4位 | 1 | 1 | 3 |
| 環境性 | 2 | 1 | 2 | 4 |
| 熟練性 | 3 | 2 | 1 | 4 |
| 断片性 | 4 | 3 | 1 | 2 |
| 一体性 | 4 | 2 | 1 | 3 |

注：五つの特性の４項目ごとに４か国の中での順位をカウントし，合計した点数にもとづいて１～４位を決定した
出所：NHK 放送文化研究所「テレビ 50 年」調査，2002 年

とフランスがそれぞれ類似した傾向を示していることが明らかになった。すなわち、前者においてはテレビとの関わりは深いが見ることをあまり対象化したり、意識的な受けとめ方をしていないのに対して、後者ではテレビとの関わりは前者ほど強くはないが、視聴することに対しては意識的であり、対象化した見方をしているといえる。こうした特徴の違いをもたらす要因は複雑であり、詳細な分析が必要になるが、ここでは、「テレビ視聴の特徴を規定する要因として、コミュニケーション構造が関わっている」という基本的な知見に基づいて、コミュニケーションの捉え方の違いに注目してみよう。

そこで、重要なコミュニケーション行為との関連で、テレビ視聴の特徴を分析してみよう（表5）。自分が生活していくうえで、いちばん重要だと思うコミュニケーション行為を、「見る、読む、書く、聞く、話す」の五つの中から一つだけ選んでもらったところ、「見る」が、日本とタイではほぼ三割でアメリカとフランスに比べて非常に多かった。これに対して、アメリカとフランスでは、「読む」が三割台と高く対照的な結果がみられた。ここからテレビ視聴をめぐる二つのグループは、「読む」という「文字型」と、「見る」という「非文字型」のコミュニケーションの違いによってもたらされている、といえないだろうか。

各国の特徴をみると、日本は「話す」（三四％）と「見る」（二八％）が際立っており、タイは「見る」（二九％）についで「聞く」（二七％）と「話す」（二三％）が高く、両国とも「読む」が低い。タイが「非文字型」であることについて、「タイ人は西欧で考えられている以上に、書かれた文字には重みがあり、あとまで尾をひくと思ってしまう。

表5　いちばん重要なコミュニケーション行為　（単位：%）

| | 読む | 書く | 見る | 聞く | 話す |
|---|---|---|---|---|---|
| 日本 | 17 | 3 | 28 | 16 | 34 |
| アメリカ | 34 | 3 | 7 | 33 | 21 |
| フランス | 30 | 3 | 8 | 28 | 31 |
| タイ | 19 | 2 | 29 | 27 | 23 |

出所：NHK 放送文化研究所「テレビ 50 年」調査，2002 年

ずっとリスクが大きいと考える」[25]という指摘があるが、タイでは生活のなかで文字が距離をもって受けとめられていることを示している。また、アメリカは「読む」（三四％）とならんで「聞く」（三三％）が多く、フランスは「読む」（三〇％）とともに「話す」（三一％）、「聞く」（二八％）が多い。こうしてみると、テレビ視聴に深く関わるコミュニケーションとしては、「読む」という「文字型」ではなく「見る」の「非文字型」のタイプが重要な意味をもっていると考えられる。

重要なコミュニケーションごとにみたテレビ視聴の特徴

わが国における重要なコミュニケーションとしては「見る」と「話す」が多かったが、これは人びとがコミュニケーションのタイプとして「非文字型」に親近性を示しているからであるといえよう。また、「話す」が全体としてみれば「聞く」の二倍以上あり、「話す - 聞く」がバランスのとれた「対話型」ではなく、「話す」ことにウエイトをおく「自己表出型」の特徴がみられる。以上のようなコミュニケーションの特徴が、テレビ視聴とどのように関わっているかを検討してみよう。

①重要なコミュニケーションの特徴

属性別にみると、図1が示すように、「見る」と「読む」は男性で全体より高く、「話す」と「聞く」は女性で高い。男性では、「見る」と「話す」が三割で、「読む」が二割であり、女性は「話す」が四割で、「見る」「聞く」が二割前後であった。

男性の重要なコミュニケーションは、加齢とともに「話す」が減って「読む」が増加する。女性は五〇代までは「話す」が多いが、六〇代になると「見る」が増加する。ここから、男性においては「読む」のウエイトが高い「文字型」

の特徴がみられ、女性は「話す」（「聞く」）というオーラル・コミュニケーションとしての「声の文化」の特徴を示している。

属性別では、「見る」をあげることが多い人は、男の勤め人、女性無職、単身生活者などであり、「話す」は男女の学生、独身者、女性の勤め人、主婦、複数での生活者などに多い。

以上のことから、わが国のコミュニケーションの構造においては「見る」と「話す」のそれぞれにウエイトをおく二つの異なったタイプが存在しており、テレビ視聴の特徴を明らかにするには、この二つのタイプを取り上げて分析することが有効であると考えられる。

②「見る」「話す」のコミュニケーションとテレビ視聴

日本人のテレビとの関わり方においては、「見る」と「話す」のそれぞれにウエイトをおく二つのタイプによって異なった視聴の特徴がみられる。つまり、「見る」のタイプのほうがテレビとの深い結びつきを示しているのに対して、「話す」のタイプは一定の距離を置きながら、テレビと関わっているのである。

「見る」タイプのテレビ視聴の特徴としては、視聴時間量が大きく、個人視聴の特徴を示しており、高年層との関連が深い。また、テレビを見ることに興味があり、もっとテレビを見たいという人が多い。生活必需品としてのテレビの位置づけは高い。そのうえメディアのなかでのテレビの効用はきわめて高く、テレビとの関わりでは、「外界とのつながり、心のやすらぎ、心を揺り動かされる」などでの評価が高い。このように、「見る」型の人びとはテレビとの距離が近い、密接な関わり方をしている。そこから、メディアのなかではテレビに特化して、テレビをかけがえのないメディアとして捉える傾向が強く、その関わり方はテレビに集中してほかの関係には広がらない閉じた関係を示している。

一方、「話す」タイプのテレビ視聴の特徴としては、視聴時間量は平均的であり、NHKよりも民放局をよく視聴する。家族視聴が多く家族で見るのが楽しいと感じている。また、テレビの効用やテレビとの関わりにおいては、「見る」に次いで多い。テレビに特化せずに、他のメディアや対人コミュニケーションにも開かれた関係がみられ、他者とのつながりを求める広がり志向が指摘できる。また、テレビ視聴における対話性と結びつく傾向が強く、女性のコミュニケーションの特徴に通じるものがある。全体としてみると、「見る」タイプよりはテレビと距離を置きながら、テレビとの

図1　いちばん重要なコミュニケーション行為　(%)

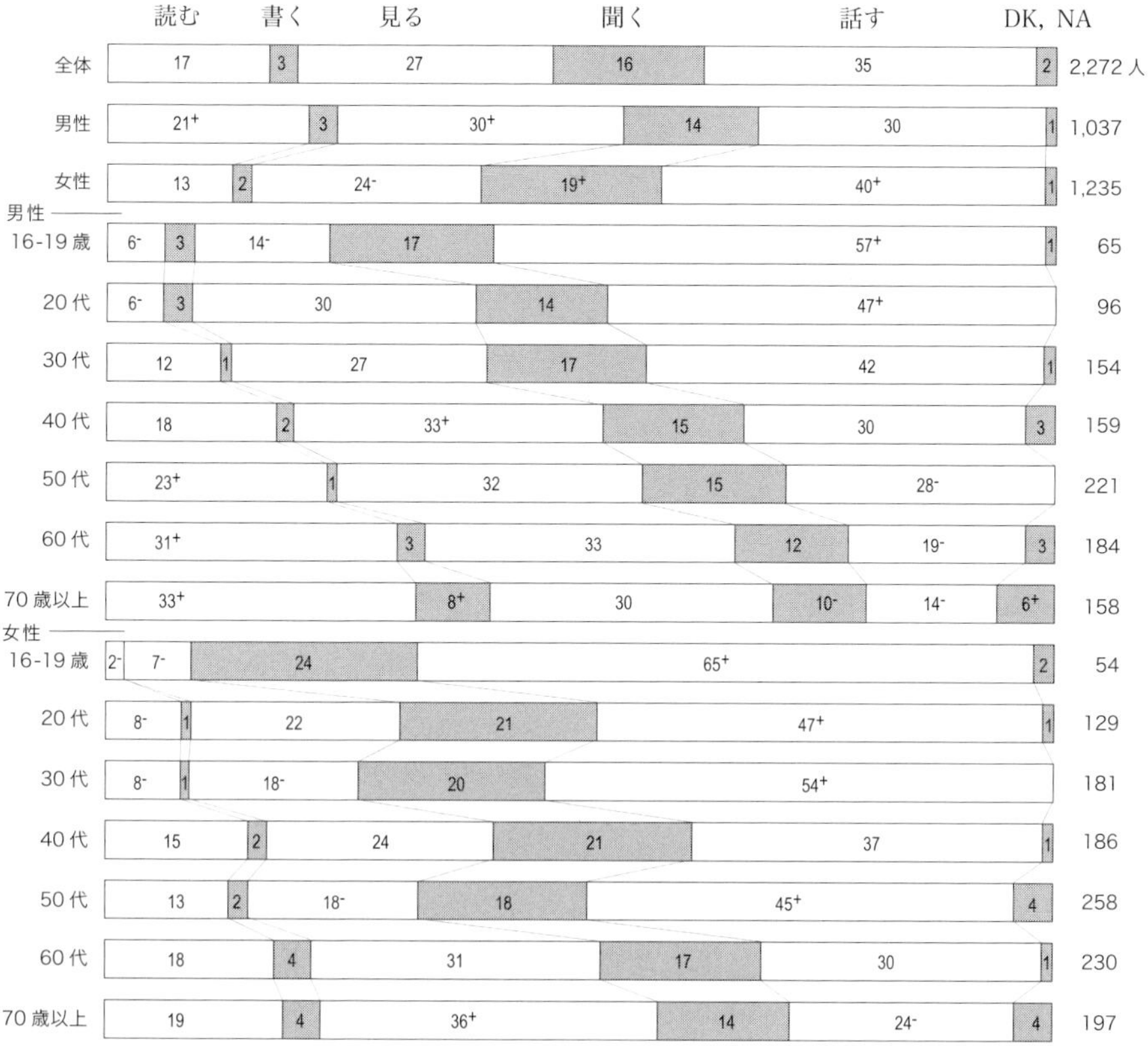


出所：NHK放送文化研究所「テレビ50年」調査，2002年

関わりが日常化・環境化しているという意味で、平均的な視聴の特徴が指摘できる。このタイプは、テレビとの関わりが深化することによって形成されてきたものと考えられる。

なお、「見る」「話す」と性別をクロスした視聴者類型ごとにテレビ視聴の特徴をみると、そこで最も強い関連がみられたのは、「女性・見る」型であり、「女性・話す」型はそれに比べると平均的である。この結果からみると、女性とテレビとの関わりが強く、とくにそのなかで「見る」型の人々が現代のテレビに最も深い結びつきをしているといえよう。

③テレビ視聴理由との関連

重要なコミュニケーションのタイプからみると、現在のテレビ視聴理由には三つのタイプが存在するといえよう。まず、「読む」「書く」という「文字型」のコミュニケーションのタイプである。ここでは、視聴理由として教育・教養的機能、知識の獲得、人格の陶冶などに関わる理由があげられており、明確に意識化された特徴がみられ、その背後には文字の論理の世界が存在している。「見る」タイプは、テレビ視聴との関わりが最も強かったが、視聴理由としては「見ていると疲れが休まるから」(二六%)の項目だけが全体よりも高かった。これは、「見る」タイプにとっては、自分とテレビとの深い関わり方の基層に位置づけられる視聴理由である。「話す」コミュニケーションをあげた人は、「気楽に楽しめる」(六八%)と「見るのが習慣になっているから」(三〇%)が全体よりも高く、「見る」型とは違った距離を置いた接し方をしている。テレビ視聴の展開過程においては非意識化の傾向が指摘されているが、これにおもに関連しているのは「話す」コミュニケーションのタイプであるといえよう。このタイプは、テレビとの関わりによって形成されてきたという意味では、「読む」や「見る」のように「文字型」との関連で捉えられるものではなく、テレビ視聴の履歴効果によって視聴者の内部に独自に生み出されてきたコミュニケーションのタイプであると考えられる。

④現代的なテレビ視聴態様との関連

次に、現代のテレビ視聴の態様を「見る」「話す」のコミュニケーションのタイプごとに検討してみよう。全体よりも高い項目をまとめてみたのが表6である。

「見る」タイプでは全体よりも高い項目が六項目あり、それらはいずれも五つの特性に分散しており、「見る」コミュニケーションが現代の視聴態様とバランスのとれた結びつきを示している。とくに、「環境性」において「とりあえずテレビをつける」と「テレビは水や空気のようなもの」の二つの項目が全体よりも高かったことは、「見る」型では環境化した視聴のあり方がその基層に存在しているといえよう。それに加えて、「たまっているストレスを発散する」や「話し相手がいないので、テレビを見る」などの深い結びつきがみられるのも特徴である。

「話す」タイプでは、全体よりも高い項目は四項目で「見る」に比べると限定的な特徴がみられる。四項目のうちの二項目は「一体性」に含まれていることからすると、「話す」型ではテレビとの「交流」にもとづく関わり方が特徴的である。この傾向は若い人たちに多かっ

表6 「見る」「話す」重視型の視聴態様

| | | |
|---|---|---|
| 「見る」重視型 | | % |
| 環境性 | 家に帰ると，とりあえずテレビをつける | 47 |
| 〃 | テレビは水や空気のようなものだ | 25 |
| 感情性 | たまっているストレスを発散する | 41 |
| 熟練性 | 演出だと分かっていても，番組が面白ければよい | 41 |
| 断片性 | 番組を通して見るのではなく，見たいところだけ見る | 33 |
| 一体性 | 話し相手がいないのでテレビを見る | 16 |
| 「話す」重視型 | | |
| 一体性 | 画面にツッコミを入れる | 29 |
| 〃 | バラエティ番組に出ているタレントを身近に感じる | 16 |
| 環境性 | ただ何となくテレビを見ている | 26 |
| 感情性 | あんな恋愛がしてみたいと思う | 15 |

出所：NHK 放送文化研究所「テレビ 50 年」調査，2002 年

たテレビとの新しい能動的な視聴態様のタイプである。また、「環境性」で全体よりも多くあげられていた「なんとなくテレビを見ている」は、「見る」型とは異なった、テレビとの軽いつきあい方を示している。「話す（聞く）」型はテレビに特化せずに、テレビが遍在化することを通じて成立する視聴のタイプであり、そこには若年層と女性のコミュニケーションの基本的な特徴が介在していると考えられる。

このことから、現代のテレビ視聴においては「見る」と「話す」のコミュニケーションの系列に対応する二つの異なった視聴態様があり、「見る」型はテレビを意識した深いつきあい方が根底にあるタイプであり、「話す」型はテレビを見ることをあまり意識しない軽い関わり方のタイプであるといえよう。

### 日本人のコミュニケーションとテレビ視聴

日本のテレビ視聴は「見る」文化の伝統[26]に根ざしつつ、社会や文化的風土のなかで発展を遂げてわが国独自のテレビ文化を作り上げてきた。そこでは、日本人の国民性とかコミュニケーションのあり方が複雑に関連しあって、テレビ視聴のスタイルが形成されてきたと考えられる。日本人のテレビ視聴において特徴的なのは、テレビを対人コミュニケーションに近いところに位置づけるということである。すなわち、日本人はテレビを一方的に受容するだけではなく、そこに自分を関わらせる「交流型」の見方を好むのである。このように、テレビ視聴の伝統には日本人の「話す」「聞く」に根ざしたコミュニケーションの側面が指摘できるだろう。その一方で、「見る」文化は、「読む」「書く」の「文字型」との対比において成立したコミュニケーションであった。

「読む」「書く」のコミュニケーションは、文字を媒介にして自己を確立させることで固有の世界をつくる自己との対話であり、それによって自己のアイデンティティが形成されることになる。「話す」「聞く」のコミュニケーションにおいては、自分以外の他者の存在が前提とされており、他者との考えや情動の共有を想定している。そこでは、自己の存在は他者との関係によって規定される。とくに日本人は、自己を確定するに当たって、まず他者の存在を念頭に浮かべる「相対的対象依存的」な関係（鈴木孝夫[27]）にみずからをおくといわれるように、自己のアイデンティティを確立させる場合でも他者の存在が不可欠である。

現代の日本において「話す」コミュニケーションが重視されているのは、この「相対的」な自己規定の考えを適用すると、まず、自己を規定するために話すというよりは、相手と関わることを前提にして話していると考えれば、かつての日本人においては「聞く」ことが重視されていたコミュニケーションが、女性や若い世代を中心に「話す」ことに積極的になったことで、「話す」ことが優位の「自己表出型」に変化してきたといえよう。ただし、女性の場合は、「話す」と「聞く」が全体よりも高い「対話型」であり、テレビ視聴を「話す」コミュニケーションからみると、そこには「自己表出型」と「対話型」の二つのタイプが存在していると考えられる。わが国のテレビ視聴において、女性のコミュニケーションの特徴が大きく関わっていることを指摘してきたが、そこには「話す」「聞く」のタイプのコミュニケーションの存在が関係しているのではないだろうか。

ところで、全体の三分の一を超えていた「話す」タイプの人々は若い人びとを中心にして多かったが、「話す」コミュニケーションを重視する態度は、彼らのテレビ視聴の履歴効果を通じて形成されてきた面が強いと考えられる。わが国においては以心伝心的なコミュニケーションのタイプが好ましいとされ、説得型の文化のようには話すことをあまり重視しない国民性があるといわれてきた。しかし、テレビとの半世紀にわたるつきあいによって、戦後の日本人は、「話す」ことが重要なコミュニケーションであるという意識や態度を形成してきた。日本人が戦前よりも「自己表出型」の国民になってきたとすれば、テレビの果たしてきた役割はきわめて大きいのである。日本人はテレビ視聴を通じて「話す」ことをより重視するようになり、以前に比べればよく話す「自己表出型」の国民になったと考えられる。

その一方で、「見る」コミュニケーションが現在のテレビ視聴と深い関係をもっていることは、テレビがわが国独自の「見る」文化のうえに展開してきた軌跡を示しており、そこには、テレビに特化した強い結びつきが存在していることが明らかになった。この「見る」タイプの人びとにとってテレビはかけがえのないコミュニケーションとして、これまで考えられてきたメディアの機能特性を超えて、「自己との関わり」を基本にして内面との深い結びつきが示すような「癒し」の世界を提供することが考えられる。このことは、高齢化社会が急速に進展するなかでの高年齢層にとっては、とくに重要な機能なのではないだろうか。

その一方で、これからのテレビのあり方を考えると、テレビが形成してきた「話す（聞く）」型の人びとの期待に、テレビが双方向性という機能特性にもとづいてどのように応えていくかが今後の課題になるだろう。このタイプの若年層の人びとにとって、テレビは「環境化」を超えた遍在性のメディアであり、その関わりは「身体性」のレベルで定着しているからである。

誕生以来半世紀の間、首座の位置を占めるメディアとして発展してきたテレビが、「話す」型の人びとを生み出すことによって、「話す」コミュニケーションのウエイトを高めてきたという意味では現在は一つの転換期であり、日本人のコミュニケーションの基層に「話す」という声の文化が新しく位置づけられることになるのかもしれない。電子的コミュニケーションの時代における「話す」コミュニケーション重視の傾向はそのことを意味しているとも考えられる。

最後に、コミュニケーション・メディアとしてのテレビのイメージについて考えてみよう。

テレビはこの五〇年間、一時的にはテレビ離れが生じたりはしたが、その後また勢いを盛り返して、現在ではこれまでにないほどよく見られている。多くのメディアの歴史のなかで、このようなケースはきわめてまれなことであろう。それだけ、テレビは長い間多くの人びとに愛され続けてきたといってよい。日本人がこれまでにどうしても欲しかったものとして最も多くあげられたのはテレビであった。当時の人びとは食べるものも食べずにテレビを買い求めたほどにぜひとも欲しかったのである。テレビと日本人との緊密な結びつきは、その出会いの時から始まっていたともいえよう。

日本のテレビは「見る」文化の伝統を出発点にして、コミュニケーションの基層にある「つながる」という特徴に適合しながら発展してきた。わが国においては、テレビ文化は欧米諸国と比べれば高い評価を受けており、ほとんどの層の人びとから等しく好意的に受け容れられてきたという経緯がある。日本人はテレビを家に入れることに警戒心をもたず、むしろ強い好奇心から家庭の中心にそれを据えて「家族の一員」として迎え入れた。欧米では家庭にテレビを入れることに対して用心深く、抵抗感があったといわれるのとは対照的である。テレビは多くの人びとをあまねく平等に受け容れて接してくれたかけがえのない存在であった。このことは先に指摘した女性のコミュニケーションにおける「つながり」志向とか「広がり」志向とかの特徴に結びつく面があるといえないだろうか。

人びとは、そこにたえず自分とつながっており、またすべてを包み込んでくれる存在としてのテレビを思い浮かべるかもしれない。また、すべてを許容し、いつもそばに居て受けとめてくれるやさしい存在という意味では、テレビに「母」をイメージすることもできるだろう。

テレビとは何かについて、テレビが始まって間もないころ、山の分校に一年間だけやってきた巡回テレビとの別れを綴った女児の詩に表現されていることは、テレビ五〇年の現在、われわれに何を問いかけているだろうか。[28]

もうじき三学期がおわるので、
テレビをかえさなければならない。
テレビが入ってからは

明るい心になって勉強していたが
テレビがなくなると
太陽がてらさないと同じになる。
うちでかっている馬が売られていくようだ。
テレビがなくなったら
私はスイッチをいれるまねをする。
ああ、あの時はよかったなあと思うだろう。
まるで愛のようだ。

（本章を執筆するに際して、ＮＨＫ放送文化研究所の井田美恵子主任研究員にデータの面でご協力いただいたことを感謝申し上げる。）

# 第四章　環境としてのテレビを見ること

## 一　「テレビ視聴」から「テレビを見ること」へ

毎日の暮らしのなかにテレビがあることはもとより、そこで人びとがテレビを見ることは、ほとんど自明の事態といえるようになった。半世紀以上を経過したテレビの歴史が、さまざまに描き出されるにせよ、このメディアが、このようなかたちで溶け込んだ様子を描いた日常の風景画に、さしたる違和感はないだろう。そして、同じ半世紀の歴史をつうじて、日常生活におけるテレビというメディアの存在や、テレビを見るという経験についての数多くの調査研究が展開されてきた。第一部では、そうした調査研究の成果を検証することによって、日常生活におけるテレビの存在や、そこで繰り広げられるテレビを見るという経験の特性についての考察が進められてきた。

ここで、一連の成果や、調査研究によって得られた幾多の知見をあらためて振り返ってみると、たしかにそれらは、一方では、テレビというメディアの特性なり、テレビを見ることの特徴なりを、さまざまな仕方で明らかにしてくれている。しかし、他方では、それらの知見からテレビというメディアや、テレビを見ることの特徴が語られるとき、日常生活におけるテレビを描いた風景画とは違って、そこには少なからぬ違和感があることも否定できない。その端的なものの一つは、日常のテレビを見るという経験が、それが科学的な用語法であったにせよ、「テレビ視聴」という言い方で表現されるときに漂う違和感、あるいは日常の経験との、いかんともしがたい距離感であろう。人びとは

「テレビを見る」とはいっても、「テレビ視聴をする」などとはめったにいわない。一見すると、このような調査研究による知見や、テレビをめぐる「科学的」な叙述にまつわる違和感は、「科学的」な用語法と、日常的な語り方との違いによって顕在化しているように見える。しかしこうした違和感や距離感は、テレビを見ることについての表現上の問題であると同時に、そのような用語法や語り方に終始してきた、これまでの調査研究の成果と限界に、すなわち、それがテレビを見ることの一体何を明らかにし、何を明らかにしてこなかったのかということに起因している。

テレビというメディアの半世紀を越える歴史は、一つには、テレビが家庭のなか、とりわけリビングやダイニングなどに存在することを当たり前の事態とする歴史であった。またこの歴史は、もう一つには、家庭のなかに当たり前に存在するテレビを、人びとが、毎日の暮らしを繰り広げながら見るようになっていく歴史でもあった。たしかに、これまでの調査研究も、それによる知見の多くも、みずからの依拠する方法と用語法によって、こうしたテレビの歴史なり、そのありようなりにアプローチしてきた。たとえば、知見の一つは、「生活の調整・人間関係の代償」、「環境監視」、「自己とのかかわりの追求」というマス・コミュニケーションの機能が、この順に表層から深層へと向かう三層構造をなしていると指摘している。[1] そして、もう一つの別の知見は、テレビにも「自己向上（教養）」、「環境監視（報道）」、そして「娯楽」や「対人レベルのコミュニケーションに介在する」といった機能が認められ、とくに、この三番目の「生活の調整・人間関係の代償」に近い機能をつうじて、テレビを見ることが環境化していくとも述べている。[2] しかし、このようなかたちの知見によっては、けっして十分には語られていない、テレビというメディアの特性や、テレビを見ることの特徴が、日常生活では経験されているのである。そして、こうした、これまでの調査研究では語られてこなかった、テレビをめぐる日常のさまざまな具体的な経験こそが、テレビを見ることに関するさまざまな知見に対する違和感をもたらしているのだ。

それでは、従来の知見では語られることのなかったテレビの特性や、テレビを見ることの特徴とはいったい何なのだろうか。今、ここで取り上げた二つの知見に沿って指摘するなら、テレビで何を見ることが、あるいはテレビを見るという経験の何が、生活を調整するのかという点が、これまでの知見では明らかにされることもなければ、十分に語られこともなかった点の一つである。また、テレビで具体的に何を見て、そうした経験の具体的な何が、人間関係の代償となったり、コミュニケーションに介在したりすることになるのかという点も、けっして十分に語られてはこなかった。さらに、テレビを見ることで監視される環境とはどのような環境で、テレビで何を見ることが、環境を監視することになるのかという点に至っては、ほとんど明らかになってはいない。

いずれにしても、テレビを見ることの解明こそが中心的課題であるにもかかわらず、人びとの日常生活の具体的な経験として、人びとがテレビで何を、どのようにして見て、そしてそれによって、さらにどのような日常生活を経験していったのかということの解明が、あまりにもなおざりにされてきたといえよう。このような、これまでのテレビ研究の成果を踏まえつつも、そこに含まれる問題点を乗り越える一つの端緒として、この章では、テレビが存在することが当たり前になった家庭という空間と、そこで経過する時間のもとで、さまざまな日常生活を繰り広げながら、何かしらの番組を映し出したテレビを見るという経験の、その自明性の脱構築を試みてみたい。

## 二　テレビの見方とテレビを見ることの特性

### 「ながら視聴」というテレビの見方

別のことをしながら、何かをするということは、みずからそうすることがあっても、他者から同じ振る舞いをされると、けっして快いものではない。たとえば、人と話をしながら雑誌や新聞を読むという行為は、それ自体で、会話にそれほど集中していないこと、いい加減にしか会話をしていないことの意思表示になってしまう。また、電話では、自分の姿が相手に見えないのをよいことに、適当な会話をしながら、手許のメモ用紙に落書きをしたり、雑誌のページをめくったりする。大学で学生が講義を聴きながら、本や新聞を読んだり、何かを食べたりすることは、その講義が集中して聴くに値しないものであるという意思表示にすらなる。それゆえ、このような別のことをし「ながら」の行為は、相手の不快感を呼び起こすという点で、礼を失した、あるいは規範から逸脱した振る舞いであるとされる。逆に、電話の話し相手や教室にいる学生にとってのそうした振る舞いは、たとえ習慣や次善の方法であったにせよ、それなりの面白さもともなった「時間潰し」になる。典型的なテレビの見方の一つである「ながら視聴」について考える上で、まず、ここに述べたような、「ながら行為」の、対他的な関係での規範的特性と、当事者にとっての経験的特性について留意しておく必要がある。

ある映画が、上映されているどの映画館でも、観客のほとんどが、何かを食べたり、ひそひそ話をしながら見ていて、また、そのことを誰も咎めたりしなかったなら、おそらく、その作品はひどい駄作であるといわれるであろう。映画の制作者や出演している俳優にしてみれば、およそ鑑賞とはいえないこうした見方を、ほとんどの観客がしているとなったら、それは不快というよりも、落胆させる事態以外のなにものでもない。ところが、技術的には、映画と同じ視聴覚メディアであるテレビの場合、一九八〇年には、一日の平均的なテレビ視聴時間の三時間強のうちのほぼ半分近くが、「ながら視聴」になっていたのである。

「テレビ三〇年」までのテレビを見ることや視聴者についての調査研究では、この「ながら視聴」が、専念視聴と対置されて、重要な調査項目の一つとなっていた。そして、「ながら視聴」の増加が視聴時間量全体を拡大する要因であるとか、逆に、「ながら視聴」の減少が、視聴時間量を減少させているなどといわれていた。たとえば、一九八〇年の「生活時間調査」は、テレビの視聴時間の減少を報告している。それによれば、平日、土曜・日曜のいずれにおいても現われる視聴時間量の減少は、「ながら視聴」の減少によるものであるとされている。さらに、この聴時間量と「ながら視聴」の減少について、テレビに対する興味が減少したことが、他のことをしながら見るという、テレビの軽い見方に影響したと分析されている。あるいは、「テレビ三〇年」にあたる一九八三年の段階では、同じ一九八〇年の「生活時間調査」の結果から、一日の生活時間のなかでも朝・昼・夜の食事の時間帯では、テレビの見方の半分以上が「ながら視聴」になっていることも明らかにされていた。(3)

こうした知見からは、「ながら視聴」が、日常のテレビを見るという経験の中心的な部分になっていると、ひとまずいえそうである。一日の生活時間の総量は一定であって、「平日の一日の中で、平均三時間余りもテレビを見ることだけに使えるゆとりは、一般にはなかなかもてるものではない」のだから、「ほかのことをしながらでも、視聴できるから長時間見ることになる」とも考えられてきた。(4) さらに、このようなテレビを見ることの中心的部分としての「ながら視聴」が、女性の、とりわけ主婦のテレビの見方に顕在的に見いだされるという指摘もなされた。それによれば、主婦の場合、とくに昼間、家事をし「ながら」テレビを見ていて、そのことが、主婦の視聴時間量を拡大させているというのだ。また、テレビの見方として、「ながら視聴」が多いのか、それとも専念視聴の方が多いのかを比較してみると、専念視聴の方が多いという人の割合は、一九七一年から一九八二年までのほぼ一〇年で、五〇％強の割合で一定するようになった。(5) このことからは、「テレビ三〇年」をつうじて、おもに専念視聴という見方をする人が、この程度の水準で定着するようになったといえる。ところが、「ながら視聴」の方が多い人は、同じ期間に、三九％から四五％へと増加し、とくに女性の場合では、六割から七割までが、「ながら視聴」をすることの方が多いことも指摘された。そして、これらの知見から、女性という視聴者と、「ながら視聴」というテレビの見方とを関連づけながら、次のように述べられるに至ったのである。すなわち、「女性がほかのことをしながらテレビを見ることが多くなっているのをみると、それだけ生活が多忙になったということもあろうが、生活に合わせたテレビの見方がいっそう習慣化してきた(6)」。

「ながら視聴」とよばれたテレビの見方は、たしかにこれまでは、このようなかたちで取り上げられることが多かった。しかし、こうしたテレビの見方とは、まさに「生活に合わせたテレビの見方」であるという点において、テレビを見るという経験の中心的部分を形成している。むしろ、日常の経験からすれば、テレビを見ることの多くが、「ながら」視聴になっているというのは当然の事態であるといえる。それにもかかわらず、「ながら視聴」が専念視聴と対置されたり、女性、とくに「主婦」という視聴者に顕在的なテレビの見方とされたりしてきたのは、いったいどのような理由からなのであろうか。今日からは、それぞれの調査を設計した際の思想や理論的枠組み、あるいは作業仮説などを十分に検証することができないので、推論の域を出ないが、じつは、その理由を考察することで、「ながら視聴」だけではなく、テレビを見るという経験と、視聴者がどのように捉えられ、評価されようとしていたのかが示唆される。

ごく短期間の「街頭テレビ」の経験を経て、多くの世帯にテレビが普及し始めた、その当初にあっては、人びとは多かれ少なかれ、家庭のなかで夢中になってテレビを見ていた。ところが、こうしたかたちでの「専念」したテレビの見方が、テレビを見るという経験の中心的部分を占めていた時期は束の間で、「生活時間調査」によれば、視聴時間量が急激に増えた一九六〇年から一九六五年にかけて、「ながら視聴」の時間量も急増した(7)。すなわち、テレビの普及にともなってテレビを見るという経験が拡大し、次第にそれが日常生活のなかへ定着していくなかで、この「ながら視聴」も拡大し、定着していった。そして、このような事態が、「ながら視聴」を中心にしてテレビを見るという経験を繰り広げている、当の「行為者」の観点ではなく、それらを調査研究する「観察者」の視点から注目されるようになったのである。

ここで、テレビ視聴（者）についての全国規模での調査の多くが、NHKのような、マス・コミュニケーションの、いわゆる「送り手」側の調査研究機関によって実施されてきたことに留意する必要がある。テレビ以前の新聞・雑誌、あるいは映画といったマス・メディアの場合、ほかのことをしながら、たとえば新聞を読むといった「受け手」による「受容」過程は、ありえなくもないが——朝食をとりながら新聞を広げる朝の風景がありえたにせよ——、必ずしもその中心的な部分を形成するわけではなかった。新聞や雑誌を読むことも、映画を鑑賞することも、「受け手」が、それなりに「専念」して受容することとして、「送り手」によっても、また、一般的にも想定されてきたし、「受け手」の実際の経験的な「受容」の仕方としても、それが中心的でありえた。これに対して、テレビの場合は、「送り手」が専念視聴を想定し、それをいくら期待したところで、視聴者という「受け手」の実際の経験的なテレビの見方としては、「ながら視聴」の方が中心的な位置を占めるようになっていった。それゆえに、「送り手」という「観察者」の視点からすれば、テレビの見方としての「ながら視聴」は、「送り手」の意図や論理から離れたテレビというマス・メディアの「受容」の仕方であり、「受け手」にたいするマス・コミュニケーションの効果に、少なからずマイナスの影響を与えるものとみなされたといえよう。このような事情から、テレビ放送の開始から二〇年ほどの間（一九五三年から一九七〇年代半ば）は、いわゆる「送り手」側の「観察者」にとって、マイナス・イメージをともなったテレビの見方として、この「ながら視聴」が調査研究の対象となり、また、調査項目の一つとされていたと考えられる。

さらに、マス・コミュニケーションの研究者という、テレビを見ることとテレビを見る人についての「観察者」の視点からも、「ながら視聴」のようなテレビの見方は、典型的には読書との対比において、それを「格下」と見下すような評価ともあいまって、マス・コミュニケーションの効果を縮減させるものとみなされていたようである。また、一九六〇年代後半には、テレビを媒介にした「送り手」と「受け手」との間での、社会認識を共有するための共同作業としてテレビ・コミュニケーションが構想[8]されたりもした。このようなコミュニケーション・モデルに照らしても、「ながら視聴」とは、コミュニケーションの効果を縮減させるものとして捉えられ、少なからず、マイナス・イメージとともに注目されていたといえよう。あえて単純化するなら、「送り手」にしろ、研究者にしろ、いずれの「観察者」

も、テレビには未知数の部分も多いだけに、さまざまな可能性を模索しているのに、「受け手」や「視聴者」の方では、食事や家事など、別のことをしながら、いい加減にしかテレビを見ていないという状況に対する、一種の苛立ちも含んだ規範的な視点から、「ながら視聴」が注目されていたともいえる。

ところが、こうした「観察者」たちにとっての「ながら視聴」の規範的特性と、「行為者」にとっての「ながら視聴」の経験的特性との間には、明らかに温度差がある。そのことの一つが、「ながら視聴」というテレビの見方に対する「観察者」の視点による、そうした見方をする視聴者としての女性や主婦の過度な強調となって現われているといえよう。すでに述べたように、女性のなかでも、主婦の場合に「ながら視聴」というテレビの見方が顕在的、かつ典型的に現われているとされてきた。しかし、このような女性、とりわけ主婦とは、「ながら視聴」のようなある一定のテレビの見方を、操作的な方法で、ある特定の属性の人びとにおいて顕在化させることで構築された、一つの視聴者の姿にすぎない。そこで語られているのは、このようなテレビの見方を多く繰り広げ、視聴時間量を拡大させている人びとを、女性や主婦といった属性によって特徴づけようとする調査研究の手法や、それを導き出す「科学的」方法のイデオロギーのもとで構築された、「女性」や「主婦」という視聴者なのである。皮肉なことに、こうした視聴者像の構築から離れて、「観察者」たちが「ながら視聴」というテレビの見方を一般化してみせようとしたときに、むしろ、「行為者」にとっての、「ながら視聴」の経験的特性が示唆されているといえる。

つまり、端的にいうなら、従来の調査研究の知見で注目すべきなのは、「ながら視聴」というテレビの見方が、「観察者」によって構築された「女性」や「主婦」といった視聴者に典型的に現われているということなどではない。そうではなくて、先にも述べられていたように、「ながら視聴」というテレビの見方が、「生活に合わせたテレビの見方」であることこそが、「行為者」としての視聴者にとっての、そうしたテレビの見方の経験的な特性を示唆するものとして、注目する必要がある。その具体的な「生活に合わせ」方が、たとえば、家庭における朝・昼・夜の食事の時間帯で、食事をし「ながら」テレビを見ることであったり、昼間の家事をし「ながら」テレビを見ることであったりする。しかも、こうした「ながら視聴」が、視聴時間量全体を左右するほどまでに中心的な位置を占めていることを考え合わせるなら、そもそものテレビを見ることの特性とは、主要には、家庭において、他の生活上のさまざまな活動を展開し「ながら」テレビを見るという経験として捉えることこそが、「行為者」の経験に最も適合しているのである。言い換えるなら、テレビを見ることは、基本的に、日常生活におけるさまざまな活動と並行した「ながら行為」であることを、自明視する必要があるのだ。

### 「ながら視聴」から漠然視聴へ

一九八〇年代後半以降の、テレビの視聴時間量が回復していく時期の調査研究においては、あたかも、「ながら視聴」を日常のテレビの見方として自明視する認識が形成されたかのように、「ながら視聴」と専念視聴との対置に代わる、テレビの見方にかんする調査項目が設定された。それが、見たい番組だけを選択して見る選択視聴と、とくに見たいとは思わないものまでも含めて、なんとなくいろいろな番組を見てしまう漠然視聴についての調査項目である。一九九〇年に実施された「日本人とテレビ・一九九〇」調査では、テレビを見る時刻を決めて、自分で番組を選んで、見たい番組しか見ないという選択視聴が過半数であることが報告されている(9)。ところが、わずか二年後の一九九二年の「テレビ四〇年」調査では、この選択視聴の減少と、それに対する漠然視聴の微増が指摘され、とくに若年層における選択視聴と漠然視聴との接近が注目された(10)。さらに、二〇〇二年に実施された「テレビ五〇年」調査を踏まえた上で、一九七〇年代後半から一九八〇年代前半における選択視聴の増加と漠然視聴の減少、そして一九八〇年代後半以降の選択視聴の減少と漠然視聴の増加が注目されるに至っている(11)。

この選択視聴と漠然視聴というかたちで対置されたテレビの見方を、テレビに対する興味の増減と関連させて、次のような考察もなされている。すなわち、テレビの視聴時間量が増えていた段階から、すでに人びとのテレビに対する興味は減少し始めていたが、それが番組選択性の強まりといった、テレビの見方の変化となって現われてきているのではないかというのである。[12] たしかに、その後の調査結果からみると、一九七〇年代後半から一九八〇年代前半にかけては、じつは視聴時間量だけではなく、テレビに対する人びとの興味もまた衰退する時期であった。とくに、一九八〇年から八五年では、夜間の視聴好適時間での視聴時間量が減少したことから、放送内容のマンネリ化への不満や、この時期に現われた、いわゆる「ロス疑惑」報道（八四年）に対する批判などによる、人びとの「テレビ離れ」が囁かれたりもした。そうしたなかで、むしろ、人びとのテレビ番組に対する選択眼が高まり、「見たいものだけを選んで見る」という選択視聴が増加し、「別に見たいと思わないものも見る」、「なんとなくいろいろ見る」という漠然視聴が減少し、同時に、視聴時間量全体も減少したと考えられているのである。[13]

これに対して、一九八〇年代後半以降には、視聴時間量が再び増加し、テレビに対する人びとの興味も増加している。この時期には、「ベルリンの壁崩壊」、「湾岸戦争」、「阪神・淡路大震災」といった、人びとがテレビのメディア特性を再認識するような出来事が多く、『ニュースステーション』のようなニュース番組が登場したこともあって、とくにテレビの報道機能が注目された。そして、そうしたなかで、より興味深いもの、面白いものを求めて、断片的、検索的にテレビを見ることに重きを置くかたちで「いろいろな番組を見る」という、漠然視聴もまた増加していることが注目されるようになったのである。[14]

「テレビ五〇年」が経過するなかでの、選択視聴の増加から減少へ、そしてそれと対をなす漠然視聴の減少から増加へという推移が、一方では視聴時間量全体の減少から増加へという推移と、他方ではテレビに対する興味の減少から増加へという推移とほぼ同調していることには、とくに注目すべきである。こうした変化のなかで、「ながら視聴」と同様に、漠然視聴の増減が、視聴時間量全体の増減に同調していることから、テレビを見るという経験を量的に捉えようとした場合、このようなテレビの見方が、その中心的部分をなしていると考えられる。また、これも「ながら視聴」の場合と同様に、テレビに対する興味の減少が、漠然視聴を減少させ、逆に興味の増加が、漠然視聴を増やしていることからも、テレビに対する興味や関心という点でテレビを見るという経験を捉えようとした場合、なんとなくテレビを見るというこの見方が、その中心的部分を形成していると考えられる。つまり、テレビに対する興味が薄れることによって、人びとの意識や嗜好、あるいはそれぞれの生活時間の特性に従属するかたちでテレビは選択的に見られ、その結果、視聴時間量が減少する。また、興味が増すことによって、限定的に選択されるのではなく、むしろ視聴者のさまざまな選好に衝き動かされながら、視聴者のさまざまな生活時間とも重なりあうかたちでテレビは見られ、その結果、視聴時間量も増加することになる。このように考えるなら、日常生活のなかの、たとえば食事をするといった他の生活上の活動と並行し「ながら」、なんとなくいろいろな番組を眺めるようなテレビの見方こそが、どうやら、テレビを見るという経験の、最も典型的、かつ中心的な特性といえそうである。

これまでのテレビを見ることや、視聴者とよばれるテレビを見る人びとに関する実証的な調査研究がもたらした、このような「ながら視聴」から漠然視聴へと至るテレビの見方に関する知見は、テレビを見るという経験の特性についての理論的な知見とも、多くの点で一致している。そもそもテレビを見ることとは、どのような番組を、どのような時間帯に放送するのかを決定し、一日の時間の流れを細分化し、放送される番組の特性に応じて、その時間を意味づけることにもつながる番組編成と、テレビが見られる家庭における、他の活動も展開される生活上の時間の流れという、二つの時間的次元で成立している。そして、「ながら視聴」の特性は、テレビのもたらす映像や音声が、人びとの生活環境を構成する他のさまざまな映像や音声と交互にミックスして成立しているという点に求められる[15]。それゆえに、このような諸特性からすれば、テレビを見るという経験は出来事のシークエンスであり、しかもそこには、「番組編成としてのシークエンスから、ある流れ（flow）としてのシークエンスへの決定的ともいえる移行が存在している[16]」と考えられる。また、テレビを見ることに関わる「一日の時間の流れは、番組によって区切られるばかりでなく、主たる訴求対象となる受信者によっても区切られ」、結果的に、「テレビ体験は、独立した体験として生ずるよりも、一方では、他の体験と混合し、他方ではテレビ体験それ自体は分割され、断片化される[17]」のである。すなわち、「ながら視聴」というテレビの見方は、まさにこうしたテレビを見ることの特性を実態的に表わしている。

あるいは、テレビを見ることを、「集中の維持される度合いは低いものの、映画よりも視聴の期間は拡大され、より習慣的に繰り返されるもの[18]」であり、それゆえに、「凝視よりも、一瞥である[19]」と考えるなら、漠然視聴というテレビの見方が、こうしたテレビを見ることの特性を如実に表わしているといえよう。つまり、必ずしも特定の興味や関心にもとづいて、ある一つの番組を選択して見たり、そうして選択した番組の最初から最後までを、固唾を呑んで凝視したりするのではなく、さして集中することもなく、むしろ、他の生活体験と混合した、一つの番組に限定されない長さの「流れ」のなかで、ときとして一瞥を向けることが、テレビを見ることなのである。まさに、漠然視聴を、このようなテレビを見るという経験の実態的な特徴とみなすなら、こうしたテレビの見方こそが、「ある特定のテレビ番組を見るのではなく、テレビを見るという言い方が示唆するような、テレビ体験が連続的な流れである[20]」ことを明らかにしている。

## 三　テレビ番組とテレビの見方の五〇年

### テレビの見方と番組の特性

「ながら視聴」にしろ、漠然視聴にしろ、テレビを見ることの特性を可視的に、あるいは観察可能なかたちで表わしたテレビの見方が顕在化し、それらが注目されていくことは、じつはテレビ番組の変容とも無縁ではありえなかった。むしろ、そうしたテレビの見方と、人びとが見ているテレビ番組の特徴との関連性を検討することではじめて、十分な意味でのテレビを見ることの特性が解明される。その作業の手始めとして、ここではまず、「ながら視聴」というテレビの見方が定着していく過程において、番組内容の変化とともに現われた番組編成の際立った変化を、「流れ」としてのテレビを見ることの一方の時間的次元の変化として注目してみることにしよう。

先にも指摘したように、「ながら視聴」の急増と、それを重要な要因とする視聴時間量の増加は一九六〇年から六五年に見いだされたが、まさにこの時期に、番組編成上の大きな変化が現われていた。フジテレビ系列では、一九六〇年七月から九月にかけて、平日の昼間の午後一時から一時三〇分までの時間帯で、当時としては濃厚なラブシーンを盛り込んだ、いわゆる「よろめき」ドラマ、『日日の背信』を放送した。従来この時間帯では、主婦向けの教養講座が多く編成されていたが、一人で在宅することの多い主婦が「家事をしながら」テレビを見ていることを想定して、こうしたドラマが編成されたといわれる。そして、これ以降、テレビの番組編成における「時間帯の開拓」という試みが、朝と昼の時間帯を中心にして精力的に進められていくこととなった。NHKでは、一九六一年に、朝の八時一五分から三〇分までの時間帯（再放送は午後一二時四五分から午後一時）で、今日までつづいている「連続テレビ小説」とよばれる帯ドラマの放送を開始した。また、NET（現テレビ朝日）系列では一九六四年に、朝八時三〇分から九時三〇分に『木島則夫モーニングショー』というワイドショーを、さらに一九六六年には、午後一二時から一時に『桂小金治アフタヌーンショー』を登場させたのである。

いずれの番組も、家族を職場や学校へ送り出した後、一人で在宅している主婦が、家事の合間や、家事をし「ながら」視聴することを前提とする番組であった。[21] 朝の「連続テレビ小説」は、放送時間が一五分と短く、この当時は一年間の連続ものであったため、ストーリーの展開や登場人物の入れ替わりのペースもゆっくりとしていて、しかも多くの場合は女性を主人公とするものであったため、「ながら視聴」によって見方が断片化しても内容の把握もしやすかった。また、『モーニングショー』も『アフタヌーンショー』も、話題に応じたコーナーに分かれていたため、断片的な「ながら視聴」に対応しうるものとして制作されていたといえよう。そして、まさにこのような過程で、日中家庭にいて、家事の合間や家事をし「ながら」、連続もののテレビドラマやワイドショーなどのテレビ番組を見ているといわれる、「主婦」というテレビ・オーディエンスが構築されていったのである。

こうして、「ながら視聴」を前提として番組が制作・編成されていくことは、たしかに一方では、「主婦」のようなテレビ・オーディエンスを構築していくことにもつながったが、そのような番組を、そのような見方で見るという経験が、どのような経験であるのかを考えてみる必要がある。つまり、そうすることによってはじめて、番組編成の時間と、生活上の時間という二つの時間的次元で成立する「流れ」としてのテレビを見ることの特性が明らかになるからである。いうまでもなく、あらゆるテレビ番組は映像と音声のシークエンスとして構成されている。どのような映像と音声を、どのようなシークエンスで組み立てていくのかに応じて、「よろめき」ドラマが、「連続テレビ小説」が、あるいは「ワイドショー」が制作される。そして、このようにして制作されたテレビ番組が、一方では、たとえば朝の時間帯に編成されたり、昼の時間帯に編成されたりすることで、番組編成としてのシークエンスが形成されながら、同時に他方では、そうした番組が人びとに見られることで、そこには、生活上のさまざまな活動と連続した「流れ」としてのシークエンスが形成される。そのとき、「よろめき」ドラマのラブシーンを構成している映像や音声も、「連続テレビ小説」で、ある女性の生涯の一コマを構成している映像や音声も、ワイドショーのなかの生活に便利な情報を組み立てている映像や音声も、いずれも、他の生活体験における映像や音声と相互に交錯しながら、番組ではなく、テレビを見ることとしての「一瞥」となって体験されるのである。

一九六〇年代から一九七〇年代にかけてつづいた視聴時間量の増加が、「ながら視聴」の増加によるものであるということは、すなわち、「ながら視聴」となって現われるような見方でテレビを見るという経験によって、日常生活のなかにそうしたテレビ体験が蓄積されていくことにほかならない。そして、一九七〇年代後半から、「ながら視聴」と漠然視聴が減少し、テレビに対する興味も、視聴時間量も減少するなかで、たとえ量的に減少したにせよ、それでもなお、「ながら視聴」や漠然視聴がテレビを見ることの中心的部分であると考えるなら、そこでは他の生活体験と連続した「流れ」としてのテレビ体験が蓄積されていったということになる。

ちなみに、一九七〇年代後半ともなると、高視聴率番組といえども三〇%を越えるようなものはなくなる。そうしたなかで、「事実のもつ面白さ」を、「意外性」や「現実性」に求める番組、たとえば、「プロ野球中継」、「クイズ・ゲーム番組」の『クイズダービー』、あるいは『ザ・ベストテン』のようなランキングものなどが多く見られるようになったといわれている。[22] また、NHKの朝と夜の「ニュース」も視聴率が高くなっていった。さらに、こうしたオン・タイムでの高視聴率番組だけではなく、印象に残ったテレビ番組やテレビの場面といった、蓄積されたテレビ体験についても検証してみると、そこには興味深い特徴が見いだされる。「テレビ四〇年」の一九九二年に実施された調査の、印象に残ったテレビ番組やテレビの場面に関する結果をみると、「浅間山荘事件」(七二年)、「東京オリンピック」(六四年)、「皇太子ご成婚」(五九年)、「アポロ11号月面着陸」(六九年)、「ケネディ大統領暗殺」(六三年)などの、七〇年代前半までのテレビを見るという経験が多くあげられている。[23] しかも、これらの印象に残ったもののいずれもが、映像としての「事実」を主要な構成要素とする番組や場面を見ることで蓄積されたテレビ体験であった。

テレビを見ることの中心的部分が、「ながら視聴」や漠然視聴といった見方となって現われていることを考えるなら、このようなテレビ体験も、他の生活体験と連続した「流れ」としてのテレビを見ることによって、印象深いテレビ体験となって蓄積されてきたといえよう。また、オン・タイムで高視聴率となるような番組における「事実の面白さ」も、他の生活上の活動と連続した「流れ」のなかで、いろいろな番組や場面をなんとなく見ていくなかでの、ある「一瞥」によって経験された「面白さ」であると考えられる。それゆえに、テレビの映像的特性に関する人びとの評価をみると、たしかに、「テレビのいちばんの良さは、今起こっていることが同時に見られる」といった一般的なかたちでは、「テレビ三〇年」以降の調査でも、九〇％弱という高いレベルで安定した評価が得られている。[24]しかし、「テレビで見たことは、直接見聞きしたのと同じように実感がもてる」という経験的評価では、テレビ映像と交錯し、連続した「流れ」を形成する生活体験の方が、たとえば一九九五年の阪神・淡路大震災のような激しい変化を被ると、「実感がもてる」という評価が大きく減少する。[25]

他の生活体験と連続した「流れ」としての、また、そうした「一瞥」としてのテレビを見ることの特性が、「ながら視聴」というテレビの見方となって現われ、しかもそれが注目されているときには、そうした見方に対応した編成や制作の試みがなされていた。しかし、そのような番組の制作や編成の試みにもかかわらず、生活における独自の「流れ」としてのテレビを見るという経験をつうじては、ある特定の番組という単位に限定されることなく、「事実」を表現しているとみなされるテレビ映像のいくつかを見たという経験が、印象に残るテレビ体験として蓄積されてきた。同じように、「流れ」として、また「一瞥」としてのテレビを見ることの特性が、なんとなく、あるいは、面白いものを求めて、いろいろなものを見るというテレビの見方となって現われ、さらにそれがリモコンの普及と利用によってよりいっそう顕在化すると、そうした見方に対応して、途中から見ても楽しめるような番組も制作されるようになっている。[26]しかし、さまざまな生活体験と連続した「流れ」であり、それゆえにさまざまな「一瞥」でもあるテレビを見ることとの特性が、今日では、さまざまな見方の連続体となって現われ、それが蓄積されようとしている。

二〇〇二年に実施された「テレビ五〇年」調査では、このようなテレビの見方を、「現代的なテレビの見方」として、感情と直結した見方、生活環境に溶け込んでいくような見方、番組を深読みするような見方、断片化した非連続的な見方、番組の出演者などと一体化したような見方、という五つの特徴によって捉えようとしている。[27]こうした試みにとっては、テレビを見ることとの特徴を精緻に把握すること以上に、けっして番組単位では捉えることができず、しかも他の生活上の活動と交錯するテレビを見るという体験において、いったい人びとが何を、どのように見ているのかという点を解明していくことも重要な課題になっていく。まさに、「ながら視聴」や漠然視聴のような見方でテレビを見ることとは、制作や編成の局面で形成される映像や音声の特性と、それらが見聞きされる、家庭のようなドメスティックな空間と時間における生活上の活動とが、連続した「流れ」となって、独自の環境世界が構成されていくことにほかならない。そして、その過程で、さまざまな番組を構成しているさまざまな映像や音声が、こうした「流れ」によって、さまざまな意味を多層的に織り重ねたテレビ・テクストともいえるような意味の織物へと織り成されていくのである。

## 「流れ」としてのテレビを見ること

「ながら視聴」や漠然視聴といった見方でテレビを見るという経験について、もう少し考えてみよう。これまでの調査研究では、「ながら視聴」のようなテレビの見方の特徴を明らかにしようとして、性・年齢などの基本的属性ごとに、こうしたテレビの見方をする人の多さ、少なさが記述されてきた。しかし、そうした操作的な方法は、けっして「ながら視聴」や漠然視聴などのテレビの見方の特徴や、ましてや、そのようにして顕在化させられたテレビを見るという経験の特徴を明らかにしてはいない。むしろ、それは、昼間家にいて、家事をしながら「よろめき」ドラマやワイドショーを見ているがために視聴時間量も多いとされる、「主婦」とよばれるテレビ・オーディエンスを構築したにすぎない。いうまでもなく、このようなテレビの見方は、家事をしながらテレビを見ることが多いと考えられている「主婦」だけに、けっして顕在化するわけではない。

他の生活体験と混合させながら、あるいは、なんとなくテレビを見ているという経験と、そうしたテレビの見方は、基本的な属性にかかわらず、たとえば夜の食事の時間帯などで典型的に現われている。問われなければならないのは、そのような見方でテレビを見ている人びとの、性や年齢のような属性上の特徴ではない。逆に、従来の調査研究の方法が、意識するとせざるとに関わらず、「ながら視聴」のようなテレビの見方に起因する視聴時間量の多さから、「テレビ好き」とみなされるテレビ・オーディエンスを構築してきてしまったことにこそ留意しなければならない[28]。ここで、何よりも明らかにしなければならないのは、人びとはそのような見方でテレビを見ることによって、何をどのように見て、どのような環境世界を構成し、どのような多層的意味が可能なテレビ・テクストを織り成しているのかという点である。

そのためには、もはや、あらためて確認する必要もないのかもしれないが、「ながら視聴」というテレビの見方が、家庭のような空間とそこで経過する時間のなかでも、とくに食事の時間に顕在化していることに眼を向けておく必要がある。NHKが実施してきた生活時間調査によれば、「『ながら』視聴の内訳をみると、最も多いのは食事をしながらの視聴[29]」であることが明らかになっている。すでに一九六五年の段階で、一日のなかでテレビを見ている人の多い時間帯のピークは朝・昼・夜に現わており、「テレビを『食事をしながら』『家事をしながら』見る、という『ながら視聴』が広く普及したことにより、どのような生活行動のシーンにも、テレビが邪魔にならない風景が構築されていった[30]」と考えられる。さらに、逆の捉え方をしても、「テレビを見ながらしている行動としては、いずれの年層でも『食事』が圧倒的に多い[31]」ことも報告されている。

つまり、家庭での食事という、最もドメスティックな性格の強い空間と時間のもとでテレビを見ることは、その歴史も長く、また、特定の属性の人びとの間だけではなく、きわめて広範に現われていたのである。こうしたテレビの見方の、いわば歴史性と遍在性からしても、「ながら視聴」を、「主婦」のような基本的属性で特化させ、そのような人びとの見方として顕在化、あるいは典型化することが、特定のテレビ・オーディエンスの操作的な構築につながっていくことは、もはや繰り返し指摘するまでもないであろう。ここで、それよりも重要になってくるのは、家庭での夜の食事のようなドメスティックな空間と時間のもとで繰り広げられる、このようなテレビの見方が、こうした空間と時間を不可分のコンテクストとしているという事態にほかならない。言い換えるなら、テレビ番組の制作や編成の局面で形成された映像や音声が、家庭での生活上の活動のなかでも、とりわけ食事との連続した「流れ」として見聞きされていることこそが重要なのである。

ところが、従来の調査研究では、「ながら視聴」に対する規範的評価によるのか、それとも、その経験的な自明性によるのか、いずれにしても、家庭での食事をコンテクストとして、テレビの映像を見たり、音声を聞いたりする経験の特性を、具体的に解明しようという試みは、ほとんどなされてこなかったといってよい。じつは、このような問題が、テレビの機能特徴や、テレビを見ることで構成される世界の基本的な特徴を明らかにしてきたとされる知見に端的に見いだされる。多くの場合は、おそらく、家庭で食事をしながらテレビを見ることと同時に、そこで家族成員間のなんらかのコミュニケーションが成立していることも想定していたのであろう。一九六〇年代後半には、集団的な接触と「雑談・話しあい」をともなうテレビを見るという経験は、他のメディアの場合よりも、動的、外向的、開放的、傍観的な特性をもっていると指摘されている。また、テレビを見ることで構成された世界の特性として、その「大衆性」を支えるものが、ジャーナルな属性、ドラマティックな属性や教訓・教養・実用性の統合された、本来それ以上は分解できない「おもしろさ」であるともいわれた[32]。そしてその後は、人びとは、夜のテレビを見るという体験をつうじて、娯楽的な番組に対しても、その娯楽性だけではなく、教養性・実用性も期待しているといったテレビの期待機能も指摘された[33]。

たしかに、これらの知見はテレビを見ることの多層的な意味を示唆しているともいえる。しかし、それらはいずれも、「観察者」の視点で捉えられた、いわば一般化されたテレビ観を指摘しているにすぎない。たとえば、テレビを見るという経験をつうじて構成された世界も、ジャーナルな特性であるとか、教養や実用性のある世界であるとか、あるいは娯楽的な世界であるといったかたちでの、一般化された性格づけにとどまっている。また、実際に家庭で夜の食事をしながら見られていた番組についても、たとえば、娯楽的な番組といったかたちでの、一般化された分類ジャンルが示されているにすぎない。そこでは、テレビ番組へと制作され、編成された映像や音声を、家庭で夜の食事をしながら見聞きするという、生活上のさまざまな活動の連続した「流れ」として、そうしたドメスティックな空間と時間をコンテクストとした、テレビを見ることの具体的な意味が解明されていないのだ。

テレビを見ることの特性を解明しようとするなら、具体的なテレビを見るという経験それ自体に肉薄し、人びとがテレビで何を、どのようにして見て、そこからどのような環境世界を構成していったのか、そこにどのような多層的な意味が可能なテレビ・テクストが織り成されたのかが問われなければならない。そのために、この先では、家庭において、夜の食事をしながら見られていたと考えられる実際のテレビ番組を取り上げて、人びとがドメスティックな空間と時間をコンテクストとするテレビを見るという体験をつうじて構成した環境世界と、そこに織り成されたテレビ・テクストの多層的な意味の特性の解明を試みることにしよう。

## 四　環境世界における意味としての「ふるさと」

### 夜七時半に『新日本紀行』が描く風景

一九六四年にNHKは、番組編成の大規模な改定を行なった。この改定は、それまで娯楽番組が中心になっていた夜の七時半から八時台に、社会・教養番組、報道番組を移すものであった。それによって、いわゆる「社会派」のドキュメンタリー番組である『現代の映像』が、金曜日の夜の七時半に登場した。また、身近な生活のなかにテーマを求め、暮らしのヒントなどを提供する生活情報番組の『生活の知恵』が、それまでの九時台以降の時間帯から、木曜日の夜七時半に移動した。そして、月曜日の夜七時半には、『新日本紀行』が編成されることになった。こうした番組編成の仕方からは、先の知見も指摘するように、すでに一九六〇年代半ばの段階で、人びとが夜にテレビを見ることによって、娯楽を経験しようとしていただけではなく、教養や実用的な知識も獲得しようとしていたことが垣間見られる。また、このような夜の時間帯での編成の改定が行なわれることそれ自体が、娯楽、教養や知識、実用的な生活情報、あるいはジャーナルな出来事などの、多層的な意味をもった環境世界を構成するテレビを見るという経験が、夜の家庭で、典型的には食事をしながら繰り広げられていたことを、如実に物語っている。

それに加えて、平日の夜七時半に編成された『現代の映像』、『生活の知恵』、『新日本紀行』のいずれについても、「内容に興味をひかれて」という理由で見る人が七割を越えていることにも注目しておく必要があろう。(34) これまでにも述べてきたように、テレビへ向けられた興味は、必ずしもテレビ受像機に正対したテレビの見方をもたらすのではなく、むしろ「ながら視聴」のような見方でテレビを見ることへと結びついている。つまり、これらの番組として制作された映像や音声は、家庭で夜の食事をし「ながら」テレビを見るという見方でも、興味をもって見聞きされていたのである。

それゆえに、夜七時半に編成された『現代の映像』、『生活の知恵』、『新日本紀行』といった番組とその見方には、テレビを見ることをつうじて構成された環境世界の特徴が現われ、さらにそこには、多層的な意味が可能なテレビ・テクストも織り成されているのである。そして、そうした環境世界とテレビ・テクストから、当時にあって際立っていた、テレビを見ることの特性の一端が明らかになってくる。ここでは、これらの三つの番組のなかから『新日本紀行』に注目して、この番組として制作され、編成された映像や音声を、人びとが、家庭で夜の食事をしながらテレビを見るという見方で捉えるとき、そうした見方でテレビを見ることをつうじて、どのような環境世界が構成され、そこにどのようなテレビ・テクストが織り成されたのかについて検討してみよう。

『新日本紀行』は、この国に暮らしていた人びとの多くが、なんらかの道筋で、高度経済成長の道程を歩んでいた一九六三年から始まり、一九八二年まで放送された。当初は夜の九時台以降に編成されていたが、一九六四年の改定によって月曜日の夜七時半に放送されるようになった三〇分間の番組である。そのタイトルからすれば、「紀行もの」、「旅もの」といった単純なジャンルに帰属させられなくもないが、各地の風土とそこで暮らす人びとの日常生活を克明に記録した「紀行ドキュメンタリー」などとも評されてきた。こうした、たんに、通りすがりの旅行者の見た風景を描いただけにとどまらない、『新日本紀行』の番組としての特徴も、編成の改定と微妙に関連しながら現われてきたようである。じつは、この番組も、「はじめのころ、土地の風物・文化に人々をいざなう、まさに紀行記ふうのものが多かったが、次第にテーマをしぼって土地と人間とのかかわりを記録するドキュメント的なものへ変ぼうしていった」[35]といわれている。そして、番組制作の方法の変容ともけっして無縁ではありえなかった「この編成は、七時半台を家族そろって楽しむ『ファミリーアワー』と位置づけ[36]」ていたことも、ここで確認しておく必要があろう。

高度経済成長期にあって変わりゆく地域の風景や生活、あるいは逆に、変わることのない風景や生活を表象しようとした映像、ラジオ番組の『昼のいこい』のそれともどこか似通った印象のあるテーマ音楽、男性の落ち着いた声のナレーションなどによって、『新日本紀行』は構成されていた。そして、このような映像や音声が、月曜日の夜の七時半からの三〇分間に、高度経済成長期の家庭での夜の食事という、ドメスティックな空間と時間をコンテクストとして、そうした生活上の活動との連続した「流れ」となって見聞きされたのである。つまり、この番組を映し出したテレビを見ることとは、一週間の始まりの日に、家族が帰宅して夕食をとりながら、あるいは夕食後のひとときを過ごしながら、そうした空間と時間における「流れ」となった映像や音声によって、環境世界を構成し、テレビ・テクストを織り成していくことにほかならなかった。

月曜日の夜七時半に、ＮＨＫでは『新日本紀行』が放送されるという編成がすっかり定着した、一九六八年九月に放送された「羽後・西馬音内《にしもない》」では、秋田県羽後町の伝統的な盆踊りをテーマにして、お盆の時期のこの地域の風物や人びとの生活の様子を紹介している。この番組のねらいの一つは、「端縫い」とよばれる、いくつもの端布をパッチワークのように縫い合わせて作った衣装や、「ひこさ頭巾」という覆面を着けて踊る、この地域に伝わる盆踊りの光景を描くことにあったようだ。しかし、冒頭は、誰の眼にも日本の農村の夏の風景とわかる映像で始まり、さらに全体の半分以上にあたる約一八分間が、お盆に都会から帰省した人びとと、それを迎えるこの地域の人たちの姿を描き出すことに費やされている。

ナレーションでは、羽後町が、米作り中心の東北の一農村であって、若い働き手たちは、地元の高校を卒業すると都会へ働きに出てしまうため、町の将来を担う若者が少ないという、高度経済成長期の農村地域に共通した課題に、この地域も直面していることを説明する。そして、映像としては、人びとを乗せたローカル電車が、緑の田んぼのなかをゆっくりと走ってくる風景、この電車が着いた田舎の駅に、久しぶりに都会から戻ってきた家族を迎えにきた人たちの嬉しそうな姿、元気な家族どうしの再会を喜ぶ、楽しく賑やかな夕食の光景などが展開していく。一般に「旅もの」とよばれる番組が、風景や伝統芸能などを、旅行ガイドのように映像で描くのとは異なり、『新日本紀行』が、こうして地域の人びとの暮らしぶりも表象する映像を多く織り込んでいるところが、「紀行ドキュメンタリーなど」と評価される所以であろう。

食事をしながら見る「ふるさと」

『新日本紀行』の「羽後・西馬音内」を、家庭で夜の食事をしながら見るというテレビ体験によって、どのようなテレビ・テクストが織り成されるであろうか。よく考えてみると、この番組のなかで、タイトルとなって表記されたり、ナレーションで語られたりしている「羽後・西馬音内」を、とくに注意して見聞きしなければ、前半の一八分間の一連のシーンは、日本の夏のお盆の時期には、どの農村地域でも見られる光景を表象する映像の連続であるといえる[37]。それゆえに、テレビを見ることをつうじて、こうした映像から織り成されるテクストには、秋田県羽後町の西馬音内地区の個別的な風景でありながら、同時に、お盆のころの農村の普遍的な風景でもあるという、相反する二つの意味の方向性が織り込まれる。さらに、その夏のお盆から一か月も経たない九月の、夜の食事どきというドメスティックな空間と時間をコンテクストとしてテレビを見ることによって、これらの映像がテレビ・テクストへと織り成されるのである。つまり、その過程において、それぞれの家庭の、家族のそれぞれが過ごした夏の光景も少なからず織り重ねられていくことになる。

もう少し、具体的かつ詳細に検証してみよう。この番組では、緑の水田が広がる風景、大きな荷物を持って、華やかな服装で駅に降り立つ都会の人びと、また、駅に出迎えに来ている地元の人たち、座卓の上に並べられた料理、それを囲んで大勢の家族が談笑しながら、杯を交わし、箸を運ぶ光景などを映し出している。これらの光景を映し出したテレビを見ているある家庭でも、その夏のお盆には、農村にある実家へ一家で帰省していたとしよう。夏休みも終わって、秋の気配が漂い始めた九月に、そのような家庭で、家族が夕食をとりながらテレビを見ることをつうじて、この『新日本紀行』の「羽後・西馬音内」を構成する映像は、多層的な意味としての風景を表象するテレビ・テクストへと織り成されていく。それは、秋田県羽後町の西馬音内地区と、そこに暮らすある特定の家族をめぐるお盆の風景を、同時に、当時の日本のどこの農村にも見られる風景や、農村に実家のある家族が経験しうる、同じようなお盆の風景を、その多層的な意味として表象する。そしてさらに、これらの映像を映し出したテレビを、家庭で見ている家族が、つい一か月くらい前に帰省したときの、実家の両親の歓待ぶりや、久しぶりに顔を合わせた兄弟姉妹、甥や姪たち、あるいは従兄妹たちとの歓談、故郷のお盆の風習なども、さらに多層的な意味として織り重ねられる。

ナレーションもまた、羽後町の農村としての事情や、撮影された人たちの暮らしを言語的メッセージによって特定しつつも、同時に、高度経済成長期のどこの農村にも共通した事情や、そこへ帰省する誰にとっても共通した経験を語っている。若い働き手のほとんどが、高校を卒業すると都会へ出て行ってしまうこと、そうした若者たちの多くも、盆踊りのために帰省すること、成人式が八月に開かれるようになったこと、若者を引き留めておこうと誘致された工場に新成人たちが案内されたこと、そこで働く若い社員が、帰省した新成人たちの顔馴染みであること、などが説明される。こうして語られた意味とは、たしかに羽後町での出来事ではあるが、しかし同時に、高度経済成長期のこの国の農村のどこにでもありうる、意味としての出来事でもある。

また、番組のなかでは、高校を卒業後、東京の病院で働く「山内シメ子」という若い女性の帰省を取り上げている。そこで映像として映し出され、ナレーションによって語られる意味とは、たしかに「山内シメ子」という固有の名前をもった女性と、彼女の羽後町への帰省である。しかし、それは同時に、高度経済成長期のこの国の農村出身の多くの若い女性の間では似通ったところのある経験が、その意味として語られている。さらに、彼女についての映像や言語をテレビで見聞きしている家庭でも、その夏に家族で帰省していたのなら、こうした映像や言語の意味は、家庭での夜の食事というコンテクストのもとでのテレビ体験によって、夏休みに故郷で出会った姉妹、姪、あるいは従姉妹の姿も重ね合わされる、意味としての出来事にさえなりうる。

ようやく、この番組の後半で、盆踊りのシーンが展開する。映像、音声のいずれも、羽後町に伝わる盆踊りの光景はもとより、踊り手たちが身に着けている衣装の特徴も描き出している。おそらく、この踊りのシーンは、後半のヤマ場なのであろう。踊りに合わせた笛の音が流れるなか、一人の女性の踊り姿が長めに映し出されている。いうまでもなく、こうした映像や音声もまた、家庭でのテレビ体験をつうじてテレビ・テクストへと織り成される。

そうしたなかで、たとえば、「端縫い」とよばれる衣装を映し出した映像や、それが封建時代の搾取に苦しんだ農民が端布を縫い合わせて作ったものであることを語るナレーションが、テレビで見聞きされることによって、その意味として、ここの盆踊りに固有の歴史的な特徴がテレビ・テクストに織り重ねられていく。あるいは、家庭で夜の食事をしながら、これらの映像や音声を見聞きするテレビ体験からは、その夏に家族で帰省して郷里で踊った盆踊りの特徴、その由来なども、コンテクスト的、かつ多層的に織り込まれたりする。さらに、こうして織り成されるテレビ・テクストにおいては、高度経済成長期の農村のどこにでも見られる、ありふれた景色やお盆の光景のなかにも、なお羽後町西馬音内に固有の歴史をもった盆踊りが息づいていることも、その多層的な意味の一つとして表象される。逆に、この地域に伝えられた独特の盆踊りも、高度経済成長による農村の変貌に取り囲まれつつあることもまた、このテレビ・テクストの表象する意味の一つになりうる。

初秋の夜に、一地方の、過ぎ去ったばかりの夏のお盆の光景を描いた「羽後町・西馬音内」という番組を、家族が帰宅した家庭で夕食をとりながら見ることとは、じつは次のようなかたちでテレビ・テクストを織り成すテレビ体験にほかならない。すなわち、それは、きわめてドメスティックな特性を帯びた空間と時間をコンテクストにしながらテレビを見ることによって、この地域の風物、そこに暮らす人びとを捉えた映像や音声を構成要素とするテレビ・テクストを織り成していくことなのだ。そのようなテレビ・テクストでは、地名をもった、この場合でいえば、「秋田県羽後町西馬音内」と特定された地域に固有の風物、あるいは名前をもった、この場合でいえば「山内シメ子」と特定された個人の姿や生活が、可能的に多層的な意味の一つとして表象されている。同時に、このようにしてテレビを見ることによって織り成されたテレビ・テクストでは、この時代に各地に遍在していた光景、同時代にさまざまな地域で暮らす人びとの、少なからず似通った姿や生活のありようもまた、可能的に多層的な意味として表象されているのである。

こうして、一日の暮らしを終えて、家庭で夕食をとりながら『新日本紀行』のような番組を見るというテレビ体験と、そこで織り成されたテレビ・テクストとその意味の多層性から、テレビを見ることの、ある一つの特性が明らかになろうとしている。それは、このようにしてテレビを見ることが、番組を構成する映像や音声の意味を、一つの方向へと特定したり、限定したりせずに、不定形ではあるが、むしろ生成変化を遂げさせているという特性なのだ。まさに、テレビを見ることで、さまざまな番組を成り立たせている映像や音声の意味は、「個別的な事物の状態、特定のイメージ、個人的な信念、あるいは逆に、普遍的、一般的な概念には還元できない」。もう少し別の言い方をするなら、これは「特殊なものと一般的なものにたいしても、個別的なものと普遍的なものにたいしても、人格的なものと非人格的なものにたいしても、まったく関心を払わない[38]」、きわめてとらえどころのない、分節化されない意味なのである。そしてじつは、テレビを見ることによって形成され、生成変化を遂げ、分節化されない意味としての、あるいは、そうして織り成されたテレビ・テクストの多層的な意味としての、地域やそこで暮らす人びとの風景が、同時に、高度経済成長期の「ふるさと」の風景になりえたのだ。

『新日本紀行』が放送されていた一〇年に満たない期間に、テレビを見ることが習慣化し、「ながら視聴」とよばれるテレビの見方が、その中心的な部分となって定着していった。その結果、月曜日の夜七時半に、家庭で夜の食事をしながら『新日本紀行』を見るテレビ体験が、ほとんど違和感もなく、当然視されるような生活が成立したのである。そこでは、テレビを見ることによって、環境世界の多くが構成されていく。そのとき、この環境世界においては、『新日本紀行』のなかで地域の風物や人びとの暮らしを描き出していた映像や音声が、その意味として、高度経済成長期を生きる人びとにとっての、いわば「ふるさと」の風景を表象するようになる。それは、たしかに、人名と地名という固有名詞によって人格性も空間も時間も特定のできる、誰かにとっての、どこかにある「ふるさと」の特定の風景である。しかし、同時にそれは、「ふるさと」という一般名詞によって、人格性も空間も時間も特定されない、あるいは特定する必要のない、同時代人の誰にとっても、どこにでもある「ふるさと」の普遍的な風景でもある。そしてさらに、この「ふるさと」は、テレビを見ることに関わる、家庭での夜の食事というドメスティックなコンテクストによって、「私」にとっての、「今、ここ」にある「ふるさと」の風景にもなりうる。

テレビを見ることによって構成される環境世界の、生成変化を遂げる意味として、あるいは、同様にして織り成されるテレビ・テクストの多層的意味として、こうした一種独特の「ふるさと」が表象される。じつは、このような意味としての地域の風景を「ふるさと」とよぶことによって、J・ユクスキュルの環境世界論で提起され、「故郷」と訳されたハイマート（Heimat）という概念と、この「ふるさと」との類縁性が浮き彫りになる。「故郷」＝ハイマートとは、生物の身体が可能にする生活上の活動をつうじて標識づけが行なわれ、その生物が他者の侵入から守り抜こうとする作用空間である。それについて、ユクスキュル自身は次のように述べている。「故郷というものは、純粋に環境世界の問題である。なぜならそれは、環境に関するどれほど精密な知識をもってしても、けっしてその存在を証明する手がかりをつかみえない、まったく主観的な産物だからである」[39]。

ここでいう「ふるさと」も、高度経済成長期にあって、夜の食事をしながらテレビを見る身体と、それが可能にする家庭というドメスティックな空間と時間における生活とが標識づけた、おそらく、何かしらの守るべきものへとつながる意味も成立させている作用空間といえる。そう考えるなら、特定的でもあれば普遍的でもあり、そして「今、ここ」の「私」にとっての「ふるさと」も、家庭での夜の食事をしながらテレビを見ることによって標識づけられ、それによって侵入に抗すべき意味をもった、環境世界としてのハイマートなのである。さらに、このハイマートをめぐっては、次のような指摘がなされていることも見逃すわけにはいかない。すなわち、ハイマートとは、帰属と安寧を同時に意味しながら、けっして、生まれ育って住み慣れた町のような現実の場所ではなく、むしろ、それによって、よそからの訪問者も同郷の者にしてしまうような、人工的に合成された装置である。そして、これこそが、国民、家庭、家族といった概念のすべてにとって、その帰属者を供給するべく作用する、政治的なディスクールにおける一つのメタファーの機能も果たしているのだ[40]。

高度経済成長期にあっては、家庭で、夕食をとりながらテレビを見ることが、『新日本紀行』のような番組を構成する映像や音声の意味として、いわば戦後のハイマートともいえる「ふるさと」を成立させている。この「ふるさと」とは、これまで明らかにしてきたように、テレビを見ることで構成される環境世界において生成変化を遂げながら、そこに織り成されていくテレビ・テクストの多層的な意味として成立しているのだ。まさに、こうした「ふるさと」のような、生成変化を遂げ、不定形で、分節化されない意味を生み出すことこそが、テレビを見ることの一つの特性にほかならない。また、「ながら視聴」のようなテレビの見方とは、家庭というドメスティックな空間と時間における、生活上の活動をし「ながら」テレビを見ることの現われであって、それは高度経済成長期に顕在化し、人びとの生活のなかに定着したのである。ここには、テレビを見ることの、他の生活上の活動と混合したり、連続したりする「流れ」としての、もう一つの特性が見いだされる。それゆえに、経験的にはほとんど自明視されてしまった「ながら視聴」という見方からは、この「流れ」としての特性が、高度経済成長期の家庭での生活を、テレビを見ることの不可分のコンテクストにしていることが見て取れる。とりわけ、こうしたハイマートにもなりうる意味としての「ふるさと」が成立するとき、テレビを見ることと混合し、連続した「流れ」を形成する、家庭での夜の食事のような活動の、コンテクストとしての意味的特性と歴史性にも注目しておく必要があろう。

そしてさらに、テレビを見ることが「流れ」であるがゆえに、映像や音声といった身体レベルでの意味としての「ふるさと」の成立過程と混合、もしくは連続した他の生活上の活動が、家庭という空間と時間のもとで展開していくことにも注目しておく必要がある。つまり、テレビで映像や音声を見聞きする身体と、それが可能にする活動としてのテレビを見ることによって構成された環境世界においては、生成変化を遂げ、そこに織り成されるテレビ・テクストの多層的意味の方をコンテクストとする、家庭での他の生活上の活動もまた展開しているのである。すなわち、テレビを見ることによって意味としての「ふるさと」を成立させる身体と、それが可能にする「流れ」としてのテレビを見ることと混合し、連続した、たとえば夜の食事のような活動も、当然のことながら環境世界を構成していく。そのときそこでは、テレビを見ることによって生成変化を遂げる意味としての、あるいは、そうして織り成されるテレビ・テクストの多層的意味としての「ふるさと」をコンテクストにして、高度経済成長期の家庭が、戦後のハイマートとなって構築されていったのだ。

## 五　一瞥の意味としての「異郷」

### 『世界ウルルン滞在記』の文法と物語

高度経済成長期に顕在化し、生活のなかに定着したことが確認されたテレビの見方が「ながら視聴」であったとするなら、その後、これに比肩しうるテレビの見方として、調査研究において確認されたのが漠然視聴であった。すでに述べたように、この漠然視聴とは、とくに見たいと感じない番組でもそれがテレビに映し出されている状態がつづき、なんとなくテレビを見ているという見方である。そして、こうしたテレビの見方は、一方では、視聴時間量を左右するという点で、また他方では、テレビに対する興味が増すと顕在化するという点で、テレビを見ることの中心的部分であると考えられる。

たとえば、日曜日の夜一〇時といえば、おそらく多くの家庭では夜の食事も終わり、残り少なくなった休日の時間を、それぞれの家庭で、家族のそれぞれが、さまざまな仕方で過ごしているはずである。たしかに、この時間にテレビを見るときも、たとえば新聞や雑誌のページをめくったり、明日からのスケジュールをチェックしたりしながらといった、「ながら視聴」になる場合も十分にありうる。しかし、番組表にはとくに見たいとも思わない番組ばかりが並んでいて、それでも、何か面白いことがあるかもしれないという漠然とした興味から、ある番組がテレビに映し出されていることも多いはずである。あるいは、同じ興味から、チャンネルが替えられたりするときもある。そのとき、テレビを見ることは、「ながら視聴」よりも、むしろ漠然視聴という見方となって現われてくると考えるのは、とりあえず無理のないことであろう。今日、こうしたテレビの見方が顕在化すると思われるこの時間帯に編成されている番組の一つに、TBS系列の『世界ウルルン滞在記』(一九九五年〜)がある。ここでは、この番組を構成する映像や音声を、そのようなテレビの見方で見聞きすることに、どのような特徴があるのかを検証してみることにしよう。そしてそこから、テレビを見ることの特性について、もう少し考察を重ねてみよう。

『世界ウルルン滞在記』は、海外とはいえ、ある地域の風景や風物と、そこで暮らす人びとの姿を描き出そうとする映像や音声によって構成された番組であるという点では、『新日本紀行』と似通ったところがなくもない。ただ、番組としての『世界ウルルン滞在記』の、他の類似の番組との差異を際立たせる特徴は、海外を舞台にした滞在記録といったテーマや、海外で収録された素材ではなく、番組の構成の方法に見いだされる。この番組は、海外のどこかの地域の家庭に、日本の比較的若いタレントが滞在者となってホームステイしながら、その家族の一員となって、さまざまな課題に取り組み、成果を挙げたり、目標を達成したりしていく過程を基本的なシークエンスとしている。そのホームステイの経過を捉えた映像構成を軸にして、滞在者であったタレントを招いて、レギュラーの二人の司会者と、ほぼレギュラー化した出演者と、ゲスト的に登場する出演者とを交えたスタジオ・トークが途中に挟み込まれる。さらにそのなかで、滞在者が現地で経験した風物やそこでの生活に関するクイズが出され、出演者たちがそれぞれに回答するシーンも、途中のコマーシャルのタイミングに合わせて盛り込まれている。

「テレビ二〇年」を経過した後の一九八〇年代後半頃から、一つの番組ジャンルに分類することのできない、たとえば、日本各地をリポーター役のタレントが旅行しながら、先々で郷土料理を食べるだけでなく、料理作りにも取り組むような、「旅もの」と「料理番組」とを兼ね備えた番組は登場していた。こうした番組の制作方法には、テレビを見ることで成立するさまざまな意味や、織り成されるテレビ・テクストの多層的意味、あるいは、さまざまなテレビ・テクストが相互に関連づけられながら織り重ねられていく相互テクスト性などが取り込まれた、いわばテレビ番組の文法が見いだされる。この『世界ウルルン滞在記』も、すでに番組制作の段階で、こうした文法のもとで、海外滞在記、スタジオ・トーク、そしてクイズといったジャンルの複数のテクストが混在した、多層的にして、相互テクスト的なテレビ・テクストが織り成されているといえよう。したがって、この番組では、テレビを見ることによって織り成されるテレビ・テクストの意味の多層性なり、相互テクスト性なりが、すでに番組制作の過程で想定され、先取りされているともいえる。

それだけに限らず、『世界ウルルン滞在記』を構成する映像・音声・言語をめぐっては、これまでに人びとが繰り広げてきたテレビを見るという経験を出自とするような、さまざまなテレビ的文法や物語構造が見いだされる。たとえば、滞在先の人びとは、当然現地語で話しているが、滞在者の方は日本語のまま話している。そこでは、日本語字幕をつけて話される現地語と、そのまま話される日本語との間での会話という奇妙な言語コミュニケーションが展開され、そのシーンが、とくに違和感もなくテレビで見られている。このような「異言語コミュニケーション」のシーンは、ある出来事の再現ドラマや歴史ドキュメンタリーなどでもよく見受けるが、これは、通訳を介することなく、字幕や日本語吹き替えの映画やドラマをテレビで見るという経験を起源とした、一つのテレビ的文法によるものといえよう。そして、『世界ウルルン滞在記』のなかに現われた異言語での会話のシーンをテレビで見ることにおいても、こうしたテレビに特有の文法が違和感なく受け容れられ、むしろこうした奇妙な会話も自明視されているのである。

さらに、この番組の主要なシークエンスを生み出す滞在記のテクストには、どの場合にも、ほとんど共通した一つの物語の構造が形成されている。それはまず、滞在者が、滞在先の地域の家庭に到着し、家族に迎えられるところから始まる。滞在者は、現地の独特の風物や生活にとまどったり、驚いたりしながらも、ホームステイをしている家族や地域に次第に溶け込んでいく。そのなかで滞在者は、みずからにとっての、あるいは滞在先の家族や地域にとっての課題や困難に遭遇する。それを克服したり、解決したり、あるいは何かの目標を達成しようと、滞在者が努力し始め、家族や地域の人びとが支援することもある。それは、たとえば、滞在者が何か物づくりに挑戦したり、滞在先の一家にとっての糧となるべき獲物を求めての狩であったりする。そして、多くの場合は、なんらかのかたちで課題や困難が克服されたり、解決されたり、あるいは目標が達成されるなどの成果が得られる。最後は、滞在者の出発に際して、滞在者とホームステイをしていた家庭の家族が、涙を流して別れを惜しむシーンが現われ、この物語は完結する。

けっしてドラマだけではなく、ドキュメンタリーのような番組も物語として構成されているし、何よりも、テレビ番組を構成する映像や音声をテレビ・テクストへと織り成しながら、そこに物語を組み立てていくことも、テレビを見るという経験である。『世界ウルルン滞在記』では、先に述べたようなテレビ的文法だけではなく、こうしたテレビ体験のなかに立ち現われてくる物語化も、番組制作の方法として取り込んでいるといえる。このような番組として、さまざまな特徴をもった『世界ウルルン滞在記』を構成している映像や音声を、日曜日の夜一〇時から、漠然視聴とよばれるテレビの見方で、なんとなく見ることの、その特性を検討してみよう。

## 「異郷」への一瞥としてのテレビを見ること

一九九九年一〇月三一日に放送されたこの番組を、ここでは事例として取り上げることにしよう。まず、注目しなければならないのは、日曜日の夜一〇時に、この番組がテレビの画面上に映し出され、そこに現われる映像や音声が、見聞きするとはなしに、漠然と見られている、その状況についてである。当時、日曜日の夜一〇時台に他局で放送されていたのは、テレビ朝日系列の『日曜洋画劇場』や、NHKの『サンデー・スポーツ』などであった。その日のテレビの洋画にはまったく興味がなく、一〇月になってプロ野球もペナントレースが終わって興醒めになってしまい、かといってテレビを消す気にもなれず、何か面白いことでもやっていないかと思いながら、チャンネルを替えていくと、この『世界ウルルン滞在記』が放送されていた。ひょっとすると面白いかもしれないと思って、なんとなくこのチャンネルにしてテレビを見た。こうした状況とテレビの見方が展開していたと想定することに、それほどの違和感はないと思われる。

この日は、パプア・ニューギニアのベダムニ族の村での、俳優の中村竜の滞在記を中心にしながら、スタジオでは、レギュラーの司会者の徳光和夫と相田翔子、レギュラー出演者の石坂浩二、麻木久仁子、清水圭に、この日初出演の岩崎ひろみ、そして滞在者の中村自身が加わってのトークとクイズが繰り広げられて、番組が進められた。滞在者の中村が、ベダムニ族の村で成人式の儀式が進められているところに到着し、ホームステイをする家庭の家族の一員として迎えられ、夕食をともにするところから、滞在記と番組が始まる。じつは滞在する家庭では母が亡くなり、父の再婚が課題になっていることが、中村と一家の息子たちとの会話やナレーションによって明らかにされる。そして、物真似芸の題材になるほどに特徴的な抑揚をもった下条アトムのナレーションによって、番組のこの日のタイトル、「パプアの森の男やもめに中村竜が出会った」が読み上げられる。その後は、中村が、狩の練習をしたり、ジャングルへ狩に出かける男たちに同行したり、彼らと同じように昆虫の幼虫やタランチュラを食べたりすることで家族に溶け込んでいく様子が描かれる。さらに、中村が、一家の息子たちとともに、村の長老と父の再婚相手を探す相談をしたり、見合いが実現して、その席の準備を家族とともに進めたりする姿が映し出される。父が見合いをして、婚約が成立する。それを喜ぶだけではなく、父の再婚を実現しようと、中村が家族とともに尽力したことへの感謝から、父が中村を抱き、号泣するシーンへと展開する。そして最後は、別れを惜しんで泣く、中村と家族たちのシーンとなって、この日の物語が完結する。こうした物語の展開に合わせて、スタジオでのトーク、司会者と中村からのクイズの出題、出演者による解答が挟まれて、全体としての番組は進行していく。この番組では、ベダムニ族の娯楽、ベダムニ族の女性が結婚できる条件、そしてベダムニ族の結婚のルールをめぐって、三つのクイズが出された。「パプア・ニューギニア滞在記」とでもいえる物語、それをめぐるスタジオ・トークに、クイズにと、多層的であるだけではなく、相互テクスト的でもあるテクストへと織り成され、さらにそれらをまとめ上げて一つの番組へと構成された映像や音声が見聞きされるとき、いったいどのようなテレビ体験が展開されるのであろうか。先に想定したような状況で、漠然視聴という見方でテレビを見ることが、これらの映像や音声を、再び同じような物語構造をもったテレビ・テクストへと織り成したり、あるいはスタジオ・トークやクイズに、まともに応答するようなテレビ・テクストを織り成したりするとは考えがたい。こうしたテレビの見方は、「なんとなく見る」だけではなく、「とりあえずテレビをつけておいて」、「気になるところや見たいところだけ」を見るという見方もともなっている。[41] また、こうした「なんとなく」、漠然と見る見方や、「気になるところ」、「見たいところ」だけを断片的に見る見方をしていても、「努力せずとも番組の展開を予想できてしまうような」テレビ体験もある。[42]

とくに、「滞在記」物語をめぐって、このような見方でテレビを見ることの特性が浮き彫りになる。先に指摘した、日本語字幕をつけられた現地語と、そのまま話される日本語との会話に対して、「通訳がいるはずなのに、隠している」といった非難めいた感想をもちながら、じっくりと見ていくような見方は、日常経験に照らしても不自然である。また、ストーリー展開が簡単に予想できてしまう「パプア・ニューギニア滞在記」の物語に、一喜一憂しながら、じっくりと見ていく見方も、先に想定したようなテレビの見方がされる状況では、およそ典型的なものとはいえない。むしろ、テレビへの興味をもちながらも、なんとなく漠然とテレビを見る見方は、「演出だとわかっていても、番組が面白ければよい」といった見方とも連動して、「番組が作り物であることを承知した上でテレビを見ることを楽しむ見方にもなっていく。[43] こう考えるなら、この「滞在記」物語のように、素朴で、毎回同じパターンが繰り返される物語は、漠然と見る見方でテレビを見ることによっても、映像や音声を組み立てていた構造が容易に解体される。つまり、「すべての物語は、物語が消費されるそれぞれの場合に応じた儀礼的なやり方の、その総体としての『物語の状況』に従属させられている[44]」のである。それゆえに、「小説や新聞の頁を開いたり、あるいはテレビをつけたりすることは、それが身近で、無頓着になされているとしても、この目立たない行為が、われわれに、これから必要になるはずの物語のコードを一挙に、一つ残らず装備させてくれる[45]」ようになるのだ。

漠然視聴とよばれるテレビの見方によって、「パプア・ニューギニア滞在記」というテクストにおける物語の構造は解体され、そうしたテクストを織り成し、物語を構成していた映像や音声も解放される[46]。さらに、こうしたテレビの見方は、スタジオ・トークやクイズといったテクストの形式も解体し、それらを織り成していた映像や音声も解放する。このような状態を前提として、漠然視聴となって現われるテレビを見ることの特性を、ここで想起する必要がある。すなわち、それこそが、特定の番組を選択し、その起承転結を凝視することではなく、他の生活上の活動と混合したり、連続したりした「流れ」のなかで、ときとしてテレビに一瞥を向けるという、テレビを見ることの特性にほかならない。たしかに、こうした特性は、漠然視聴だけではなく、ザッピングへもつながる断片的な見方となって現われる[47]。ただ、いずれの見方になるにせよ、こうした特性をもったテレビを見ることこそが、パプア・ニューギニアの風景や人びとの暮らしを表象するとされた映像や音声を、物語、スタジオ・トーク、あるいはクイズなどの構造や形式から離脱させ、それらへと向かう「一瞥」としての眼差しや、同様の聴取によって、身体的な意味を成立させるのである。

テレビを見ることによって、眼差しと聴取という身体性のレベルで成立する映像や音声の意味とは、「パプア・ニューギニア滞在記」の物語を構成したものではありえない。昆虫の幼虫を食べることをめぐってのスタジオ・トークや、ベダムニ族の娯楽や結婚についてのクイズといった形式のテクストへと織り成されたものでもない。ましてや、『世界ウルルン滞在記』という番組を構成したものでもない。それは、ベダムニ族の成人の儀式で、男たちの身体の化粧の色彩の鮮やかさを見た印象であったり、竹製の知恵の輪遊びに興じる屈託のない笑顔を見たときの印象であったりする。より正確にいうなら、「ベダムニ族の化粧」などと特定されない、たんなる、男の身体に塗られた色彩の鮮やかさ、あるいは、何をしているのかは特定されない、たんなる、笑顔の屈託のなさである。

このような意味は、ロラン・バルトが「意味形成性（signifiance）のレベル」とよび、あるいは「鈍い意味（sens obtus）」、「第三の意味（troisième sens）」とよんだものに限りなく近い。バルトは、その性格を、「頑固であると同時に、たちまちのうちに過ぎ去ってしまい、滑らかであると同時に、どこかへ逃げていってしまう」[48]と述べ、それゆえに、「ストーリーにたいしても無関心である」[49]と指摘している。また、それは、先の生成変化を遂げる意味とも、こうした捉えどころのなさという点では似ているが、持続としての生成変化とは異なる。むしろ、「鈍い意味とはシニフィエ（signifié）なきシニフィアン（signifiant）であって、それを名づけるのは困難」な上に、何もコピーしていなければ、何も表象していないがゆえに、記述もできない[50]。つまり、テレビを見ることの身体性とでもいえるような特性が成立させる意味の、このようなとらえどころのなさは、何かのきっかけで「一瞥」となってテレビへと向けられる変異としての眼差しや聴取を成立させながら、分節化からは離脱してしまう意味の、捉えどころのなさなのである。いずれにしても、ここに、なんとなく見るという見方でテレビを見ることの特性として、テレビへ向けられる一瞥と、それが成立させる身体的な意味が見いだされるのだ。

ここに至って、映像や音声に眼差しや聴取を差し向け、分節化されない身体的意味を成立させる、テレビを見ることのこうした身体的特性もまた、あくまでも、他の生活上の活動と混合、もしくは連続した「流れ」のなかでの、テレビへの一瞥であることも確認しておくべきであろう。漠然視聴、あるいは断片的視聴、さらにはザッピングなどとよばれるテレビの見方も、家庭というドメスティックな空間と時間をコンテクストとした、「流れ」からの飛躍のような変異ともいえる一瞥なのである。したがって、ドメスティックな空間と時間と、そこで展開される生活上の他の活動の意味もまた、それと混合したり、連続したりする「流れ」からの一瞥にとってのコンテクストとして、不可分の結びつきをもっている。

この場合でいえば、先に想定したような、日曜日の夜一〇時の家庭という空間と時間の、たとえば、「家庭で過ごした休日も終わり、職場での慌ただしい一週間を迎えようとしている」といった意味や、そのときそこで、グラビア雑誌の都会の雑踏風景の写真を見たことの意味が、一瞥としてテレビを見ることのコンテクストとなる。翌日からの、人ごみとオフィスでの仕事を考えると、溜め息が出そうな休日の終わりの家庭で、ふと眼差しを向けて見た、「異郷の見知らぬ男の屈託のない笑顔」といった意味が、テレビを見ることによって成立するかもしれない。そしてまた、こうした見方でテレビを見ることによって成立する身体的意味も、なんとなくテレビを見ている家庭の、そのドメスティックな空間と時間にとってのコンテクストにもなる。何をするわけでもなく、ただ、ふと一瞥を向けてテレビを見ることをコンテクストとして、「異郷の見知らぬ男の屈託のない笑顔」を垣間見たということも、家庭のリビングで過ごす休日の終わりの意味として成立する。

家庭にあって、ここで取り上げた『世界ウルルン滞在記』を映し出したテレビを、漠然視聴という見方で見ることとは、まさに、次のような意味を可能にするテレビ体験にして生活上の活動にほかならない。すなわち、家庭というドメスティックな空間と時間における一瞥としてのテレビを見ることが、意味としての「異郷」を成立させ、また、何気ない一瞥としてのテレビを見ることがそこで立ち現われる家庭というドメスティックな空間と時間の一コマが、意味としての「異郷」にもなるのである。

## 六　テレビ研究の射程と課題

もはや当然ともいえるが、テレビを見ることの特性についての考察は、きわめて多くの事柄の相互の関連性の解明にほかならない。テレビを見ることとは、テレビ画面の光の明滅を眼が捉え、映像としての意味を成立させ、スピーカーによる空気の波動を耳が捉え、音声としての意味を成立させることだけにとどまりはしない。テレビを見ることの特性を明らかにしようとすると、テレビという機械装置と、眼や耳という器官とが接続された身体作用をめぐって、それ自体の多様な意味的な可能性はもとより、むしろそれ以上に、そうした身体的な意味形成にかかわるコンテクストの解明を不可避的に迫られる。それゆえ、ここまでに進めてきた考察をさらに広げていくなら、テレビを見ることの特性を解明しようとする試みは、けっして無理も飛躍もなく、戦後史という、いわば極大のコンテクストの解明へと至る射程をもつことになる。

テレビ番組を構成する映像や音声を見聞きすることの意味も、それらによって織り成されるテレビ・テクストの意味の特徴も、また、従来の調査研究の知見による、「ながら視聴」や漠然視聴というテレビの見方の特徴ですら、テレビを見ることと不可分で、決定的な重要性をもった一つのコンテクストを示している。すなわち、それこそが、家庭というドメスティックな空間と時間の意味的特性である。こうした家庭については、内田隆三が明らかにした、「家」の制度の理念的特性とは異なる時空として、高度経済成長期のマイホームとなって分節化される「家庭」の特性から多くの示唆を得ることができる。(51) 内田によると、そもそも「家」とは、縁ある死者との交流がその連続性を支え、「家」を通時的な秩序のなかに位置づける時間性と、農村社会に典型的に見られるような、共時的な秩序のなかで、他の家々と有機的で親密な共同体を構成する空間性を重要な理念としていた。(52) ところが、高度経済成長をつうじて、この「家」の理念とは異なる時間と空間が形成され、そこに「家」とは異なる「家庭」が現われたのである。

高度経済成長がつくりだす社会空間においては、「家」が帰属しうるような共同体の輪郭があいまいになり、その所在が見えにくくなる。そこに現れるのは、生活物資や心情の記号を大量に供給するメディアと貨幣の媒介により、親密な共同体の媒介なしですますことのできる経済とその経済の主体としての「家庭」である。貨幣への欲望がひらく広大な社会性のただなかに、「家庭」は小さなカプセルのように浮かんでいる。また、時間的位相においても、「先祖」という死者に遡る重い時間性とのつながりを希薄にした「家庭」が現れる。生活の根拠地が決定的に都市に移動したことにより、死者との交流は日常的なものから正月やお盆の帰省というかたちに限定され、儀礼化されたものへと変貌していくのである。(53)

「家」が狭い空間と長い時間に根差そうとしていたのに対して、「家庭」は広大な空間と短い時間に浮遊していることを、内田は剔抉している。しかも、人びとにとって、せいぜい年に二回程度の帰省によって、かろうじて経験される死者との交流が支える、みずからの出自としての「家」の連続性や通時的秩序など、日常的には喪失されたに等しい。高度経済成長期の都市に生きる、こうした家郷喪失者たちが、夫婦間の「性愛の次元の親密性を保持すべきものとして『家庭』(54)を形成することが、ここでいう家庭の出発点にして、起源である。それゆえに、このような家庭を位置づける通時的秩序も、たかだかライフ・ヒストリーのなかで回顧されるほどの時間性しかもっていない。ところが、この家郷喪失者たちにとっての家庭は、『性愛』の領域として閉じていくと同時に、その幻想の空間を膨らませ、小さな『家郷』という共同性のイメージを投射される(55)」ようになる。まさに、高度経済成長期にその姿を現わし、浮遊する、このような空間と時間としての家庭こそが、典型的には「ながら視聴」とよばれる見方でテレビを見ることにとっての、決定的に重要なコンテクストになったのである。

『新日本紀行』の映像や音声が、家庭で夜の食事をしながらテレビを見ることによって、個別的にして、同時に普遍的、なおかつ、「今、ここ」の「私」にとっての「ふるさと」の風景という意味になりうるのは、まさしく、テレビを見ることが、家庭の親密性と、その家郷としての共同性とをコンテクストとしているからにほかならない。さらに、こうしてテレビを見ることで成立した、無人称的に遍在する「ふるさと」の風景をコンテクストとして、家庭は、家族が夜の食事をしながらテレビで「ふるさと」の風景を見たという、記憶の家郷にもなっていく。まさに、ここで明らかになってくるのが、家庭をコンテクストとしてテレビを見ることだけではなく、同時に、テレビを見ることをコンテクストとする家庭もまた、意味としての「ふるさと」、すなわち「想像の家郷」とでもいえるハイマートとなっていったということなのだ。[56] そしてそれは、戦後復興から高度経済成長へと突き進む戦後社会における「家」から「家庭」への再編制過程と、家庭のこうした意味的な瀰漫・浮遊との間に現われる、相互関連性の一端を示すものでもあった。

とはいえ、戦後史といった大きなコンテクストのもとで、家庭が一貫して「想像の家郷」としての共同性を保持しつづけてきたわけではない。また、一つの家庭のなかで、ドメスティックな空間のどこをとっても、ドメスティックな時間のいつにあっても、一貫して「想像の家郷」としての共同性が担保されていたわけでもない。端的には、「一九七〇年前後から、家郷のベクトルが後退し、代わりに消費の文化が共同性の次元を代補するようになる」。そのとき、この「消費文化は家庭内の諸『個人』の存在に焦点を合わせていく」[57]。テレビを見ることをめぐっても、テレビの複数台所有世帯の増加や、テレビを一人で見る個人視聴という見方の増加が指摘されるようになったのも、一九七〇年代後半から八〇年代前半である。[58] それらは、家庭という空間のなかでも、個室であったり、あるいは、家庭で過ごす時間のなかでも、リビングに一人でいるか、それに近い状態にあったりするといった状況を想定させる。そして、テレビを見ることにかかわるコンテクストとしての、こうしたドメスティックな空間と時間の意味的特性の変異は、テレビの見方や、そこに現われるテレビを見ること、そして、それによって成立する意味の変異とも結びついているのである。

『世界ウルルン滞在記』の映像を見る際の、なんとなくテレビに向けられた一瞥としての、「異郷」の男の身体の化粧の色彩や笑顔の表情へのふとした眼差しには、身体的な意味形成性がありえた。そのような見方でテレビを見ることとは、まさしく、「家庭の内閉性に揺らぎを与え、性的役割分業の差異を相対化し、家庭を内的に分解していく[59]」家庭内部の個人に焦点化した消費文化のもとでの、家庭という空間と時間をコンテクストとしている。さらに、こうした一瞥としてのテレビを見ることの、その身体的な意味形成性としての「異郷」の男の身体や表情への眼差しがコンテクストとなって、家庭のなかでも一人でいられる空間や、一人で過ごせる時間は、「異郷」を垣間見る場にもなりうる。ただ、そこで垣間見られる「異郷」とは、何の指向対象もなければ、何ものもコピーもしなければ表象もしない、すなわちシミュラークルなのだ。消費文化のもとでは、家郷の共同性に代わって、「『貨幣』の媒介を受けた個人の自律の幻覚に支えられると同時に、そこにさまざまな消費の欲望が投射される[60]」家庭をコンテクストとしながら、テレビを見ることが、その身体性のレベルでの意味として、「異郷」を垣間見る眼差しにもなる。また同時に、そうしたテレビを見ることをコンテクストとしながら、家庭のなかのパーソナルに変異した時空が、「異郷」のシミュレーションにさえなっていくのである。

テレビになにかしらの番組を映し出し、それを構成している映像や音声を、家庭で見聞きすることとしての「テレビを見ること」とは、それ自体が「ふるさと」や「異郷」といった、さまざまな意味的位相を備えた環境である。それと同時に、このような「テレビを見ること」がそこで繰り広げられることによって、家庭という空間と時間もまた、同様の環境として構成されることになる。それゆえに、こうしたテレビを見ることの特性を解明しようとする試み、すなわち、人びとはテレビを見ることで、何を、どのようにして見たのかを明らかにしていく試みは、家庭というドメスティックなコンテクストとの相互的な意味の関連性を解明することが不可避的に求められる。つまり、テレビを見ることを一つのメディア消費と考えるなら、こうした試みは、「ドメスティックな事象を分析する枠組みのなかで、メディア消費についてのとらえ方を位置づけなおすこと」である。そしてそれと同時に、「さまざまな文化の内部やその間で、ドメスティックな空間が編制されていく、さまざまな形式のもつ意味[61]」を明らかにすることでもある。まさに、このような試みをつづけることによって、テレビ研究は、ここで論じてきたように、戦後史の一つの重要な位相の解明へとつながっていくのであり、それこそがテレビ研究の重要な課題であると同時に、テレビ研究に向けられる期待でもあるのだ。

# 第五章　地域コミュニティとテレビ

## 一　はじめに

テレビ視聴は、特定の空間のなかで行なわれる。たとえば、それは、外出先のレストランであったり、病院の待ち合い室であったり、家族のいるリビングであったり、そして自宅の個室であったりする。特定の文脈に規定されたそれぞれの空間のもとで、ときには時間つぶしの、ときには息抜きの、そしてときには格好の娯楽の手段として、私たちはテレビを視聴する。また、テレビを見るという行為は、友人との会話、家族との会話、町内のご近所とのつきあい、職場の同僚との会議、電話でのおしゃべり、さらには映画鑑賞やコンサート、スポーツ観戦などのレジャー、そしてeメールを通じたやりとりなど、対面的なコミュニケーションからさまざまなメディア・コミュニケーションまで含む、数え切れないほどの多様な広がりをもつコミュニケーション行為の一つとして、展開される。しかも、こうした複雑に折り重なる対人コミュニケーションや多様なメディアとのかかわりと結びつきながら、テレビを見ることが、意識的であれ無意識的であれ、他のコミュニケーションでは得られない独自の効用や意義をもつものとして、日々繰り返されている。

この章では、日常生活で営まれるコミュニケーション行為のなかで、その主要な行為の一つであるテレビ視聴がどのような位置にあるのかを地域コミュニティを基盤に考えてみよう。言い換えれば、地域社会を切り口にしながら、そのなかで展開されるコミュニケーションの全体的な過程のなかで、メディア利用やテレビ視聴がいかなる位置を獲得しているのかを問いかけること、これがこの章のねらいである。テレビ放送開始後五〇年が経過した今、テレビを見ることは、他のコミュニケーション行為とのかかわりのなかでいかなる位置を占めているのか。テレビ視聴をこうした視点から論じるに際して、実証的なデータにもとづく議論に入る前に、コミュニティとメディアという大きなテーマからテレビを考えることの意義をあらためて論じておく必要があろう。

よく知られているように、イギリスの社会学者レイモンド・ウィリアムズは、電話やラジオ、そしてテレビといった電気メディアが都市の郊外に生活基盤をもち、マイカーや電車で通勤する、郊外型の生活に適合的なメディアであることを指摘した。移動性の増大と私生活化を特徴とする「移動的私生活化」というこのウィリアムズの議論を踏まえ、テレビがそれ以前の新聞がつくりだした「市民的公共性」とは異なる空間を造形したと述べたのはロジャー・シルバーストーンである(1)。彼によれば、郊外生活がイギリスにおいて成立したのは一九世紀末である。異なる階層や階級の人々が混在する都市とは違い、階層や民族上の同質性、私生活の重視とともにレジャーの重視、さらにコミュニティの内部での対立を避ける傾向など、いくつかの特徴をもったこの郊外型の生活にとって、社会やコミュニティへの関心を媒介するメディアがラジオやテレビであった。それは、都市のなかで新聞を媒介にしてつくられた「市民的公共性」とは異なる、「テレビ的公共性」とでもいうべき新たな空間の構成であったというのである。テレビに映し出されるさまざまなイメージや音楽が流れるなか、オーディエンスはリビングに居ながらにして、別の空間に移動し、遠い世界の出来事を見聞することができるようになったのだ。

もちろんここで留意すべきは、シルバーストーンの指摘する「郊外」が特定の起源をもつ歴史的な概念として考えられてはいるものの、他方ではきわめて理念的な意味合いをもつ概念でもあるということだろう。「郊外」とは、私生活重視、消費やレジャーの重視、私的な主体性の保証、新たに形成すべきものとしてのコミュニティへの選択的関与など、特定の生活様式やライフ・スタイルを指すものとして考えられている。言い換えれば、それは、郊外生活者のみを指すものではなく、都市生活者あるいは農村部の生活者を含めて、二〇世紀の先進国社会の全体に共通した生活様式と考えてよいのではないだろうか。テレビはこの生活様式をさまざまなかたちで規定し、逆にテレビもこの独自の生活様式に規定されながら、特定の社会空間を造形してきたのである。それだけに、日本におけるテレビ五〇年を考える場合にも、この「郊外」という概念は考察の新たな視点を提供してくれる。

戦前にも世田谷や杉並など私鉄沿線に郊外住宅が形成されていたとはいえ、大型の団地の造成をその中核として本格的な郊外型の生活が始まったのは高度経済成長期の六〇年代である。2DK、3DKといった間取りでダイニングキッチンを取り入れ、欧米流の生活スタイルを志向した様式は、親子二世代からなる核家族、そして近代家族制度の物的基盤であった。この新しい生活の内部にテレビは組み込まれ、娯楽を提供し、外国の文化を伝え、国や地域のさまざまな出来事を伝えるメディアとして急速に浸透していったのである。それはまさに、日本における「郊外」型の生活様式が形成される過程であり、都市にも農村にも波及していく過程であった。テレビは、凝集性の高い農村型のコミュニティから郊外型のコミュニティへの社会変化、大家族から核家族への変化という社会変化の過程と密接に重なりあいながら、先行するラジオや映画を上回る「かけがえのないコミュニケーション」の一つとして定着したのである。

すでに他の章で指摘したように、テレビ放送開始から一五年が経過した一九六八年に書かれた藤原功達「今日のテレビ視聴者――その意識と実態」(『文研年報』NHK放送文化研究所、一九六八年)で指摘された「テレビ型の人」とは、こうした日本社会の歴史過程と深いかかわりをもっているとみるべきだろう。

テレビ型の人とは、自己のテレビ視聴行動に対して、生活の主要な側面のすべてにおいてそれの必要性を肯定し、自己の基本的な心理的欲求の充足のためのテレビの効用を積極的に評価し、同時に、テレビの社会的機能について一般にプラスの方向で捉えている。

この郊外型の生活の中心にテレビが位置するようになった時点からほぼ四〇年が経過した現在、「郊外」のコミュニティは大きな変化に直面している。一九六〇年代に入居し、新しい街、新しいコミュニティを形成してきた世代が七〇から八〇歳代となるなかで、郊外コミュニティの高齢化が急速に進行し、コミュニティをどう維持し再生するのかが現実的な課題となっている。また他方では、都市中心部のコミュニティでも、郊外のショッピングセンターの進出による商業地域の衰退・低迷が指摘され、街の活性化をどう進めるか厳しい対応を迫られている。郊外のコミュニティにおいても、そして都市コミュニティにおいても、町内のお祭りや伝統的行事をどう維持し守るのか、地域のゴミ問題にどう対処するのか、高齢者介護にどう対応するのか、町の商業的発展をどう図るのか、といった個々の具体的な課題に直面しているのである。さらに、コミュニティの維持と再生をめぐる厳しい課題があるなかで、九〇年代に入り住民投票に象徴される新たな市民運動の全国各地での展開に示されるように、住民が新たなネットワーク組織を形成し、コミュニティが抱える課題に積極的にかかわる機運も高まりつつある(2)。個別具体的な歴史性を帯びたコミュニティの課題がそこに生きる人々のコミュニケーションを規定し、また他方では一人ひとりのコミュニケーションのあり方がダイナミックに現在のコミュニティを変容させつつあるのである。

さらに、九〇年代に入り、携帯電話やパーソナル・コンピュータによるインターネット通信に代表される情報技術が社会に浸透することで、個々のメディアの利用実態やメディアに対する意識などメディア・コミュニケーションの様態も大きく様変わりしており、テレビの位置も変化していることが十分予測できる。

以上みてきたような、日常生活の基盤をなすコミュニティのなかのコミュニケーション過程において、人々のパーソナル・コミュニケーションとメディア・コミュニケーションは相互にどう関連しあっているのだろうか。そしてそのなかで、テレビ視聴はどのような位置づけを与えられているのだろうか。本章のねらいは、この点を明らかにすることにある。

さて、以下の論述は、埼玉県の南西部の都市である川越市を対象にした二つの調査にもとづく。都心から電車で四〇分ほどの川越は、東京の郊外・ベッドタウンとして発展し、現在の人口は四〇万人である。また他方で、江戸期には城下町として、さらに江戸・東京に西関東の農産物や鉱物を運ぶ交通の要所・商業都市として栄え、今日でもその面影を色濃く残した、伝統的な歴史文化と景観をもつ都市でもある(3)。

第一の調査は、江戸時代から川越の商業の中心として発展した旧市街地域であり、現在でも市の中心部をなす「旧十ヶ町」地区を対象とした。この地区では一九六〇年代から七〇年代にかけてマイカーブームに後押しされた郊外のショッピングセンターの進出、駅前の商業地区の再開発などの影響で商業地区としての基盤が揺らいだが、現在は「小江戸川越」として知られる伝統的な「蔵づくりの街並みの保存運動」を展開し、多くの観光客を集めることに成功している。その一方で、マンション建設による景観の破壊、マンションに居住する新住民の増加といった現象が起きている。

第二の調査は、市の中心部の北西に位置する「霞ヶ関北」地区である。川越中心部の郊外であると同時に、東京に通勤する人々が居住する典型的な郊外地域といえる。農村地帯であったこの地域が宅地として開発されたのが一九六四年である。当時の開発は、近似した敷地面積による区割りがなされ、それに対応して近似した住宅価格が設定されたために、所得やライフ・ステージの同質性が高い住民構成であったという。現在は、世帯数が一八〇〇を超え、人口は五七〇〇人近くで、川越市内でも最も大きい自治会を形成している。また、五〇歳以上の人口が五割を超え、高齢化が進行している地域である。

この二つの地区は、前述のように、その歴史的成り立ち、住民構成、文化的資源など、異なる特徴をもっており、その内部で展開されるコミュニケーションも異なるだろう。たとえば、「旧十ヶ町」地区では、旧住民と新住民との地域活動への参加に差異があることが予想できる。また「霞ヶ関北」地区と比較すれば「旧十ヶ町」の方がコミュニティのコミュニケーションが活発であると予期できる。こうしたコミュニケーションの違いはメディア・コミュニケーションのあり方にどう関連しているのだろうか。まず、この点から考察を加えよう。

## 二　メディア・コミュニケーションと地域コミュニティ

### 情報機器利用の三つのタイプ

一九九〇年代の後半には、私たちのコミュニケーションの環境は、大きく変わりつつあった。具体的には、携帯電話やインターネットといった「新しい」情報技術が急速に普及しようとしていたのである。では、この時期の人々のメディア・コミュニケーション行為は、どのような状況にあったのだろうか。

一九九八年に旧十ヶ町地区で行なわれた調査では、「携帯電話の利用」は四八％、「パソコンの利用」は三〇・五％、「衛星放送（BS・CS）の利用」は二五・二％となっていた。こうした情報機器の利用状況は、性別・年齢別で異なっている。女性よりも男性が、高齢層よりも若年層が、「新しい」情報機器の利用に積極的であった。とくに若年層では、「ヘッドホン・ステレオ」や「MDプレーヤー」のような、パーソナルに利用される情報機器を利用する割合が高くなっている。年齢別に細かく見ていくと注目されるのは、「四九歳以下」の層と「五〇歳以上」の層との間に、情報機器の利用について大きな違いが見られるということである。テレビ登場の前である、一九五〇年以前に生まれている当時五〇歳以上の人は、ほとんどの情報機器について、とくに「テレビゲーム」、「CDプレーヤー」、「携帯電話」、「パソコン」を利用する割合が低くなっている。これに対して、「衛星放送（BS・CS）の利用」や「CATVの利用」のような、テレビの利用についてはこうした年齢による違いはあまり見られない。このことは、「新しい」メディアは高齢者には使いにくいというだけではなくて、子ども時代にテレビという「新しい」メディアと触れていたということが、その他の「新しい」メディアの利用や、メディアとのつきあいかた、そしてコミュニケーションのあり方に、どのような影響を与えることになるのかを、考えていく必要があるだろう。

このような情報機器の利用状況から、「情報機器の多様な利用に積極的な、三九歳以下、勤め人を中心とする層＝子ども時代からテレビを利用していた層」と、「新しい情報機器利用には消極的な、六五歳以上、無職・専業主婦の人を中心とする層＝大人になってからテレビを使い始めた層」、そして「その中間にある層」という、三つのグループを想定できる（表1）。そして、この調査から推測できるのは、九〇年代の後半というこの時期に、同じように情報機器の多様な利用が普及していった背後で、世代や職業、ライフ・ステージによるコミュニケーションの違いが拡大していったのではないか、ということである。それは、たんに情報技術に対するアクセシビリティの「較差」の問題、つまり誰にでも、もっと使いやすい機器が開発されればよいという問題ではな

表1　情報機器の利用スコアによるグルーピング（旧十ヶ町）　（%）

| | サンプル数 | 男性 | 女性 | ～24歳 | 25–39歳 | 40–49歳 | 50–64歳 | 65歳～ |
|---|---|---|---|---|---|---|---|---|
| 合計 | (642) | 46.9 | 53.1 | 8.7 | 22.7 | 16.5 | 27.3 | 21.3 |
| L：利用に消極的（5個以下） | (223) | 36.8 | 63.2 | 3.6 | 8.1 | 9.0 | 33.2 | 43.0 |
| M：中間（6～9個） | (246) | 46.3 | 53.7 | 11.4 | 28.0 | 15.4 | 29.7 | 13.4 |
| H：積極的に利用（10個以上） | (173) | 60.7 | 39.3 | 11.6 | 34.1 | 27.7 | 16.2 | 5.2 |

く、コミュニケーションという、もっと大きな問題につながっているはずである。

さて、こうして「新しい」情報機器が急速に普及していったこの時期には、「情報が簡単に、早く手に入るようになった」と、八割もの人が感じている一方で、五割以上の人が、このような「新しい情報機器が次々と現われて、情報化が進んでいくことは不安だ」と感じていた。また、「情報化が進むと、人の心が豊かになる」とは「思わない」人は七割を超えている。つまり、「IT革命」などというキャッチフレーズが盛んに喧伝されていた当時にあって、しかし情報化の進展した社会とは便利ではあるが不安な社会であると、多くの人にとって考えられていたのである。

こうした情報化に対する意識は、情報機器の利用状況に関係している（表2）。「新しい」機器の利用に積極的であったグループでは、情報化の進展に対してポジティブな意見の人が多いのに対して、消極的であったグループではネガティブな意見の人が多くなっている。とくに「情報化が進んでいくことは不安だ」と思うのは、情報機器の利用に消極的な「女性」と、「五〇歳以上」の層で多くなっていた。しかし一方で、「情報化が進むと、人の心が豊かになる」と思う人は「六五歳以上」で多く、思わない人は「三九歳以下」の若年層で多くなっている点は注目すべきだろう。情報化の進展という事態は、情報機器を積極的に利用する人々にとっても、必ずしも豊かなコミュニケーションをもたらすものではないと感じられていたのである。この時期に多くの人が感じていた、情報化の進展に対する不安とは、つまりコミュニケーションの変容に対する不安であったと考えることができるのではないだ

表2　情報化に対する意識（旧十ヶ町）　　（n = 642, %）

| | 合計 | 情報機器の利用 | | |
|---|---|---|---|---|
| | | L（消極的） | M（中間） | H（積極的） |
| 情報が簡単に手に入るようになった | 81.9 | 70.4 | 84.1 | 93.6 |
| 情報化が進むと，生活が便利になる | 62.1 | 51.1 | 63.0 | 75.1 |
| 選択に迷うほど情報があふれている | 60.6 | 48.9 | 65.4 | 68.8 |
| 情報化が進んでいくことは不安だ | 57.3 | 62.3 | 56.5 | 52.0 |
| 情報化が進むと，人の心が豊かになる | 22.1 | 27.4 | 17.1 | 22.5 |

ろうか。

また、旧十ヶ町地区と比較すると、霞ヶ関北地区では全体として情報化に対してネガティブな人が多く、とくに「情報化が進んでいくことは不安だ」と思う人が多くなっている。このことは、現代の郊外地域住民における年齢構成上の特徴ということに関係しているのはもちろんだが、しかしそれだけではなく、後の節で検討するような、郊外という空間のもつ、地域的なコミュニケーションの特性という点についても、考えておく必要があるだろう。

## 年齢で異なるメディア・コミュニケーション

それでは、こうした情報機器の多様な利用の急速な広がりという現象は、テレビ視聴をはじめとするメディア・コミュニケーション行為とは、どのような関連をもっていたのだろうか。次に、この時期のメディア・コミュニケーションの状況を確認しておこう。九八年の調査によれば、全体では、やはり「テレビのニュース番組」と「新聞」が、誰にとっても主要なコミュニケーションのメディアとなっていることがわかる。そして「音楽を聴く」、「ラジオを聞く」、「ビデオを見る」、「本を読む」、「雑誌を読む」といったコミュニケーションは、およそ半数の人によって行なわれていた。これに対して「なんとなくテレビをつけておく」（三四・一％）、「映画館・劇場・コンサートなどに行く」（三四・三％）、「情報誌を読む」（二三・五％）、「マンガを読む」（一八・四％）などは、一部の人のメディア・コミュニケーションであるということになっており、「インターネットでホームページを見る」（一一・一％）ことは、この時期にはまだ少数派であった。年齢別では、「二四歳以下」では「映画館・劇場・コンサート」と「インターネット」が多く、「テレビのニュース」「新聞（全国紙）」が少なくなっているのに対して、「五〇歳以上」では「音楽」と「マンガ」が、さらに「六五歳以上」では「なんとなくテレビをつけておく」「ビデオ」「雑誌」「情報誌」「インターネット」が少なくなっていた。やはり、多様な情報機器を積極的に使おうとしている若年層と、そのようなことには消極的な高齢層との間では、メディア・コミュニケーションのあり方が異なっていることがわかる。

それでは、このようなメディア・コミュニケーションのあり方は、情報機器の多様な利用の普及とどのような関係にあるのだろうか。「新しい」情報機器の利用状況から作り出した三つのグループを比較しながら、この関係について検討してみよう（表3）。情報機器の多様な利用に積極的なグループは、消極的なグループと比べて、ほとんどのメディア・コミュニケーションについて、「している」の割合が高くなっているが、「テレビのニュース」「テレビの娯楽番組」「ラジオ」の視聴については、グループごとの差は少ないことがわかる。これに対して「なんとなくテレビをつけておく」や「ビデオ」を使ったテレビの視聴と、「情報誌」「インターネット」などを使った情報の収集、そして「新聞（全国紙）」「本」「マンガ」を読むといった項目については、新しい情報機器の利用に積極的な層と消極的な層との間に二〇ポイント以上の差がある。また

表３　メディア・コミュニケーション（旧十ヶ町）　（n=642, %）

| | 合計 | 情報機器の利用 | | |
|---|---|---|---|---|
| | | L（消極的） | M（中間） | H（積極的） |
| CD などで音楽を聞く | 54.0 | 31.8 | 60.2 | 74.0 |
| ラジオを聞く | 52.5 | 45.7 | 54.9 | 57.8 |
| テレビのニュース番組を見る | 88.3 | 82.1 | 89.8 | 94.2 |
| テレビの娯楽番組を見る | 71.5 | 65.0 | 72.8 | 78.0 |
| なんとなくテレビをつけておく | 34.1 | 23.8 | 34.6 | 46.8 |
| ビデオを見る | 45.3 | 26.9 | 54.1 | 56.6 |
| 新聞（全国紙）を読む | 66.2 | 51.6 | 74.4 | 73.4 |
| 地方紙や全国紙の地方版を読む | 49.1 | 42.6 | 50.0 | 56.1 |
| 雑誌を読む | 41.3 | 17.0 | 49.6 | 60.7 |
| 情報誌を読む | 23.5 | 11.2 | 26.4 | 35.3 |
| 本を読む | 45.5 | 29.1 | 50.0 | 60.1 |
| マンガを読む | 18.4 | 6.3 | 18.7 | 33.5 |
| 広報誌を読む | 73.7 | 73.1 | 75.2 | 72.3 |
| チラシを読む | 61.2 | 56.5 | 63.4 | 64.2 |
| 映画館，演劇，コンサートなどへ行く | 34.3 | 20.6 | 43.9 | 38.2 |
| インターネットでホームページを見る | 11.1 | 0.9 | 9.8 | 26.0 |

とくに、「音楽を聴く」と「雑誌を読む」については、四〇ポイント以上の差があることがわかる。

こうして、現在の私たちのメディア・コミュニケーションのあり方は、同じように「テレビの娯楽番組を見る」といっても、人によってまったく異なるコミュニケーションをしているということになるだろう。たとえばそれは、「雑誌」や「マンガ」を読みながら「なんとなくテレビをつけておく」ということであったり、「情報誌」で調べ「インターネット」の掲示板への書きこみをしながら録画した番組を見るということであったりもするのである。このような、多様なコミュニケーションのあり方が並存しているという事態は、地域のコミュニティを生きている私たちにとってどのような意味をもっているのだろうか。

## 三　パーソナル・コミュニケーションと地域コミュニティ

### 特徴的な「三九歳以下」の人たちのコミュニケーション

この時期のパーソナル・コミュニケーションの状況について確認しておくと、まず全体では、人間どうしの関係が希薄になっているという、よく指摘される傾向を確かめることができる。つまり、「世間話」や「挨拶」といった、知り合いとの軽いコミュニケーション、そして「自然の美しさを感じる」という人間以外のものとのコミュニケーションは多くの人によって行なわれているのだが、逆に「悩みの相談」や「議論」のような、親しい人との深いコミュニケーションや、「うわさ話」のような、かつての地縁・血縁関係をつないでいたコミュニケーション、そして「知らない人とも気軽におしゃべり」といった、新しい出会いの可能性をもったコミュニケーションについては、四割以上の人が「しない」と答えているのである。

年齢別では、「三九歳以下」の人では、「しゃれや冗談」「相談」「議論」が多く、「知らない人とも気軽におしゃべり」

と「お祈り」は少なくなっているのに対し、その親の世代にあたる「六五歳以上」の人では、「知らない人とも気軽におしゃべり」と「お祈り」が多く、「しゃれや冗談」「相談」「議論」は少ないと、ちょうど逆になっている。「三九歳以下」の人とは、一九六〇年代以降生まれの世代であるが、彼らが高度経済成長期に生まれ、また生まれたときから居間にテレビが置かれていたということ、そして学校の友達との関係ではテレビの話題が重要だったということと、このようなパーソナル・コミュニケーションの特徴とに関係はあるのだろうか。

たとえば「しゃれや冗談」というコミュニケーションに注目してみると、それは、「ハズ」したり、「スベ」ったり、「サム」くなったりすることを、注意深く避けなければいけないというコミュニケーションである。つまり、自分と同質の感覚をもっている（と、想像できる）人との間以外では、成立しにくいという特質をもっている。つまり、このようなコミュニケーションは、「知らない人とも気軽におしゃべり」のような、異質なものとの新しい関わりを生み出すような、そして自分自身を変容させていくようなコミュニケーションとは、相反するものと考えられるのである。こうしたコミュニケーションを好む人にとっては、「相談」や「議論」という場合もまた、自分を傷つけることのないような、わかりあえる人にだけ「相談」し、意見の対立が起きないような「議論」を好むということを、含んでいたのではないだろうか。このようなパーソナル・コミュニケーションの特徴が、パーソナルな関係によって成立する家族や地域のあり方を徐々に変容させていくのだろう。

## 情報機器の利用とパーソナル・コミュニケーションとの関係

前節で検討した「新しい」情報機器の利用と、パーソナル・コミュニケーションの状況とはどのような関係にあるのだろうか。ここでも三つのグループを比較しながら検討していくことにしよう（表4）。まず、「しゃれや冗談」では、やはり「三九歳以下」の世代が中心となる情報機器の利用に積極的なグループでは、消極的なグループに比べると、二〇ポイント近く多くなっていることがわかる。また「相談」や「議論」についても、同様の傾向がみられる。これに対して「挨拶」や「知らない人とも気軽におしゃべり」は、「六五歳以上」の世代が中心となる情報機器の利用に消極的なグループの方が多くなるという傾向がある。ところで、ここで情報機器の利用に積極的であるということは、「携帯電話」「パソコン」「テレビゲーム」「CDプレーヤー」「ヘッドホン・ステレオ」「MDプレーヤー」といった機器を利用しているということなのであったが、これらの機器には、パーソナルに利用されることが多いという特徴がある。高度経済成長の時代であった一九六〇年代には、電話やテレビといった情報機器は家庭のもの＝「家電」であったのに対して、一九九〇年代後半以降に普及していった情報機器は個人のもの＝「個電」であるという特徴をもっているということは、よく指摘されることであるが、こうした個人によっ

表４　パーソナル・コミュニケーション（旧十ヶ町）　(n=642, %)

| | 合計 | L（消極的） | M（中間） | H（積極的） |
|---|---|---|---|---|
| しゃれや冗談を言いあう | | | | |
| よくする | 25.7 | 15.2 | 30.5 | 32.4 |
| ときどきする | 41.7 | 37.2 | 44.3 | 43.9 |
| しない | 30.2 | 43.5 | 24.4 | 21.4 |
| 悩みや心配事を相談する | | | | |
| よくする | 11.4 | 5.8 | 14.6 | 13.9 |
| ときどきする | 43.0 | 37.7 | 46.7 | 44.5 |
| しない | 42.4 | 49.8 | 37.4 | 39.9 |
| ある問題について，人と議論する | | | | |
| よくする | 10.3 | 4.5 | 10.2 | 17.9 |
| ときどきする | 40.8 | 34.1 | 43.9 | 45.1 |
| しない | 45.0 | 52.5 | 45.5 | 34.7 |
| 自分から挨拶するように心がけている | | | | |
| よくする | 71.3 | 72.2 | 73.6 | 67.1 |
| ときどきする | 22.1 | 19.3 | 21.5 | 26.6 |
| しない | 5.5 | 7.2 | 4.9 | 4.0 |
| よく知らない人とでも，気軽におしゃべりする | | | | |
| よくする | 15.1 | 17.0 | 15.0 | 12.7 |
| ときどきする | 42.5 | 38.1 | 44.7 | 45.1 |
| しない | 40.8 | 42.2 | 39.8 | 40.5 |

てパーソナルに利用される情報機器の特徴は、情報を個人の好みによって選択できる／選択しなければいけないということにある。好みではないものについては、チャンネルを替えられ、オフにされ、あるいはリセットされる。同時に、自分の好みということが常に問われ、他者の好みに対しても、常に気を配ることが求められるという、「新しい」情報機器を使ったコミュニケーションの特質は、コミュニケーションの基盤であると考えられてきた、多くの場合に、「選択」することは難しい「人間」どうしのパーソナル・コミュニケーションのあり方に、どのような影響を与えていくのだろうか。

パーソナル・コミュニケーションについて、九九年調査と比較して検討してみると、まず全体では、郊外地域でのパーソナル・コミュニケーションの希薄さという点を指摘できるが、少子高齢化の時代を迎えている現在、これは重要な問題となってくるだろう。また、霞ヶ関北地区では「知らない人とも気軽におしゃべり」は「しない」という人が多く、「自然の美しさを感じる」という人が多くなっている。属性別に詳しくみていくと、まず「世間話」については、「二五～三九歳」で、旧十ヶ町地区に比べると「しない」人が多くなっており、「知らない人とも気軽におしゃべり」についても、「四〇～四九歳」と「六五歳以上」では、霞ヶ関北地区で「しない」人が多い。また「議論」については、「二五～三九歳」と「六五歳以上」で、旧十ヶ町地区に比べて「しない」人が多くなっている。同じ時期に、同じような人々によって生活が始められ、そして、同じように高齢化が進んでいる郊外のニュータウンでは、現在「六五歳以上」になった親世代でも、「四〇～四九歳」の子ども世代でも、自分たちと異質なものとのパーソナルなコミュニケーションや、「議論」のようなコミュニケーションは避けられているようであり、とくに子ども世代については「世間話」のようなコミュニケーションも、地域の人とはあまり行なわれてはいないようである。郊外という地域の特性には、「職場とは別の、持ち家、一戸建て」の住宅が多いことがあげられるが、そのほとんどは、地域とのパーソナルな関わりをもちにくいという問題が指摘されることの多い「$n$ＬＤＫ型住宅」である。このような住み方の違いということも、パーソナルなコミュニケーションのあり方と関わっているのだろうか。

一方、「二四歳以下」に限ると、「知らない人とも気軽におしゃべり」と「議論」は、旧十ヶ町地区の方で「しない」人が多くなっている。旧市街地域には、居住年数が短く、集合住宅（そのほとんどは「$n$ＬＤＫ型住宅」である）に住む若年層も多く、こうした人びとは、自営業者の「職場と住居を兼ねる一戸建て」住宅が多い、パーソナルなコミュニケーションが活発な地域のなかにあって、コミュニケーションの「飛び地」を形成し、郊外のコミュニケーションの問題を共有しているのではないかと推測される。

### コミュニケーション欲求の中心に位置する「自分」「身近な人たち」

以上のような、九〇年代後半における、コミュニケーション行為の状況の背後には、どのようなコミュニケーションに対する欲求があったのだろうか。旧十ヶ町地区における調査の結果からは、全体として、「自分らしさを大切にしていきたい」、「伝統やしきたりを大切にしたい」、そして「身近な人たちの気持ちや考え方を知りたい」といった、自分自身と、自分にとって身近な世界を大切に守っていきたいと感じている人が多く、社会と関わっていきたいという欲求をもつ人は少なくなっていることがわかる。また、情報機器の利用との関係では、「新しい」機器の利用に積極的なグループでは、「自分自身をよく理解したい」と「自分らしさを大切にしたい」、そして「好きな映像や音楽に囲まれて暮らしたい」と感じる人が多くなっているのに対して、消極的なグループでは「伝統やしきたりを大切にしたい」と感じる人が多いという傾向がみられた。

「新しい」機器の利用に積極的な人については、ここまでの検討を裏づけるような結果となっているといえるだろう。異質な他者との関わりを避け、選択された「好み」の情報を組み合わせて作り上げた世界の中で、求められているものは「自分」というものだったのである。それは逆にいえば、テレビが普及した後で育ってきた彼らにとって、「自分」

というものは、確かな現実の関係の中に構成することができるものではすでになく、膨大な情報という記号の差異の中に、流動的で曖昧なものとして構成されるものであったのだ、ということを意味しているのではないだろうか。

一方、大切にすることができるような「伝統やしきたり」というもの、そしてそのようなものを共有する、地域におけるパーソナルな関係や、そうした関係を維持していくための場所を持っている人にとっては、「新しい」情報機器によって、「自分」というものをあらためて確認することは必要とされていないのであるが、しかし、そのような地域社会との関係は、実際には「新しい住民」や「若年層」とは分断された、地域における「島宇宙」の中においてのみ、かろうじて成立しているということなのかもしれない。そして、地域の新しい隣人や、次の世代へと関係をつないでいくことが困難になっているのだとすれば、結局そのような「伝統やしきたり」を大切にしていくことも困難になってくることが予想されるだろう。情報機器の中の「自分」の世界を生きようとする若年層と、地域における伝統の世界の中で生活する高齢層とのそれぞれが、同じように「身近」で同質的な世界の中に自閉し、自分とは異質な他者と関わり、社会と関わっていきたいとは感じないということについて、どのように考えていくことができるのだろうか。

### 世間や広い世界とのつながりを感じさせてくれるメディア

この節の最後に、コミュニケーションの欲求は、どのようなメディアによって充足されているのかを検討し、テレビというメディアの位置について考えていきたい。まず、「世間や広い世界とのつながりを感じさせてくれるものはどのようなものか」という質問に対する旧十ヶ町地区での調査結果（表5）を見ると、全体ではやはり、「テレビ・ラジオ」と「新聞・雑誌・書籍」と答えた人が多かった。テレビによって「つながり」を感じるということは、自然なことであるように思えるのだが、しかし考えてみると、それは現実の人との「つながり」ではなく、想像的な「つながり」でしかない。またそれは、チャンネルを替え、スイッチをオフにすることによって、簡単にキレてしまうような「つながり」である。現在を生きる私たちが、本当に求めている「つながり」とは、そのようなものなのだろうか。

年齢別にみていくと、「五〇歳以上」では「家族」「地域の人」「自然」と答えた人の割合が多くなっているのに対して、「三九歳以下」では「地域の人」と答えた人の割合が少なく、「ビデオ・CD」が多くなっている。また「二四歳以下」では「家族」は少なく、「友人」が多くなっていた。テレビが普及した六〇年代以降に生まれた若年層にとっては、「地域の人」や「家族」のように、簡単にキレることのできない現実の関係ではなく、「ビデオ・CD」や「友人」のような、自分で選択できるもの、そしてなにかあれば、すぐにキレてしまうものによって「つながり」を感じているようである。情報機器の利用との関係をみると、「コンピュータ」と「ビデオ・CD」、「友人」が、積極的に利用しているグループで高くなっているが、コンピュータをはじめとする「新しい」情報機器によるコミュニケーションの性格は、その根本の部分をテレビによって方向づけられていたと考えることもできるのではないだろうか。

霞ヶ関北地区での調査結果と比べると、まず全体の「テレビ・ラジオ」「コンピュータ」「新聞・雑誌・書籍」と答えた割合が、旧十ヶ町地区より

表5　欲求充足メディア　その1
「世間や広い世界とのつながりを感じさせてくれるもの」（旧十ヶ町）(n=642, %)

| | 合計 | L（消極的） | M（中間） | H（積極的） |
|---|---|---|---|---|
| テレビ・ラジオ | 82.7 | 83.4 | 85.0 | 78.6 |
| ビデオ・CD | 12.0 | 4.9 | 14.2 | 17.9 |
| コンピュータ | 14.6 | 2.2 | 14.6 | 30.6 |
| 新聞・雑誌・書籍 | 70.1 | 66.8 | 73.6 | 69.4 |
| 映画・演劇・コンサート | 24.1 | 15.7 | 28.9 | 28.3 |
| 家族 | 36.0 | 37.7 | 38.6 | 30.1 |
| 地域の人びと | 20.9 | 25.6 | 22.4 | 12.7 |
| 友人・知人 | 45.5 | 32.7 | 51.6 | 53.2 |
| 自然 | 28.2 | 20.6 | 33.3 | 30.6 |

もやや多くなっている。年齢別では、旧十ヶ町地区の「二五〜三九歳」では「家族」が霞ヶ関北地区より多くなっており、「六五歳以上」では「地域の人」が多くなっていた。これに対して、霞ヶ関北地区の「四九歳以下」では「コンピュータ」が旧十ヶ町地区よりも多く、「五〇歳以上」では「テレビ・ラジオ」と答えた割合も多くなっている。そして「六五歳以上」でも、「ビデオ・CD」「新聞・雑誌」「映画・演劇・コンサート」が多くなっていた。テレビを中心として、ビデオやCD、コンピュータによってつながりを感じるという若年層にみられたコミュニケーションの特徴が、郊外地域では、高齢層を含むすべての世代にわたって、より明確になっていることがわかる。

心を奪われたり、感動することのできるメディア

次に「心を奪われたり、感動することのできるものはどのようなものか」という質問に対して、旧十ヶ町地区での調査結果（表6）をみると、全体では「テレビ・ラジオ」と答える人の割合が多く、これに次いで「新聞・雑誌・書籍」、「自然」、「映画・演劇・コンサート」と答える人が多かった。テレビは、「つながり」を感じるというだけでなく、感動することもできるメディアであると感じられているのである。テレビというメディアは、これほどに生活の中に占める位置の大きいものとなっていることがわかる。

表6　欲求充足メディア　その2
「心を奪われたり，感動することのできるもの」（旧十ヶ町）（n=642, %）

| | 合計 | L（消極的） | M（中間） | H（積極的） |
|---|---|---|---|---|
| テレビ・ラジオ | 65.1 | 72.2 | 65.0 | 56.1 |
| ビデオ・CD | 19.9 | 11.2 | 22.4 | 27.7 |
| コンピュータ | 3.7 | 2.7 | 2.8 | 6.4 |
| 新聞・雑誌・書籍 | 53.0 | 48.0 | 56.5 | 54.3 |
| 映画・演劇・コンサート | 47.5 | 31.8 | 54.9 | 57.2 |
| 家族 | 36.6 | 36.8 | 34.6 | 39.3 |
| 地域の人びと | 9.3 | 12.1 | 8.1 | 7.5 |
| 友人・知人 | 32.1 | 22.4 | 33.7 | 42.2 |
| 自然 | 49.8 | 36.3 | 56.5 | 57.8 |

年齢別では、「二四歳以下」で「友人・知人」と答えた人の割合が多く、これに対して「六五歳以上」では「地域の人びと」と「テレビ・ラジオ」が多くなっていた。情報機器の利用との関係でも、「友人・知人」「映画・演劇・コンサート」「自然」「ビデオ・CD」と答えた人の割合は、積極的に機器を利用するグループで多く、「地域の人びと」と「テレビ・ラジオ」は消極的なグループで多くなっている。「六五歳以上の」高齢層と情報機器の利用に消極的なグループで、「地域の人びと」が多くなっているのはともかくとして、こうした人々におけるテレビというメディアのもつ意味の大きさに注目すべきであろう。大人が感動することができるような、良質な番組が放送されるということは、もちろんすばらしいことではあるが、しかし、テレビのような日常的なメディアの中で得られるとされる感動の内実については問題にされてよいのではなかろうか。

霞ヶ関北地区での調査結果と比べると、まず全体で、「テレビ・ラジオ」と答えた人の割合は、旧十ヶ町地区よりも多くなっている。年齢別では、やはり「地域の人びと」と答えた割合は、「二五〜三九歳」と「五〇〜六四歳」で、旧十ヶ町地区の方が多くなっているのに対して、「五〇歳以上」で「ビデオ・CD」と答える人の割合は、霞ヶ関北地区の方が多く、「二五〜三九歳」で「友人・知人」と答えた人の割合は、霞ヶ関北地区の方が多くなっていた。地域の人びととのコミュニケーションの豊かさは旧市街地域で大きく、郊外ではそれに対して、テレビをはじめとして、ビデオ、CDなどのメディア・コミュニケーションや友人・知人とのコミュニケーションの果たす役割が大きくなっていることがわかる。

以上のように、九〇年代後半における私たちのコミュニケーションの状況について、調査の結果を検討してくると、今後、考えていかなければいけないのは、若年層と郊外生活者のコミュニケーションという問題であるといえるだろう。繰り返しになるが、テレビが普及した一九六〇年代以降に子ども時代を過ごした、調査当時「三九歳以下」の世代は、情報機器の利用に積極的な層を作り出しているのだが、地域の関係や面倒な現実のパーソナルなコミュニケーションから撤退し、自分好みの世界を情報機器によって作り出して楽しむということは、本当に豊かなコミュニケーションの世界を生きていることになるのだろうか。彼らは現在、高度情報社会という、さらに「新しい」さまざまな情報機器の中における、そしてさらにパーソナルなコミュニケーションの希薄な空間の中で、子育てや老親の介護という難しい課題に取り組んでいる。あるいは子育てや結婚、家族という、かつては当然と思われていた生活のスタイルを拒み、「パラサイト・シングル」、「引きこもり」、「児童虐待」などといった問題を引き起こし、またその子ども世代でも、神戸の事件をはじめとする、さまざまな問題が生じている。このような問題は、一部の人の特殊な問題なのだろうか。テレビというコミュニケーションの五〇年にわたる「実験」の一つの帰結として、こうした問題について考えてみることが必要なのではないだろうか。

また、こうした若年層のコミュニケーションは、郊外地域で生活する人々のコミュニケーションと近い性格をもっていたのだが、あらためて考えてみると、郊外の「$n$ＬＤＫ型住宅」のリビングルームの中心にはテレビが置かれ、そしてテレビの中に描かれたホームドラマの世界を一つのモデルとして、郊外のベッドタウンの「新しい」生活というものが組織されてきたのであるということもできるだろう。そして、こうした郊外という場所での生活は、これまでの経済成長の時代にはよく適合してきたのである。しかし、少子高齢化の時代を迎え、介護と育児という課題を抱えた今日、私たちはこれからも、地域におけるパーソナル・コミュニケーションを避けて暮らしていくことは可能なのだろうか。次節では、地域におけるパーソナル・コミュニケーションについてより詳細に検討してみよう。

## 四　地域参加とコミュニケーション

第二節、三節を通じてメディア・コミュニケーションならびにパーソナル・コミュニケーションの実態をみてきた。

ここでは、地域集団への加入、さらに近所づきあいの程度を探ることで、コミュニティにおけるコミュニケーションの実相に迫ることにする。

地域集団への加入

表7に示したのは、旧十ヶ町地区における、年齢別に見た個々の地域集団への加入の割合である。年齢に応じたライフ・ステージの違いによって関係する集団が変化していくことがわかる。「二四歳以下」では「どれにも入っていない」が五〇%を超え、若者とコミュニティとの関係が薄いことを示している。それが「二五〜四九歳」になると「子ども関係の組織」への加入が高くなる。「地域の組織」への加入では、「六五歳以上」が六五%を占めており、彼らが「地域組織」の中心的な役割を担っているといえそうであるが、「四〇〜四九歳」も四六%、「五〇〜六四歳」が四三%で、ほぼ半数が地域組織に加入していることがわかる。

この地域組織への加入に関する質問への反応個数を合計して作成したスコアから地域組織への加入度を整理してみると、次のようになる。

| 高い | 低い |
|---|---|
| 自営業 | 勤め人、学生 |
| 同居人が五人以上 | 一人暮らし |
| 川越市内通勤 | 市外通勤 |
| 居住年数四五年以上 | 居住年数五年以下 |
| 職場・店舗一戸建て | 集合住宅 |

ここから理解されるのは、一般に予想できることではあるが、「地付き」といわれるような長年居住してきた人た

ちや自営業者、そして職場と住居がともに川越市内にある人びとが「地域組織」への加入が高い、ということである。

では、霞ヶ関北地区の場合はどうだろうか。表8を参照されたい。注目すべきは、「二五～三九歳」「四〇～四九歳」「六五歳以上」という三つの年代では、地域組織の「どれにも入っていない」の割合が、旧十ヶ町と比較してきわめて高いことである。また「六五歳以上」でも、旧十ヶ町では「どれにも入っていない」が一四・五％であるのに対して、霞ヶ関北の場合は二八％にも上る。典型的な郊外型の地域である霞ヶ関北では、川越の中心部と比較して、地域組織へのかかわりが低いのである。このことから、旧十ヶ町の方が地域性志向が強く、人びとは地域と

表7　地域集団への加入（旧十ヶ町）　(%)

| | 合計 | ～24歳 | 25–39 | 40–49 | 50–64 | 65歳～ |
|---|---|---|---|---|---|---|
| サンプル数 | 642 | 56 | 146 | 106 | 175 | 138 |
| 仕事関係の団体 | 26.6 | 16.1 | 22.6 | 25.5 | 34.3 | 24.6 |
| 地域の組織 | 39.4 | 0.0 | 19.9 | 46.2 | 43.4 | 65.2 |
| 子ども関係の組織 | 13.4 | 0.0 | 20.5 | 35.8 | 5.7 | 3.6 |
| 生協などの団体 | 10.4 | 3.6 | 8.9 | 17.0 | 13.1 | 5.1 |
| 文化活動のグループ | 30.4 | 23.2 | 27.4 | 34.0 | 32.6 | 29.7 |
| ボランティアの団体 | 5.5 | 3.8 | 2.7 | 4.7 | 4.6 | 9.4 |
| 「町づくり」の団体 | 4.0 | 0.0 | 4.1 | 5.7 | 4.6 | 3.6 |
| どれにも入っていない | 24.8 | 53.6 | 32.9 | 19.8 | 21.1 | 14.5 |

表8　地域集団への加入（霞ヶ関北）　(%)

| | 合計 | ～24歳 | 25–39 | 40–49 | 50–64 | 65歳～ |
|---|---|---|---|---|---|---|
| サンプル数 | 706 | 57 | 118 | 56 | 281 | 159 |
| 仕事関係の団体 | 16.4 | 8.8 | 16.1 | 21.4 | 22.4 | 8.2 |
| 地域の組織 | 28.0 | 0.0 | 8.5 | 21.4 | 32.4 | 45.9 |
| 子ども関係の組織 | 5.1 | 0.0 | 15.3 | 19.6 | 1.1 | 1.3 |
| 生協などの団体 | 6.9 | 0.0 | 5.9 | 12.5 | 7.8 | 6.3 |
| 文化活動のグループ | 34.0 | 35.1 | 23.7 | 26.8 | 42.0 | 32.7 |
| ボランティアの団体 | 6.7 | 5.3 | 2.5 | 8.9 | 7.5 | 6.9 |
| 「町づくり」の団体 | 0.8 | 0.0 | 0.0 | 0.0 | 1.1 | 1.3 |
| どれにも入っていない | 30.0 | 49.1 | 40.7 | 28.6 | 22.8 | 27.7 |

の関わりを重視しており、地域社会の存在感が強いといえる。他方で、旧十ヶ町との比較でいえば、霞ヶ関北地区は地域への求心力が相対的に弱く、コミュニティ意識を形成する基盤ともなる対人関係の広がりと深さに欠ける面があるといえよう。

近所づきあいのコミュニケーション

以上、述べてきたことは、近所づきあいの程度を聞いた調査項目からもいえそうである。年齢が高くなるほど、近所とのつきあいが深まる。これは、旧十ヶ町でも、霞ヶ関北でも変わらない。しかし、表9、表10に示すように、霞ヶ関北の場合には、いずれの年代でも「どれもしていない」の占める割合が高いことがわかる。地域組織へのかかわりが低いだけでなく、日常的な近所づきあいの程度もまた低いのである。同じ川越市の市民とはいえ、地域によって、これほどの差が存在することは驚きである。

すでに上述したとおり、霞ヶ関北地区は、一九六〇年代に三〇代から四〇代のサラリーマン層が入居してできた新興の郊外住宅地である。その当時は、新しいコミュニティを形成する熱意に溢れ、町内の祭りを立ち上げ、子ども会のさまざまな行事を行なうなど、活発な地域活動を展開したという。しかし、その世代が高齢化し、住宅事情もあって、結婚した彼らの息子や娘たちと一緒に住むことが難しい状況がある。こうしたなかで、地域活動の停滞が進んでいると考えることができる。しかも今後の地域活動の主な担い手である「二五〜三九歳」「四〇〜四九歳」の世代にも活動の停滞が及んでいるのである。

近所づきあいに関して、旧十ヶ町と霞ヶ関北で共通する特徴は、性別による違いがはっきりみられることである。「立ち話の相手がいる」「買い物・スポーツなどに誘える友人がいる」「悩みごとを相談できる相手がいる」では女性が高く、男性では「どれもしていない」が高い。地域のコミュニケーションにおけるジェンダー格差がはっきりと現われている。しかし、主婦層の近所づきあいは、お互いの深いところや、地域の問題などに踏み込むところまでは至っていないようである。

### メディア利用の差はあるのか

旧十ヶ町と霞ヶ関北の地域では、地域組織への加入や近所づきあいの程度に関して、かなりの差異がみられることを指摘してきたが、それぞれの地域においてメディア利用の度合いにも差がみられるのだろうか。まず、旧十ヶ町からみておく。

「情報機器の利用スコア」から見ると、この地域において情報機器を多様に利用している――情報機器の利用スコア「H」――と、情報機器の利用が限定されている――情報機器の利用スコア「L」――とを比較すると、次のようになる。

| 利用スコア「H」 | 利用スコア「L」 |
|---|---|
| 男性 | 女性 |
| 「四九歳以下」の若年・中年層 | 「六五歳以上」の高齢者 |
| 勤め人 | 通勤なし |
| 市外に通勤 | |
| 集合住宅に居住 | 店舗・職場兼住宅に居住 |
| 高学歴 | |

利用する機器の多様性が、性別、年齢、そして学歴に大きく関連していることが指摘できる。若年層で利用が多く、高齢者で少ないのは、「ヘッドホン・ステレオ」「CDプレーヤー」「携帯電話」「パソコン」である。主に、個人単位

表 9　近所づきあい（旧十ヶ町）　(%)

| | 合計 | ～24 歳 | 25–39 | 40–49 | 50–64 | 65 歳～ |
|---|---|---|---|---|---|---|
| 立ち話をする相手がいる | 75.9 | 41.1 | 64.4 | 85.8 | 86.9 | 81.9 |
| 買い物・スポーツなどに誘える友人がいる | 37.9 | 23.2 | 24.0 | 42.5 | 49.1 | 37.7 |
| 家族同様の付き合いをしている相手がいる | 23.8 | 14.3 | 13.7 | 17.9 | 34.9 | 29.7 |
| 悩みごとなどを相談できる相手がいる | 25.9 | 16.1 | 18.5 | 24.5 | 35.4 | 23.9 |
| 地域のための活動をする仲間がいる | 16.0 | 1.8 | 8.2 | 25.5 | 21.7 | 17.4 |
| どれもしていない | 13.9 | 44.6 | 27.4 | 7.5 | 3.4 | 5.8 |

表 11　情報機器の利用（旧十ヶ町）　(%)

| | 合計 | ～24 歳 | 25–39 | 40–49 | 50–64 | 65 歳～ |
|---|---|---|---|---|---|---|
| テレホン・カード | 86.9 | 91.1 | 91.8 | 93.4 | 90.3 | 73.9 |
| キャッシュ・カード | 80.8 | 94.6 | 91.8 | 92.5 | 76.6 | 62.3 |
| クレジット・カード | 45.6 | 42.9 | 63.7 | 60.4 | 41.7 | 21.0 |
| ビデオカメラ | 31.2 | 19.6 | 44.5 | 50.0 | 24.6 | 14.5 |
| 家庭用テレビゲーム | 34.9 | 53.6 | 55.5 | 48.1 | 21.1 | 10.9 |
| 家庭用カラオケ装置 | 11.2 | 3.6 | 3.4 | 5.7 | 17.1 | 18.8 |
| 液晶テレビ | 11.2 | 10.7 | 14.4 | 15.1 | 11.4 | 5.1 |
| ヘッドホン・ステレオ | 27.3 | 50.0 | 42.5 | 29.2 | 19.4 | 11.6 |
| LD プレーヤー，DVD プレーヤー | 13.9 | 14.3 | 13.7 | 17.0 | 16.0 | 8.0 |
| CD プレーヤー | 51.2 | 87.5 | 82.2 | 60.4 | 33.7 | 20.3 |
| MD プレーヤー | 11.2 | 32.1 | 14.4 | 14.2 | 6.3 | 3.6 |
| 多機能電話 | 65.9 | 76.8 | 76.7 | 72.6 | 68.0 | 43.5 |
| 携帯電話・PHS | 48.0 | 75.0 | 69.2 | 55.7 | 42.3 | 14.5 |
| ポケットベル | 7.5 | 14.3 | 6.8 | 6.6 | 9.1 | 2.9 |
| ファクシミリ | 38.6 | 30.4 | 52.1 | 54.7 | 33.7 | 21.7 |
| ワープロ（専用機） | 31.5 | 25.0 | 37.7 | 41.5 | 32.6 | 15.9 |
| パソコン | 30.5 | 50.0 | 43.8 | 46.2 | 21.1 | 8.0 |
| 電子手帳，システム手帳 | 12.9 | 7.1 | 21.2 | 18.9 | 9.1 | 4.3 |
| コピー機 | 36.3 | 37.5 | 45.9 | 45.3 | 34.9 | 19.6 |
| カーナビゲーション | 7.6 | 5.4 | 8.2 | 11.3 | 9.7 | 2.2 |
| BS・CS 受信装置 | 25.2 | 28.6 | 26.0 | 31.1 | 20.0 | 24.6 |
| CATV 受信装置 | 9.7 | 10.7 | 11.6 | 16.0 | 6.3 | 6.5 |

表 10　近所づきあい（霞ヶ関北）　（%）

| | 合計 | ～24 歳 | 25–39 | 40–49 | 50–64 | 65 歳～ |
|---|---|---|---|---|---|---|
| 立ち話をする相手がいる | 72.2 | 38.6 | 47.5 | 67.9 | 84.3 | 84.9 |
| 買い物・スポーツなどに誘える友人がいる | 32.3 | 22.8 | 22.9 | 28.6 | 41.3 | 28.3 |
| 家族同様の付き合いをしている相手がいる | 17.4 | 7.0 | 13.8 | 16.1 | 23.8 | 12.6 |
| 悩みごとなどを相談できる相手がいる | 23.8 | 15.8 | 16.1 | 19.6 | 32.4 | 18.2 |
| 地域のための活動をする仲間がいる | 10.3 | 1.8 | 5.9 | 1.8 | 13.9 | 12.6 |
| どれもしていない | 17.8 | 49.1 | 36.4 | 17.9 | 7.8 | 10.1 |

表 12　情報機器の利用（霞ヶ関北）　（%）

| | 合計 | ～24 歳 | 25–39 | 40–49 | 50–64 | 65 歳～ |
|---|---|---|---|---|---|---|
| テレホン・カード | 83.9 | 61.4 | 80.5 | 85.7 | 92.2 | 80.5 |
| キャッシュ・カード | 85.7 | 96.5 | 92.4 | 87.5 | 87.2 | 77.4 |
| クレジット・カード | 46.9 | 31.6 | 58.5 | 58.9 | 52.0 | 33.3 |
| ビデオカメラ | 26.1 | 8.8 | 31.4 | 35.7 | 25.6 | 24.5 |
| 家庭用テレビゲーム | 23.4 | 54.4 | 34.7 | 33.9 | 14.9 | 15.1 |
| 家庭用カラオケ装置 | 7.8 | 0.0 | 2.5 | 0.0 | 12.1 | 10.7 |
| 液晶テレビ | 9.2 | 14.0 | 9.3 | 10.7 | 8.2 | 9.4 |
| ヘッドホン・ステレオ | 23.5 | 43.9 | 31.4 | 21.4 | 23.5 | 13.8 |
| LD プレーヤー，DVD プレーヤー | 11.8 | 8.8 | 15.3 | 8.9 | 13.5 | 8.2 |
| CD プレーヤー | 49.2 | 84.2 | 78.0 | 58.9 | 44.1 | 24.5 |
| MD プレーヤー | 13.2 | 38.6 | 22.9 | 8.9 | 8.5 | 6.9 |
| 多機能電話 | 67.1 | 73.7 | 77.1 | 78.6 | 71.5 | 50.9 |
| 携帯電話・PHS | 45.2 | 91.2 | 71.2 | 62.5 | 39.1 | 15.1 |
| ポケットベル | 3.1 | 7.0 | 3.4 | 5.4 | 3.2 | 1.3 |
| ファクシミリ | 37.7 | 47.4 | 50.8 | 48.2 | 41.6 | 17.0 |
| ワープロ（専用機） | 30.0 | 28.1 | 30.5 | 42.9 | 32.7 | 23.9 |
| パソコン | 34.6 | 70.2 | 55.1 | 55.4 | 29.2 | 10.7 |
| 電子手帳，システム手帳 | 11.9 | 10.5 | 19.5 | 14.3 | 11.0 | 8.2 |
| コピー機 | 33.9 | 45.6 | 41.5 | 46.4 | 36.7 | 17.6 |
| カーナビゲーション | 11.8 | 8.8 | 16.9 | 16.1 | 11.0 | 8.2 |
| BS・CS 受信装置 | 24.6 | 21.1 | 22.9 | 21.4 | 27.8 | 24.5 |
| CATV 受信装置 | 7.2 | 5.3 | 9.3 | 7.1 | 7.8 | 5.0 |

で利用する情報機器の利用が年層によって大きく異なっていることに注目したい（表11、表12）。

このような機器の利用実態は、霞ヶ関北でも同様の結果を示している。ただし、特徴的なこととして挙げられるのは、旧十ヶ町と比較した場合、「五〇〜六四歳」「六五歳以上」の高齢者の利用スコア「H」の割合がいくらか高い数値を示していることである。さらに、二二項目からなる個々の情報機器の利用の実態からみても、霞ヶ関北居住の「五〇〜六四歳」「六五歳以上」の高齢者が「家庭用カラオケ装置」「携帯電話・PHS」「ポケベル」の三つの項目を除く一九項目で、旧十ヶ町の高齢者よりも高い数値を示している。他の三つの年代では、逆に、旧十ヶ町の方が高い数値を示していることと対照的である。これはなにを示唆しているのだろうか。

すでに論じたように、地域組織への加入、近所づきあいの程度からみた地域コミュニケーションの活発度という点では、全体として旧十ヶ町の方が霞ヶ関北よりも高いという結果であった。「五〇〜六四歳」「六五歳以上」の高齢者でみても、同様のことが指摘できた。それに対して、というよりも「そうであるからこそ」というべきだろうか、メディアの利用の側面からみると、霞ヶ関北の高齢者の利用度が高いのである。地域コミュニケーションの少なさをメディアが補完しているといえそうな結果である。

このことは、以下で示す「地域コミュニケーション・パターン」でもはっきり現われている。

## 五　地域コミュニケーション・パターン

地域コミュニケーションの多様なタイプ
メディア・コミュニケーションに関わる二一項目を用いて行なったクラスター分析から六つのクラスターを析出した、小川文弥の分析にもとづいて、それぞれのタイプを特徴づけておこう。(4)

①情報消極型――情報志向ではあるが、欲求充足メディアは新聞・テレビ・ラジオに限定されており、パーソナル・コミュニケーションもさほど活発でない。属性別にみると、女性、平均年齢五〇歳代である。

②環境メディア型――情報の受信に傾斜している点では「情報消極型」と類似しているが、このタイプよりもメディア利用の広がりという点で「情報化」が進んでいる。その一方で、私生活志向であり、地域性志向が最も低い。平均年齢三七歳。

③発信・保存型――「手紙を書く」「日記をつける」「意見を伝える」など、情報の発信・保存にかかわる行為が特徴的に現われており、地域志向も高い層といえる。他人指向型で、生きがいは「愉快に楽しく」が高い割合を示す。属性別にみると女性、平均年齢六〇歳。

④自己バランス型――「発信・保存型」と近いが、多様なメディアと接触し、情報の受容に広がりがある点でそれとは異なる特徴をもつ。内部指向型で、生きがいは「人間的に豊かなもの」が高い割合を示す。属性別にみると、平均年齢五七歳。

⑤マルチメディア型――メディア・コミュニケーションが活発で、欲求充足メディアではバランスと広がりがみられる。「ニューメディア型」「環境メディア型」と比較すれば、地域への愛着度も高い。平均年齢四五歳。

⑥ニューメディア型――メディア・コミュニケーションが活発で、コンピュータの活用を中心とする情報化の対応が進んでいる。また地域への問題関心や生きがいの面でも社会性をもつ。情報化の展開が地域性にどうかかわるかを考える上で注目すべきタイプといえる。平均年齢三九歳。

地域性と情報化という二つの軸を設定して、この六つのタイプの関連性を示すと図1のようになる。パーセントの数からみれば、「情報消極型」が三八%、「環境メディア型」が一九%と多く、この二つが地域コミュニティにおける主要なコミュニケーションのタイプをなしていることがうかがわれる。

それに対して、基本的な属性としては高齢者を中核とした、地域性の高い「自己バランス型」「発信・保存型」と、四〇歳代から三〇歳代を中核とした情報化の度合の高い「マルチメディア型」「ニューメディア型」が対極をなしながら、「情報消極型」「環境メディア型」とは異なるオルタナティブなコミュニケーションを構成している。

バランスのとれたコミュニケーション・タイプとしての「能動バランス型」

同様の方法で、霞ヶ関北のコミュニケーションのタイプを析出した。「情報消極型」「環境メディア型」「発信・保存型」「マルチメディア型」の四つのクラスターは、旧十ヶ町のものと同じであるが、それ以外に新たに、二つのタイプが析出できた。

①映像能動型――情報化志向が強い。とくに「録画・録音」「写真」「ビデオ」など映像関連の項目への志向が強い。また対人関係志向も強いが、実際の近所づきあいはあまり活発とはいえない。

②能動バランス型――情報化への志向が高く、また地域性への志向も高いタイプである。ただし、コンピュータとの関連はなく、その点では「マルチメディア型」に属している。

図1　メディア・コミュニケーション（旧十ヶ町）

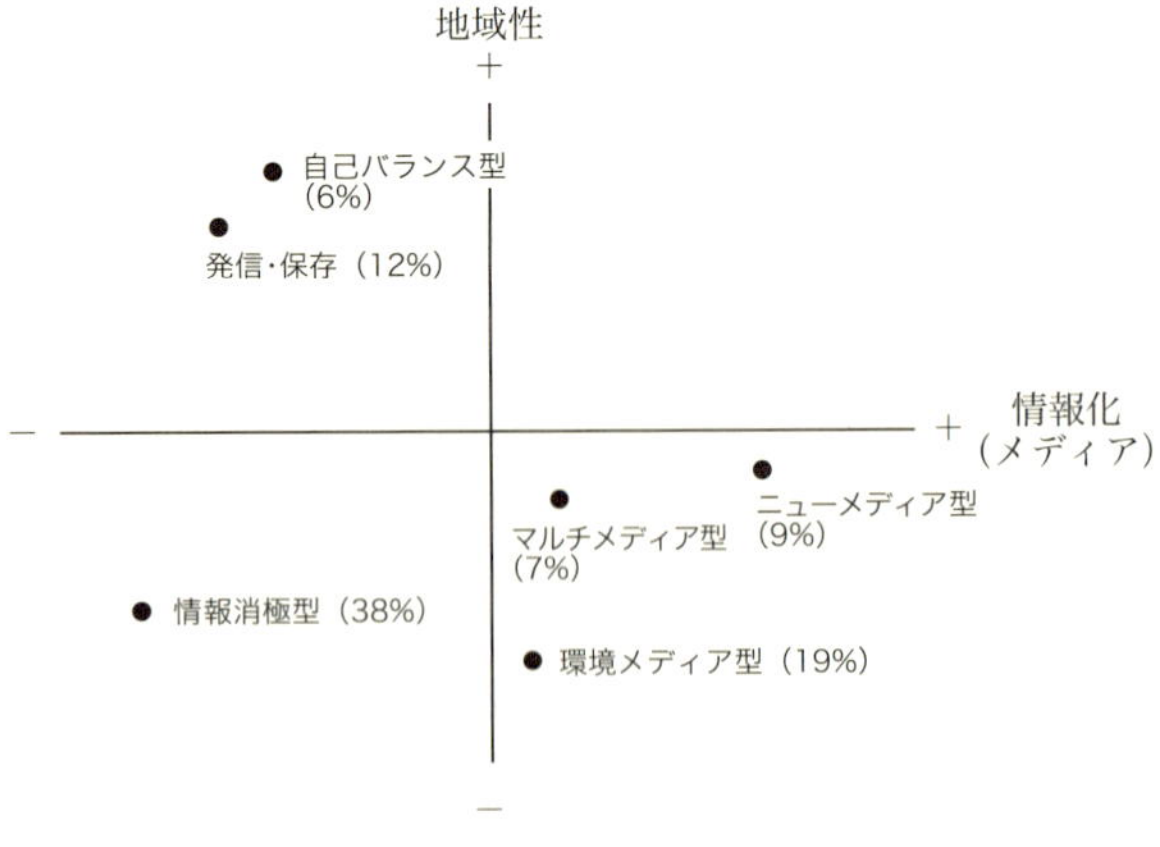

先ほどの図1と同様に、地域性と情報化の二つの軸で六つのタイプの位置関係を示すと図2のとおりである。

この地域のコミュニケーション・タイプでも、旧十ヶ町と同様に、「情報消極型」が二八%、「環境メディア」が一七%を占めて最も多く、この二つのコミュニケーションのタイプが、地域の特性の違いを超えて、現在の地域コミュニケーションの主要なタイプをなしていることが理解される。この量的には最も多いタイプが、地域の対人的なコミュニケーションの「薄さ」を特徴としていることは十分留意しておいてよい。

ところで、このデータで注目すべきもう一つの点は、情報化への志向、地域性への志向も強い「能動バランス型」が析出されたことである。上記のように、「能動バランス型」はコンピュータ以外のメディアを多角的に活用し、地域の対人関係にも積極的なタイプである。数としては三・九パーセントと少ないが、今後の情報化と地域性との接点を探る上で重要なコミュニケーション・タイプといえる。しかも、このタイプの属性が、四〇歳代や三〇歳代といった比較的若い層ではなく、五〇歳代から六〇歳代の層を中心としていることも注目すべきだろう。すでに霞ヶ関北の高齢者のメディア利用が活発であることをみてきたが、この層のなかにメディア・コミュ

図2　メディア・コミュニケーション（霞ヶ関北地域）

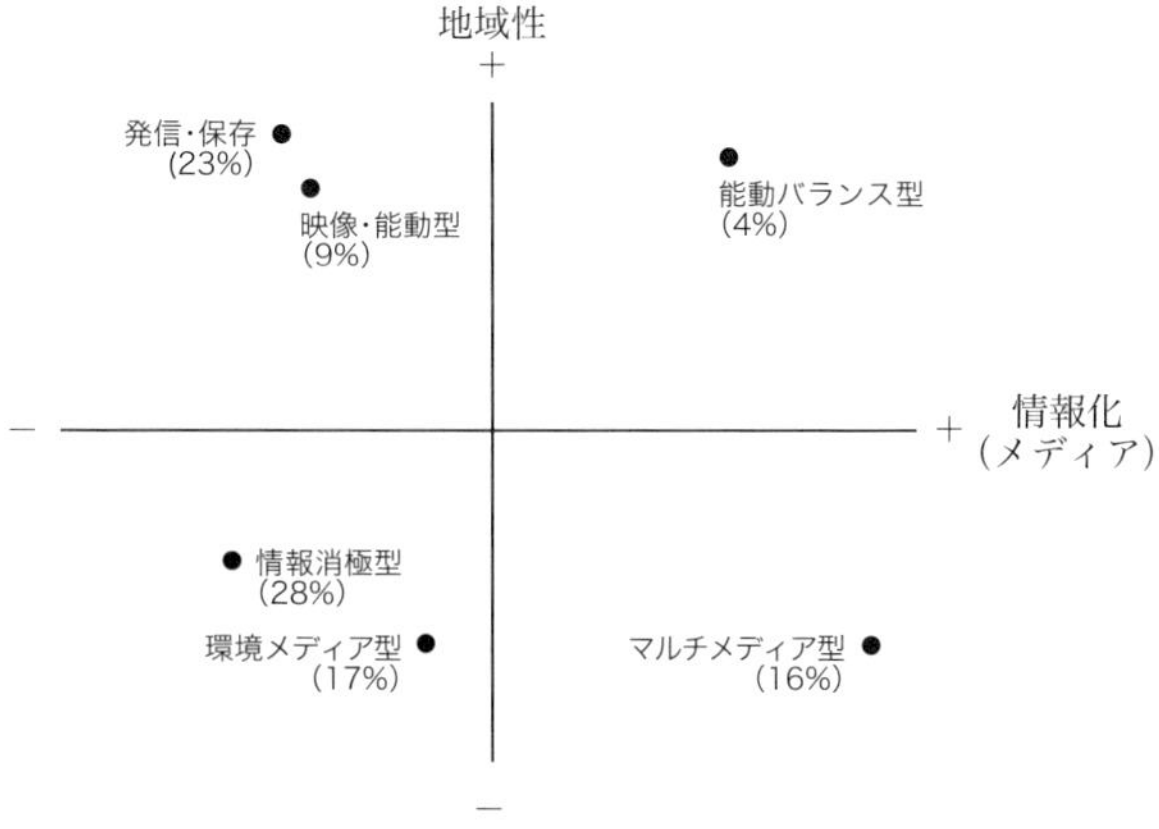

ニケーションと対人コミュニケーションとをバランスよく組み立てるグループがいるのである。このタイプが、今後、コンピュータといかに関わっていくのか、興味深いところである。

## 六　テレビ利用とその位置づけの多様化

霞ヶ関北と旧十ヶ町を対象にした二つの調査をベースにして、伝統的な地域文化や歴史的な街並みをもった地域のコミュニケーションと一九六〇年代に開発された典型的な郊外型の地域のコミュニケーションの差異と共通性を明らかにしてきた。地域コミュニティを基盤とした人間関係、メディア・コミュニケーションが、そこではさまざまな形で展開されているのである。

本章の「一　はじめに」で言及したように、今日の日本社会のコミュニティは多くの困難な課題に直面している。そうしたなかで、この調査からコミュニティのなかのコミュニケーションとして三つの基本的なタイプが浮かび上がってくる。

第一は、メディアへの接触の度合いが高い一方で、近所の対人関係や地域活動への参加が希薄で地域コミュニティとの関わりの度合いが低いコミュニケーションのタイプである。そのなかには、娯楽中心のメディアに強く傾斜し、地域社会との関わりがない若年層と、高齢に達し地域社会との関わりが薄くなった層の、二つの年層が存在する。

第二は、メディアへ幅広く接触しつつ、地域社会との関わりを維持しているタイプである。それは、子ども会の活動、学校との関係など、子どもの成長に合わせて地域と関わっている三〇代・四〇代の層であり、また「旧十ヶ町」にみられたように、年中行事などを通じた長年にわたるつきあいを背景にして、さまざまな地域活動に参加している高齢者でもある。

第三は、少数派であるとはいえ、一方で「情報化」に対応してコンピュータも含め多様なメディアを活用しながら、他方で地域社会の問題にも関心をもって、積極的に関わろうとしているタイプである。クラスター分析から析出された「ニューメディア型」「能動バランス型」に対応するタイプといえるだろう。

先に、九〇年代に入り、住民投票の実施を求めて、地域社会の問題に積極的に関わり、地域の問題を「自己決定」していきたいと望む社会層が出現してきたと指摘したが、そうした大きな政治的論点をめぐる活動だけでなく、地域社会が抱える問題を解決していく上で、既存の人間関係を基盤としながらも、新たな人的ネットワークを形成して、積極的に活動するグループは欠かせない。その点で、この「ニューメディア型」「能動バランス型」という二つのタイプに象徴されるコミュニケーション・タイプに注目したい。

そこで最後に、階層、職業、年層とともに、居住する地域の特性に規定された多様なコミュニケーションのなかで、テレビ視聴がどう位置づけられているのか、その点をあらためて整理し、考察することにしよう。

テレビは、誰もが利用する最も一般化したメディアであるといえる。テレビは私たちの日常生活において自明のものとしてすでに環境化し、他のコミュニケーション行為とシームレスに接合している。それは、第二節で指摘したように、他のメディアが年齢や性別によってその利用の度合いに違いが存在するのに対して、衛星放送やＣＡＴＶなども含めてテレビの利用については、年齢による違いがないことからも理解できる。それだけに、テレビ視聴は、これまで指摘してきたコミュニケーションのタイプの違いに関わりなく同じような意味合いや位置づけをもつものとして想定されがちである。しかしながら、これまでの検討でも指摘したように、対人コミュニケーション、メディア・コミュニケーション・タイプからなる一人ひとりのコミュニケーション過程の違いに対応するかたちで、じつはテレビ視聴もさまざまに異なった位置づけのなかで視聴されている。ここでは、四つのモードを仮説的に指摘しておこう。

第一は、地域コミュニケーション・パターンの「孤独型」として析出された人びと、あるいは「情報消極型」のコミュニケーションに近い人々にとってのテレビである。具体的には、「近所づきあい」「地域組織への加入」も少なく、しかも情報機器の利用も少ない人々——具体的には高齢者——にとってのテレビである。彼らにとって、情報機器の利用はテレビやラジオに限定されており、テレビは日常生活に欠かせないものとして、世界とのつながりを感じさせ、感動を与えてくれる、大事なメディアとしても機能している。

第二は、同じ高齢者ではあっても、近所づきあいがあり、さまざまな地域集団とも関わりをもつ高齢者にとってのテレビである。「発信・保存型」のタイプ、「近所づきあい型」に近い人たちといえようか。彼らにとってのテレビは欠かせないメディアであるとはいえ、メディアよりは身近な地域の人たちとの対人関係が最も重要であり、実際、彼らとのコミュニケーションによってコミュニケーション欲求が充足されていると感じている人たちである。いわば「テレビは見るが、テレビよりは対人関係」が基本をなしている人たちである。

第三は、中年の女性層、とくに主婦にとってのテレビである。彼女たちは、子育てや学校教育に関する地域団体に加入し、それなりに地域活動に参加している。男性と比較してパソコンなど最新のメディア利用が限定されているとはいえ、メディア・コミュニケーションも活発である。こうした人たちにとって、テレビは、さまざまなメディアの一つでしかない。だが、同年代の男性と比べて、テレビがもつウエイトは重いといえる。

第四は、二五〜四九歳にとってのテレビである。パソコン、ビデオ、写真など多様なメディアを活用している。だが地域における活動は希薄で、私生活上の娯楽や関心に特化した形でメディアを利用している。テレビの娯楽番組やニュース番組も見るけれども、その比重は低い。

第五は、若者にとってのテレビである。彼らにとって、地域の人間関係やパーソナルなコミュニケーションは自己の基盤とはならず、パソコン、携帯電話、そして友人が彼らの基本的なメディアなのであり、テレビは娯楽の媒体で、ニュースや教養番組はほとんど見ない。まさに「ポスト・テレビ型」の世代ということができる。

以上のテレビ視聴は、調査から浮かび上がる「典型的な」タイプとして仮説的に提起したものだが、いずれにしてもここで強調しておきたいのは、とりわけ年層による差異として考えられる人々のコミュニケーションの全体的な過程の違いが、この章全体を通じてみてきたように、地域コミュニティにおける個々のパーソナルなコミュニケーションとメディア・コミュニケーションの違いとして明瞭に捉えられることである。またこうした多様化するコミュニケーションのなかで一人ひとりにとってのテレビの位置も多様化しているということだ。

かつて、街角に置かれ、あるいは近所の人とともに楽しむメディアであったテレビは、その後、「家庭」に一台という時代を経て、現在では個室に一台という時代を迎え、あるいは携帯電話によって、つねに持ち歩けるメディアへと変わろうとしている。その意味で、テレビは、そのパーソナルなメディアという特性の極限を迎えつつあるのだが、その一方で、ワールドカップやオリンピックを、友人と、あるいは家族とともに楽しむという、古くて新しいコミュニケーションのかたちも続いているようでもある。テレビ五〇年の年月は、テレビの環境化・全域化とともに、その内部における細分化を産んでいるのだ。

# 第六章　現代日本の社会変動とテレビ視聴

## 一　近代化と戦後日本社会

### 戦後日本社会の歴史過程

テレビジョンは、一九四五年敗戦の後の日本社会の復興と再生を振り返ってみるとき、明らかにその最も有力な導き手の一つであった。一九四五年以前の日本の近代化は、いわば遅れてきた資本主義社会のそれとして、ドイツやイタリアの近代化の過程と同じように、さまざまな歪みと矛盾をかかえていた。別言すれば、一九四五年の敗戦――第二次世界大戦・太平洋戦争の敗戦――は、まさしくこのような日本社会の近代化の歪みと矛盾との集約的な表現であり、その悲惨な結末だったのである。

したがって、二一世紀に入った今日、あらためて再検討・再評価の機運が高まっている一九四五年直後のアメリカをはじめとする連合国側の日本占領と統治は、ひとまず「世界のなかの一員」としての日本社会の再定位をめざすものであった。日本のテレビジョン放送は一九五三年二月一日に開始されたが、それに先行する一九四五年の敗戦以降の八年間に定礎された戦後日本の《近代》の再構築の道筋を看過してはならないであろう。

私は、これまで、さまざまな機会に、一九四五年以降の戦後日本社会の歴史過程を、次のような三つの社会変動によって捉えてきた。

①一九四五年〜五五年の欧米化・民主化
②一九五五年〜七三年の産業化
③一九七三年〜現在の情報化・管理化(1)

本章では、一方において、この視点を明治期以来のいっそう長期的な日本社会の近代化過程のうちに捉え返し、他方、とりわけテレビジョンを中心において、戦後第三の社会変動の今日的展開の内容を詳細に検討し、その性格規定を試みることにしたい。誤解を恐れずにいえば、テレビジョンは日本社会における《近代》の超克の技術的手段であったが、はたして日本のテレビ五〇年の今日、その《近代》の超克は実現しえたのか否か、それこそが本章の課題なのである。

前近代・近代・超(脱)近代のモデル

私は、テレビジョンを最も有力な導き手の一つとして展開されてきた戦後日本社会の近代化を捉える基本的視座として、図1のようなモデルを考えている。前近代・近代・超(脱)近代の三層構造であるが、これは、さらに、中段の日本的《近代》の層をはさんで、上段の超近代の層が図の右側へと「前のめりに」展開し、同時に、下段の前近代の層が「先祖返り」のベクトルを内包しているのであって、これらの三層構造が三月・桃の節句の菱餅のようなかたちを成している。

ここで図2をみていただきたい。これは明治初年から二〇〇〇年までの長期的な就業構造の変動をまとめたものであり、私は、まず、これと前述の三層構造の視点とを関連づけて議論してみたい。まっさきに気づかれることは、一九五五年から七〇年までの期間(網を施した)の急激な構造的変化であろう。この時期は、いわゆる日本経済の「高度成長」の時期であって、この間に、第一次産業に従事する人口が急減し、第二次産業と第三次産業のそれが増大し

図 1　日本の近代化モデル

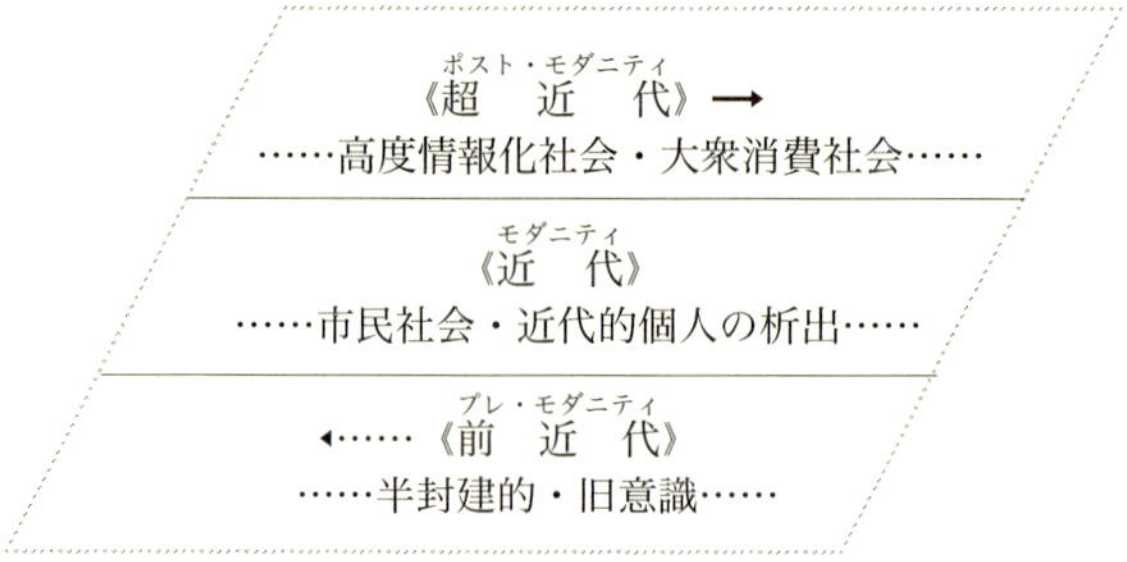


日本社会

図 2　就業構造の超長期的変動と 2000 年の構造推計（1872–2000 年）

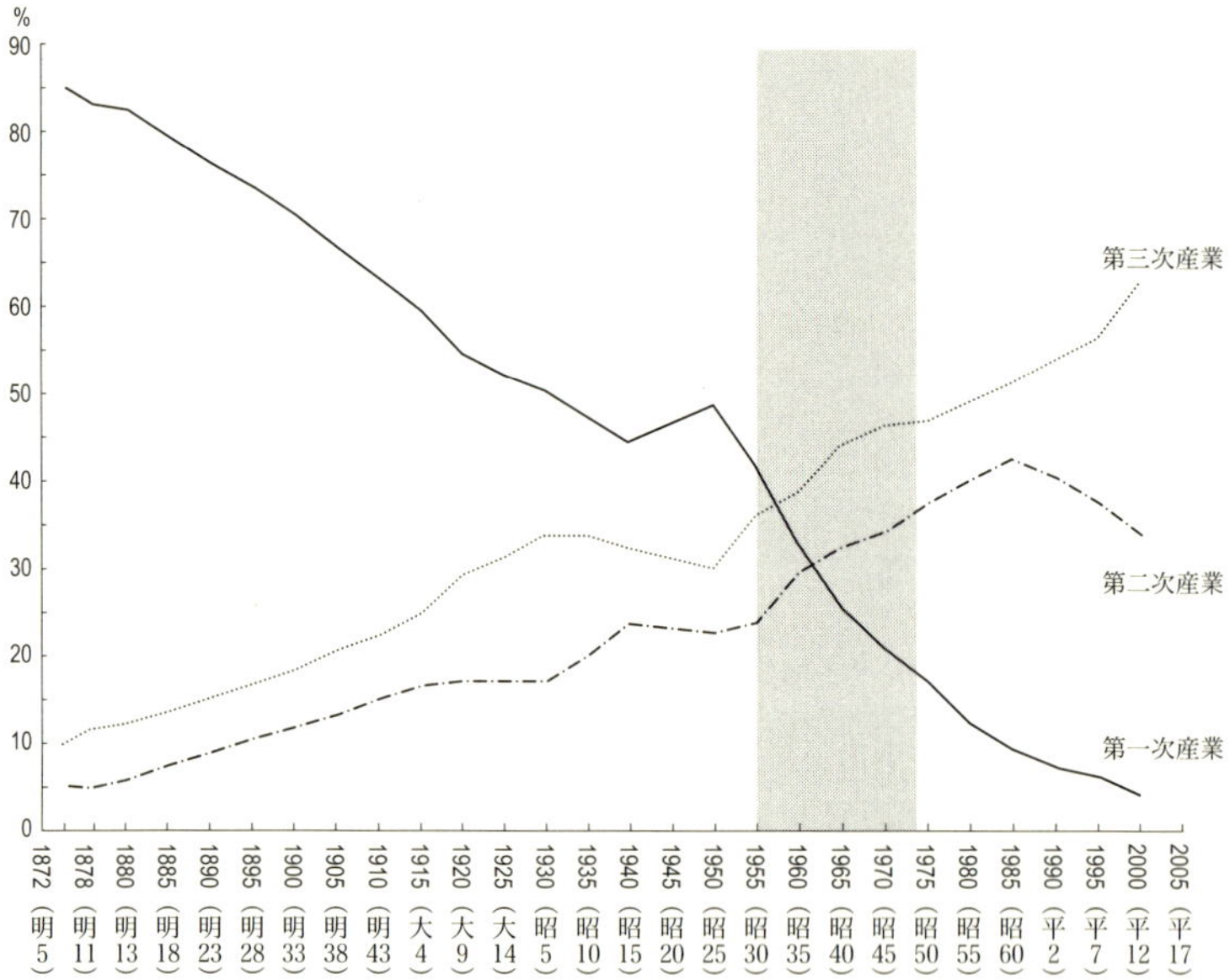


出所：佐貫利雄「巨大都市機能純化と工場分散論」，『工業立地』Vol.9. No.2, 1979 年 2 月，24 頁

た。重工業が基本的な動因となった社会変動であるが、細かく検討すると、その第二次産業の構成比も、一九八五年をピークとして、その後は今日に至るまで、第三次産業の構成比の増加と対照的に、減少している。こうして一九八五年以降、いわゆる「重厚長大」から「軽薄短小」へ、という社会意識の動向が生み出されていくのである。

このような長期的視野のなかに位置づけてみるならば、わが国のテレビジョン放送は一九四五年〜五五年の欧米化・民主化という戦後の社会変動の第一段階の総仕上げというかたちで、その産ぶ声を上げたのであった。ひとは、一九四五年一一月一六日、ロンドンで発表されたユネスコ憲章のうちに、「マス・コミュニケーションのあらゆる手段方法によって、諸国の間の相互理解を増進する仕事に協力する」という文言を、見いだすであろう。少なくとも日本の占領当局者たちは、一九四五年以前の日本社会に瀰漫していた偏狭なナショナリズムとその極限状態としての超国家主義の政治文化をのりこえて、あらためて「世界の一員としての日本」という政治文化を定着させる第一歩として、マス・コミュニケーションという伝達手段の活用を位置づけていた。そして、テレビジョンは、このような文脈のなかで、戦後日本社会の民主化を進めるための切り札と目されていたのである。

### 産業化とテレビジョン

次に、一九五五年から七三年の産業化という社会変動の規定性とその意味とは、今日あらためて再評価されてよいものであろう。それは、前述のように、鉄鋼・石油化学など重工業の発達を基本的な動因として、新産業都市やコンビナートの形成などを通じて、日本の産業構造を大きく変貌させた。そして本章の視点からみるならば、この時期にこそ、人びとの社会意識のうちに私生活（中心）主義のかまえが成立し、新しいかたちでの《公》と《私》の関係枠組みが生成してきたのであった。

さらに一九七三年から現在に至る情報化・管理化という戦後日本社会における第三の社会変動は、一九八五年あたりを境にして、大まかに二つの段階に区分されるであろう。前半の段階はいうまでもなく、一九七三年・七四年の第一次オイルショックおよび一九七八年の第二次オイルショックという「外圧」を契機として、それまでの重工業中心の産業構造から「知識集約型産業」としての情報・通信・サービス分野の拡充へと転換された時期である。この時期には、外国の石油・天然ガスへの依存から日本国内での原子力発電の積極的導入へとエネルギー政策がシフトし、さまざまな第二次産業の工程にコンピュータが導入され、産業ロボットの普及にみられるように、まず産業の分野からの情報化が進められた。

そして、一九八五年九月、アメリカのニューヨーク、プラザホテルで開催された先進国蔵相・中央銀行総裁の会議(いわゆるG7)での「プラザ合意」を契機に、日本社会は、意図的に作り出された円高を背景として「バブル期」に突入した。戦後日本の第三の社会変動の、この後半の段階こそが高度情報化、大衆消費社会化、および管理化の深まりの時期なのである。不思議なことに、前掲図2に示されているように、わが国の労働人口のうちに占める第二次産業に従事する人びとの構成比も、「プラザ合意」と同じ一九八五年を頂点として、その後急激に減少に転じている。増大する第三次産業の就業者人口は、オペレーター、システム・エンジニア、コピー・ライター、サービス・プロバイダーその他のいわゆる「カタカナ職業」の蔓延として、すでに私たちの生活の周辺でも身近な現象となっており、流通・消費の側面への情報化の浸透ともあいまって、日本社会が初めて経験する高度情報化と大衆消費社会の結節する姿を浮き彫りにしつつある。そこには、中央の各省庁から地域行政の末端に至るまでの行政システム内部への情報化の普及を梃子として、住民管理にとどまらず、いわゆる「国民総背番号制」に近づいていくかのような支配-被支配の情報管理社会化の動向が存在する。

日本の近代化の構造

私は、このような検討を通じて、前述した《超（脱）近代》《近代》《前近代》の三層構造モデル——桃の節句の菱餅のシェーマ——を、図3のようなかたちに精緻化することができると思う。

もちろん、これは一種の理念型的モデルであって、現実の日本社会が、依然としてこれら三つの層の規定性のアマルガメーションとして存在するということは、いうまでもない。そして、本章では意識的に《近代》を戦後日本社会の性格規定として位置づけているが、当然のことながら、その前提として、明治維新以降一九四五年に至るまでの、いわゆる戦前日本の近代化過程が存在する。

ここには、本章の直接的主題には含まれないけれども、やはり、明治維新をブルジョア革命として捉えるのか、それとも絶対主義革命であったのか、という戦前の社会科学界を席巻した大論争の帰結が関わっている。私たちの日本社会には、アメリカの独立宣言（一七七六年）に対応するものも、フランスの大革命（一七八九年）の機能的等価物も存在しない。私は、別のところで、《近代》の原理的考察を試みているが、[2] 社会構造の地平での《近代》の出発は、イギリスにおけるピューリ

図3　現代日本社会のモデル

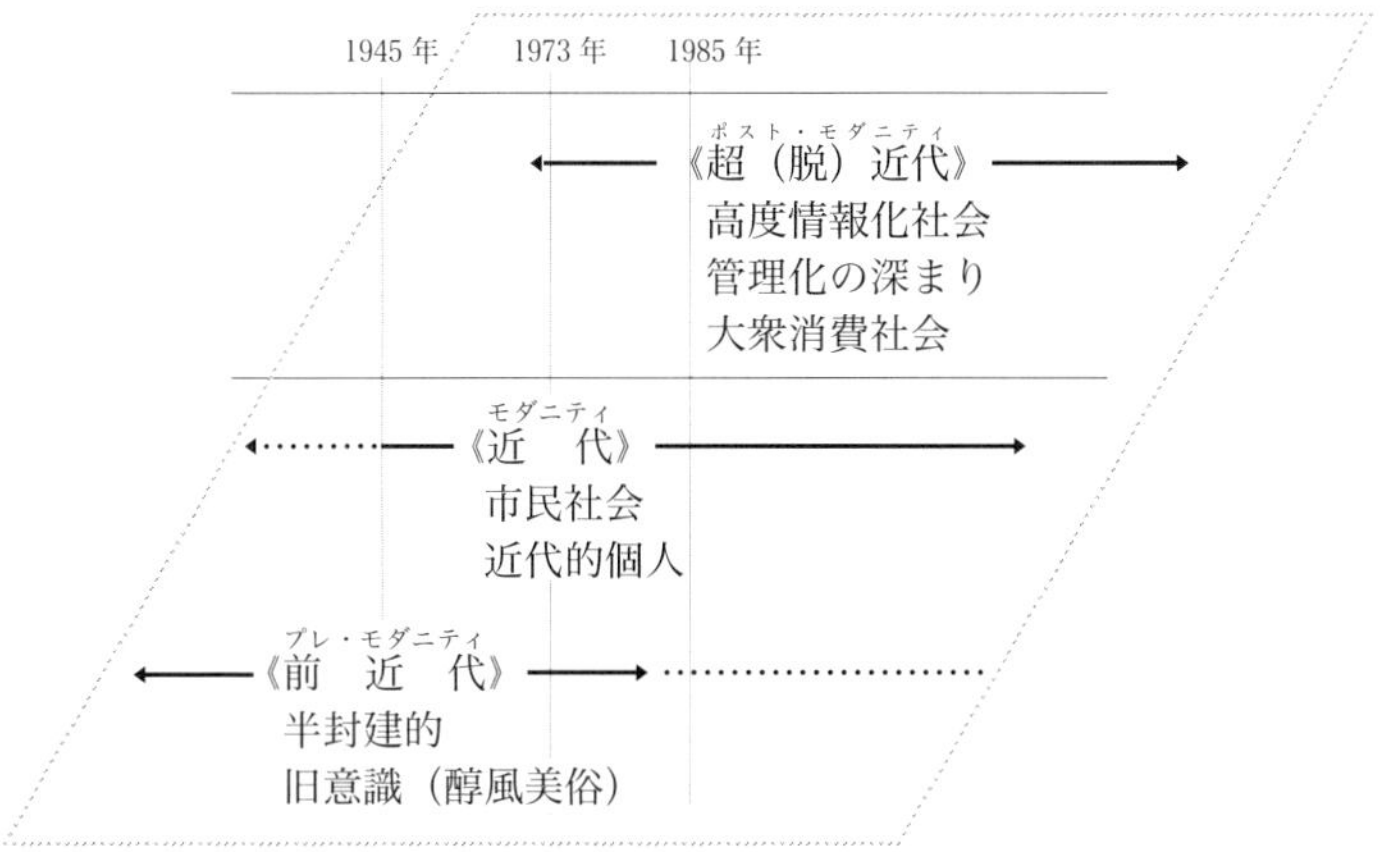

タン革命（一六四九年）に求められると思う。そして、世界で初めてのブルジョア革命と呼ばれるこの革命でさえ、一六六〇年にはチャールズ二世による王政復古という反動を迎え、名誉革命（一六八八年）による「市民社会」の論理的確立の仕上げを待たなければならなかった。

日本社会の近代化過程の端緒において、明治維新の基本的性格が奈辺にあったにしても、一九四五年という、「第二の開国」は、私たちの社会のなかの《近代》の拡大にとって、ほとんど決定的な意味をもっていた。私見によれば、それは、日本社会におけるあの名誉革命（ジョン・ロックの革命）の機能的等価物の位置を占めるのである。そして、マス・コミュニケーションはこの日本版「市民社会」の生成の主導的な要因であり、なかでも、テレビジョンこそは、前述したような意味において、その日本版「市民社会」の十全な完成を招来する最も重要な構成契機にほかならなかった。私は、戦後日本の社会変動の推移のなかで、これから人びとの具体的なテレビ視聴の様相に触れてゆくわけであるが、その基本的な背景をこのように把握しておくことが重要であると思う。テレビ視聴のデータは真空のうちにあるのではない。それは、人びとの生活世界のなかの有意味な生活営為なのであり、八〇年の人生の彩りを紡ぎ出すコミュニケーション行為の大切な一齣なのである。

## 二　テレビ視聴と社会変動

### 日本のテレビの曙

一九五三年二月一日、午後二時、ＮＨＫテレビ（東京）が、出力五キロワットで、一日四時間の放送を開始した。昼の部は式典であり、当時の吉田茂首相、古垣鉄郎ＮＨＫ会長の挨拶が中心であった。夜の部は『今週の明星』という歌番組で、日比谷公会堂からの中継であった。出演は笠置シヅ子で、ラジオとテレビの両方で放送された。テレビの受信契約者はわずか八六六世帯であったから、当然のことながら、ラジオの放送の方が主体であった。

放送が開始されてから二年の後、NHKの最初の視聴率調査（一九五五年九月、京浜地区のテレビ所有者を対象とする）が実施された。この頃になっても、テレビの受信契約者の総数は、全国で一〇万世帯ほどであった。この視聴率調査のなかでの高視聴率ベストテンの番組は、表1のようである。

まず、トップの四九％から一〇位の三三％まで、いずれもきわめて高い視聴率を示している点が注目されるであろう。これは、送り手の側がNHKと民放二局（NTVとKRT＝現在のTBS）のあわせて三局しか存在せず、しかもテレビの放送時間が、正午前後の二時間および夕方六時以降九時までの三時間、合計五時間しかなかったという事情による。要するに、コンテンツが全体的に少ないのであり、したがって選択の余地があまりなかったということである。

次に、番組の内容であるが、舞台中継四本、スポーツ・演芸の中継三本、劇映画二本、スタジオ一本、となっている。ここには、もとより、放送局のインフラストラクチャー（設備・機材・人員など）の不十分さが反映しているわけであるが、全体として、ラジオの放送内容からの移行という過渡期の特色がうかがえる。それにしても、「仇討」「柔道」「拳闘」「無法（松の一生）」「湯島（の白梅）」というキーワードは、ラジオや無声映画以来の

表1　1955年の視聴率ベストテン番組

| | | | | |
|---|---|---|---|---|
| 1 | 総隠寺の仇討 | 49% | NHK | （舞台中継） |
| 2 | 現代人 | 48 | KRT | （劇映画） |
| 3 | 喜劇人まつり | 45 | KRT | （舞台中継） |
| 4 | 月よりの母 | 44 | NHK | （劇映画） |
| 5 | 大相撲秋場所 | 44 | NHK | （中継） |
| 6 | 柔道対拳闘 | 43 | KRT | （中継） |
| 7 | 無法一代 | 39 | NTV | （舞台中継） |
| 8 | 私の秘密 | 38 | NHK | （スタジオ） |
| 9 | 松竹梅湯島掛額 | 37 | NHK | （舞台中継） |
| 10 | 寄席中継 | 33 | KRT | （中継） |

出所：NHK放送世論調査所編『テレビ視聴の30年』日本放送出版協会，1983年，49頁

視聴者側のニーズの内容を物語るそれであるにしても、前述したような《近代》をめぐる三層構造との対応でいえば、早くも問題の所在を露呈していると考えられるであろう。

日本の情報化社会

私たちは、同時に、日本のテレビ五〇年の現段階のメディア環境のありようを捉えておかなければならない。それは、私たちの具体的な実証分析のデータの一端によれば、次の表2のとおりである。これは、もとより家庭用テレビが普及しつくした状況のデータであり、さらに、パソコンや衛星放送受信装置の急速な浸透に示されているように、二一世紀の日本社会における高度情報化社会の、次のステップの到来を予感させるものである。したがって、私たちは、これら二つのデータのはざまにおいてこそ、日本人のテレビ視聴と日本社会の変動との関わりを考慮しなければならない。

本章では、テレビというメディア装置がマクロ的に見て日本社会の変動にどのように相関していたか、という点の分析が中心になるが、この点についてのかなり早い時期のデータとして、一九六九年の段階のそれがある（図4）。

私は、このデータを、三つの側面から捉え返すことができると思う。

第一は、「日本の文化水準」への影響（プラスの影響七六％、マイナスの影響二％）、「新しい思想や文化」の面での影響（プラス七一％、マイナス二％）、「日本の伝統文化」への影響（プラス五八％、マイナス九％）のグループである。ここでは日本の民衆（視聴者たち）は、《近代》化の基本的メディア装置としてのテレビを、全体として好意的に受けとめている。そのかぎりでは、前述してきた戦後第一期の占領当局・支配者側による、民主化の技術的手段としてのテレビの導入は、被支配者の側でもほぼ肯定的に受容されていた、といってよいであろう。ただし、「日本の伝統文化」への影響の部分で、プラスの影響五八％、マイナスの影響九％、に対して、「別に影響なし」と答えた人びとが

表２　情報関連機器の利用状況　（%）

Q1. あなたご自身は，次にあげた 1 ～ 22 の機器を利用されていらっしゃいますか。お持ちでなくてもふだん利用されているものがあれば，それを含めて番号にいくつでも○をつけてください。

| | | 1998 年 (n=642) | 1999 年 (n=706) |
|---|---|---|---|
| 1 | テレホン・カード | 86.9 | 83.9 |
| 2 | 銀行などのキャッシュ・カード | 80.8 | 85.7 |
| 3 | クレジット・カード | 45.6 | 46.9 |
| 4 | ビデオカメラ | 31.2 | 26.1 |
| 5 | 家庭用テレビゲーム | 34.9 | 23.4 |
| 6 | 家庭用カラオケ装置 | 11.2 | 7.8 |
| 7 | 液晶テレビ | 11.2 | 9.2 |
| 8 | ヘッドホン・ステレオ | 27.3 | 23.5 |
| 9 | レーザーディスク・プレイヤー，DVD プレイヤー | 13.9 | 11.8 |
| 10 | コンパクトディスク（CD）プレイヤー | 51.2 | 49.2 |
| 11 | ミニディスク（MD）プレイヤー | 11.2 | 13.2 |
| 12 | コードレス，留守録などの多機能電話 | 65.9 | 67.1 |
| 13 | 携帯電話，PHS，自動車電話など | 48.0 | 45.2 |
| 14 | ポケットベル | 7.5 | 3.1 |
| 15 | ファクシミリ | 38.6 | 37.7 |
| 16 | ワープロ（専用機） | 31.5 | 30.0 |
| 17 | パソコン（ノート型含む） | 30.5 | 34.6 |
| 18 | 電子手帳，システム手帳 | 12.9 | 11.9 |
| 19 | コピー機 | 36.3 | 33.9 |
| 20 | カー・ナビゲーション・システム | 7.6 | 11.8 |
| 21 | 衛星放送（BS・CS）受信装置 | 25.2 | 24.6 |
| 22 | CATV 受信装置 | 9.7 | 7.2 |
| 23 | その他 | 2.5 | 1.1 |

出所：平成 9 年度～平成 12 年度科学研究費補助金〔基盤研究 (B)(1)〕研究成果報告書『地域社会における高度情報化の展開とコミュニケーション行為の変容』，平成 13 年，224 頁

二四％存在したという点は、注目に値する。すなわち、テレビの始まりが、ラジオからの移行という契機もあって、前にみたように、そのコンテンツにおいて《前近代》の色彩が濃厚であったのだから、視聴者の側では、いわば連続的な移行のかたちでテレビを迎えたのであり、それほど大きな文化的断絶を意識しなかったように思われるのである。

第二に、「日本の経済発展」への影響（プラス六一％、マイナス二％）、「政治の民主化」への影響（プラス五三％、マイナス四％）、「国民全体のまとまり」への影響（プラス三五％、マイナス九％、別に影響なし四二％）のグループである。私たちは、戦後日本のマス・コミュニケーション研究の展開の流れのなかで、ミクロ・レベルの分析枠組みとしてのクラッパー型の効果研究の視座が存在し、それと並行し、いわばそれを補うかたちで、マクロ・レベルの分析の視座としてシュラムやパイの近代化論のそれが存在していたことを、想起することができるであろう。日本の民衆（視聴者たち）は、ここでも、全体とし

図４　人びとの心理的属性に対するテレビの影響（1969年）　　（％）

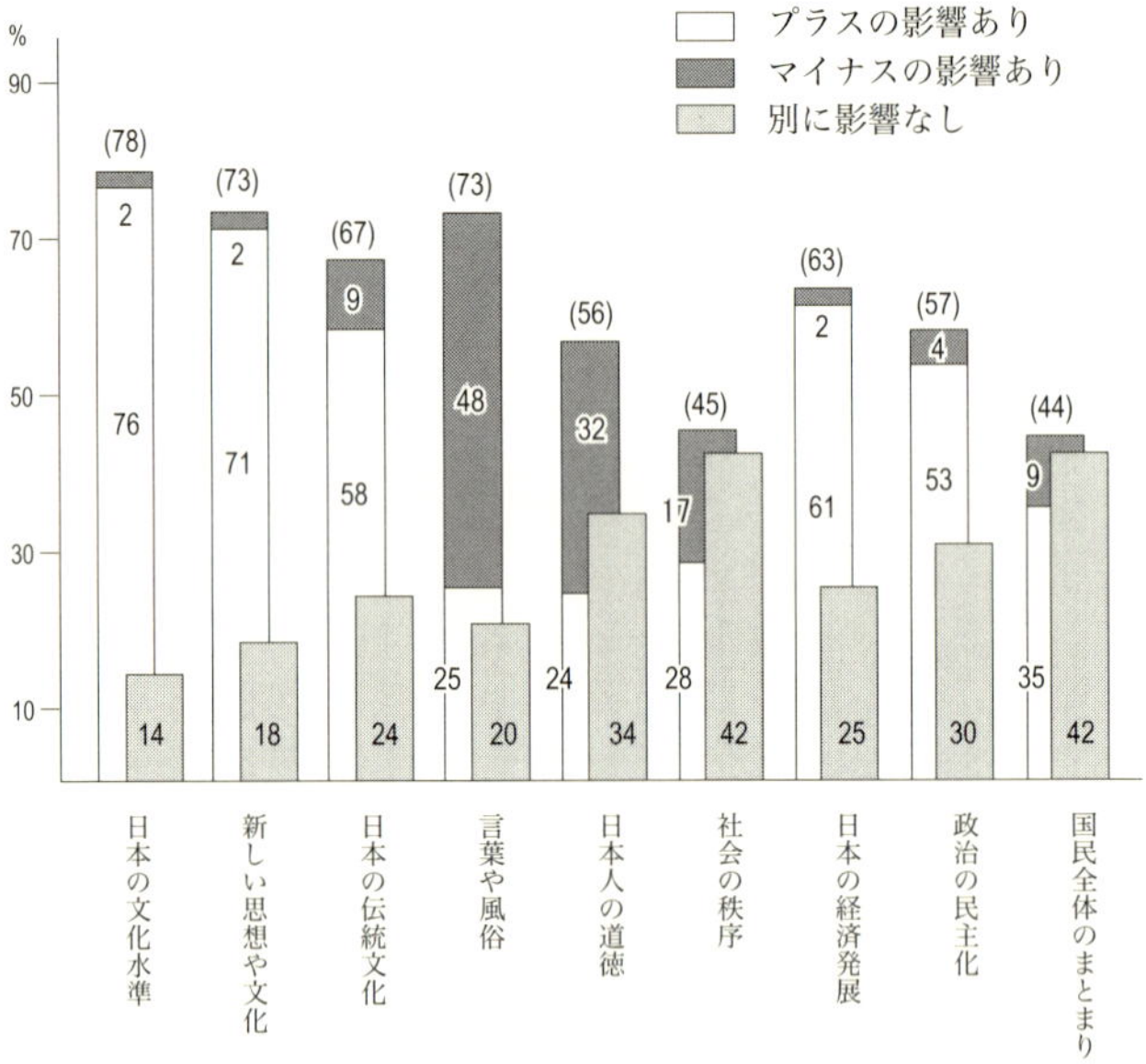


出所：NHK 放送文化調査研究所『「テレビ視聴理論」の体系化に関する研究』1985 年，201 頁

て、シュラムやパイたちの立論と呼応するような反応を示している。ただし、「国民全体のまとまり」への影響の側面で、「別に影響なし」四二％が「プラスの影響」三五％を上回っている点は、私の後の行論との関連において看過しえないところであろう。このデータは、直接的には、テレビという技術的手段を日本人の価値体系との関連においてどのように位置づけるべきかという点での当惑・とまどいを示しているものであるが、もう少し深く考えてみるならば、日本社会における《前近代》からの《近代》への社会意識の遺制としての「旧意識」（醇風美俗）の存在をうかがわせるデータであり、日本の民衆（視聴者たち）のある部分は、その深部から、テレビという文化装置を「中性化」し、価値体系からは切り離されたところに定位したいと考えていたのである。

第三に、「言葉や風俗」への影響（プラス二五％、マイナス四八％、別に影響なし二〇％）、「日本人の道徳」への影響（プラス二四％、マイナス三二％、別に影響なし三四％）、「社会の秩序」への影響（プラス二八％、マイナス一七％、別に影響なし四二％）のグループである。ここには、率直にいって、当代の視聴者たちのアンビバレントなテレビ意識が存在する。前述の考察とも相関するけれども、彼らは、テレビという文化装置をできるだけ外的な（エクスターナルな）存在として位置づけ、彼らの内的な（したがって《前近代》→《近代》という連続性に立脚した）社会意識とは連接させたくない、というかまえを示しているのである。私たちは、アルフレート・ウェーバーの「文明」と「文化」の二層構造論を想起することができるであろう。この段階でも日本のテレビは、ある意味では、マックス・ウェーバーのいわゆる「対外道徳」と「対内道徳」の狭間に定位させられていた、と考えてよいのであろう。

## 日本の近代化とテレビ

《近代》化とテレビの定着との関連をうかがわせるもう一つの知見が存在する。それは、同じく一九六八年に実施された調査によるもので、「テレビに影響されている人びと」を質問した結果のデータである。(3)

プラスとマイナスを合計して大きい順にあげると、①小学生・中学生（六四％）、②小学校入学以前の子ども（五五％）、③高校生などの青少年（四九％）、④農村の家庭婦人（三六％）、⑤都会の家庭婦人（三一％）、⑥農業・漁業従事者（二二％）、⑦商店・工場に勤めている人（一六％）、⑧会社・銀行に勤めている人（一一％）である。プラスの影響が大きいと認められているのは、①農村の家庭婦人（三四％）、②都会の家庭婦人（二四％）、③農業・漁業従事者（二一％）などである。戦後日本社会の《近代》化の第一段階が、民主化・欧米化であったことは前述のとおりであるが、その具体的な側面の一つが農村の近代化であった。そして、それは、戦前の日本社会の「半封建制」の支柱であった家父長制という家族制度の近代化を志向するものとして、農村にとどまらず、都市部の家庭婦人たちの生活スタイルの変化をも促すものだったのである。

このような推移は、当代のテレビ放送のコンテンツの側からも、裏付けられるであろう。前述したように、草創期のそれは、「ラジオの世界」からの離陸であり、一方において、ニュース、二十の扉、紅白歌合戦、大相撲、高校野球およびプロ野球、というテレビのメディア特性に対応した番組の定着であったが、他方、『ペリー・メイスン』『うちのママは世界一』『ローハイド』『ララミー牧場』、その他のアメリカのテレビ映画の圧倒的な導入であり、これらを通じて「アメリカン・ウェイ・オブ・ライフ」が、いわば《近代》的な生活スタイルのわかりやすい具体例として提示されたのである。このようなプロセスを通じて、テレビというメディアのアクチュアリティ――従来、新聞ジャーナリズムとの関連で「現実行動性」という実践的契機として捉えられていたが、この時期に、視覚・聴覚その他の「感覚複合」の生成として捉え返されるようになった――を極限にまで追求しようとした『日本の素顔』（五七年）や『私は貝になりたい』（五八年）のような番組は、一九五九年の皇太子結婚式の中継や一九六四年の東京オリンピックのそれという、文字通りの〝マス〟レベルのメディア・イベントの大波にのみこまれ、かき消されてしまった。そして一九七〇年代の日本のテレビは、ホームドラマの大群（『ありがとう』『時間ですよ』『寺内貫太郎一家』『となりの芝生』

『岸辺のアルバム』など）を迎え入れることとなった。

三〇年のテレビ意識

私たち日本人は、テレビ三〇年の時点（一九八三年）で、みずからに対するテレビの影響を、次のように捉えていた。(4)

政治・社会のレベル

①人や社会、国によって、さまざまな考え方や生き方があることをわからせた（八五％）

②人びとの政治や社会に対する考え方に影響を与えた（八〇％）

家庭生活のレベル

③人びとの生活内容を

・個性あるものにした（二四％）

・みな同じようにした（四三％）

・テレビとは関係ない（二一％）

④家族団らんの中身を

・充実させた（三六％）

・薄くした（二二％）

・テレビとは関係ない（三四％）

行動・能力

⑤人前で話したり、歌ったりすることに慣れさせた（六一％）

⑥その場、その場に応じて頭や気持ちの切りかえのできる人をふやした（三九％）

こうして、私たち日本人は、一九八〇年代前半の段階で、一応安定したテレビとの関係をわがものとしたかのようである。それは、一方において、「世界の一員としての日本」という新しい位置づけに対応する多元性の確認であり、テレビを外的かつニュートラルな存在に限定しようとしていた草創期の姿勢とは異なって、人びとの生活世界の内部でのテレビというメディア装置の定着を物語っている。しかし、他方で、その多元性を主体的に支える民衆（視聴者たち）の生活スタイルの内側での合理性や個性の獲得という点では、なおとまどいの域を出ていない。そして、この段階では、前述のホームドラマの大群というコンテンツの特性と相応するようにして、テレビ視聴と家族の団らんとのあいだにプラスの相関が認められていることは、注目されてよいであろう。

日本のテレビは、その初期の段階において、家庭のレベルで、きわめて好意的に迎えいれられた。一九七〇年代の調査データでも、「テレビのおかげで家族がなごやかに過ごせる」と思う人が、全体の七一％、これに対して、「テレビは家族の話しあいのさまたげになる」と思う人が二一％であった。

私自身、一九八五年の段階で、次のように書いていた。(5)

少なくとも実証的な分析と知見に依拠するかぎり、個室の普及や複数テレビ所有の世帯数の増加というテレビ視聴のいわゆる個人化の条件の積みかさねにもかかわらず、今日までのところ、テレビは家族の統合を保つうえで順機能をはたしているというべきであろう。もうすこし正確に述べるならば、「テレビは家族コミュニケーションを妨げるどころか、かえってコミュニケーションを促進させる役目を果たしている。そして、結果的には、家族コミュニケーションの頻度が多くなればテレビの視聴時間量もそれだけ長くなるという相乗的な関係を、この両者はもつことになる」[6]のであり、家族が同一の番組を見ているというそのこと自体からひき出されてくる満足感と安心感が、ある意味では家族の連帯感の大きな基盤にさえなっていると考えられる。

私生活主義とテレビ視聴

ここには、戦後日本社会の第二の社会変動ともいうべき産業化の進展とそれに対応する一九六〇年代後半のいわゆる「高度経済成長」が反映しており、こうした社会変動と相関して生成してきた日本人の私生活（中心）主義の定着が作用している。私は一九七四年に『私生活主義批判』（筑摩書房）のなかでこの生活スタイルの構造と意識を検討しているけれども、端的にいって、日本人は、一九六〇年代後半から七〇年代を通じて定着した私生活主義の生活スタイルのなかで、はじめて、《私》と《公》の基軸の上に、みずからのテレビ視聴の実態を位置づけることになったのである。

《前近代》の構造的契機の一つであった戦前の日本社会の家父長制は、本質的には、地主‐小作の関係を析出させる農村型の土地所有に支えられていた。しかし、戦後日本社会の民主化（欧米化）から産業化へという《近代》化過程を通じて生成してきた日本人の社会意識としての私生活（中心）主義を支えているものは　むしろ、都市型の私的小所有であり、具体的にいえば、マイホーム、マイカー、マイレジャー、その他であって、土地所有の絶対的規定性との対照において、きわめて派生的であり相対的である規定性を有するにとどまる。

したがって、実証的なデータの面でみても、一九八七年の段階で、すでに、「家族と団らん」のウエイトは落ちてきている。テレビの効用を「家族の団らん」との結びつきに求める人は、全体では四四％にとどまり、世代別にみても三〇歳代～四〇歳代（とくに女性、すなわち主婦を中心とする層）に限定されるようになっている（図5）。

また一九八八年の知見でも、図6のように、テレビ視聴理由のなかで「一家団らんのため」という理由を上げる人は、全体の三一%にとどまっており、家族のなかでの個人化の進展を物語っている。

私は、日本人のテレビ視聴と家族の結びつきのこのような変容を理解するためには、家族および家族視聴を「シチュエイショナルな概念」として捉えることが有益である、と思う。

それでは、「シチュエイショナルな概念」とは何か。この考え方は、戦後日本社会におけるマス・コミュニケーション研究のなかで、かなり早い時期（一九六五〜六七年）に、佐藤毅・中野収・早川善次郎の共同論文によって提起されていた。彼らによれば、次のように語られる。

> 世帯特性というのは、きわめてシチュエイショナルな概念である。それはデモグラフィックな要因――たとえば職業――などの実態的な要因とは、ある意味では独立に行動に影響を与えているのである。(7)

私は、この問題提起を承けて、次のように主張した。

> テレビ視聴との関連における家族と家族コミュニケーションは、

図５　楽しいと感じるとき（男女年齢別）

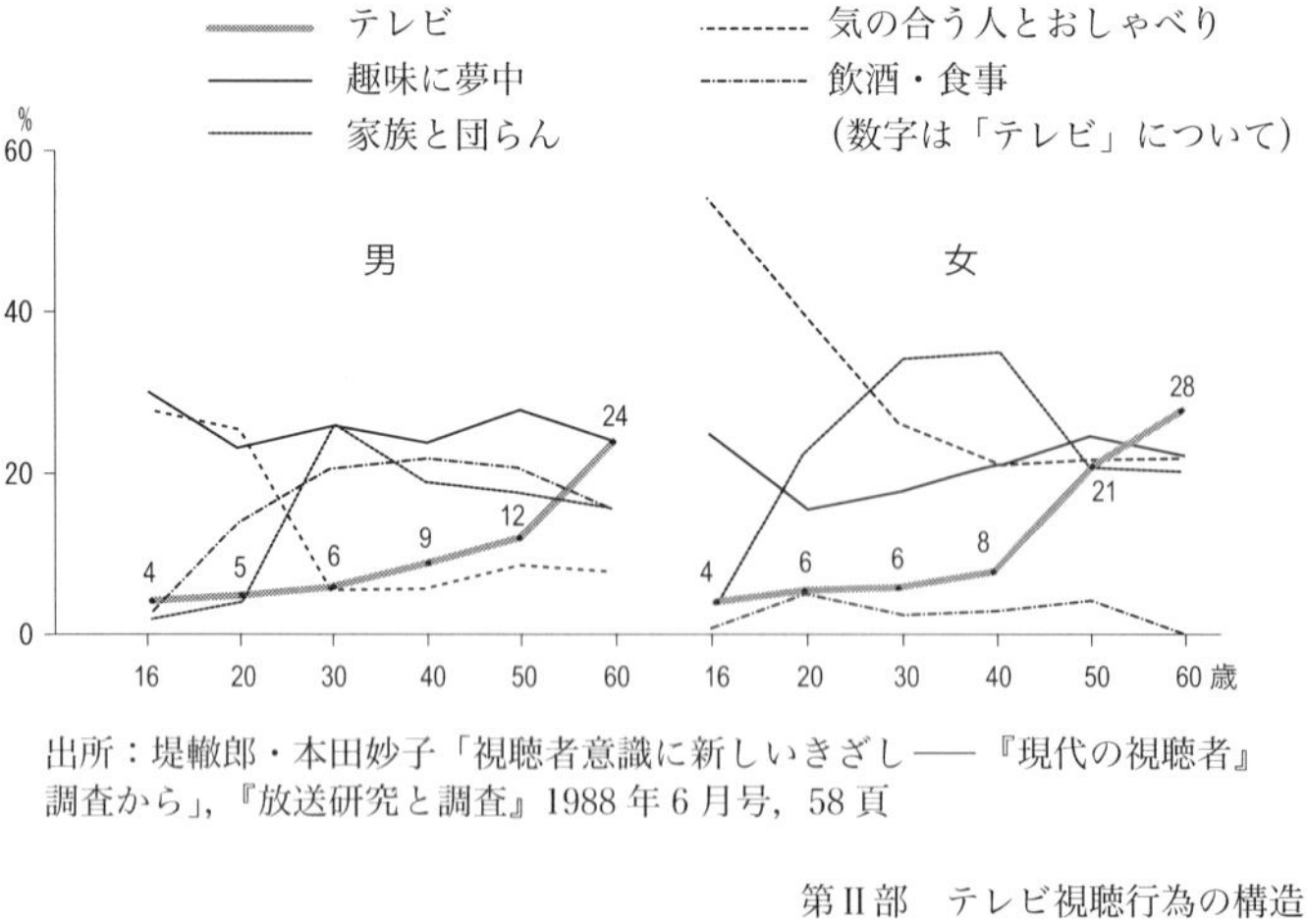


出所：堤轍郎・本田妙子「視聴者意識に新しいきざし――『現代の視聴者』調査から」,『放送研究と調査』1988 年 6 月号，58 頁

どうやらここで語られている「シチュエイショナルな概念」として理解される必要性をもっているようだ。つまり、それは、職業、収入、家族構成員の数などの実態的データも必要といえるが、それらを背景としてそこに成立している対人コミュニケーションのネットワークなのであり、コミュニケーション行為としてのテレビ視聴をとりまくひとつの「場」としての行為‐関係の「束」なのである。(8)

私はこういう主張をするとき、具体的にはゲシュタルト心理学からクルト・レヴィンの〈場〉の心理学に至る考え方に示唆を得ていたが、要するに、《前近代》型の家父長制家族の重い「実体」概念に対して、戦後日本社会にようやく生成しつつあった《近代》型の私生活（中心）主義の家族を、もっと軽い「関係」概念としての家族として捉えたかったのである。

人びとは、テレビ視聴をも一つのコミュニケーション行為として包含した無数の行為（Social Actions）とそれによって織り成される社会関係（Social Relations）のネットワークの一つの結節点として、それぞれの家庭という〈場〉を構成し、その〈場〉のなかを生きる。すでに述べたように、当初、テレビ視聴は家

図6　テレビ視聴理由

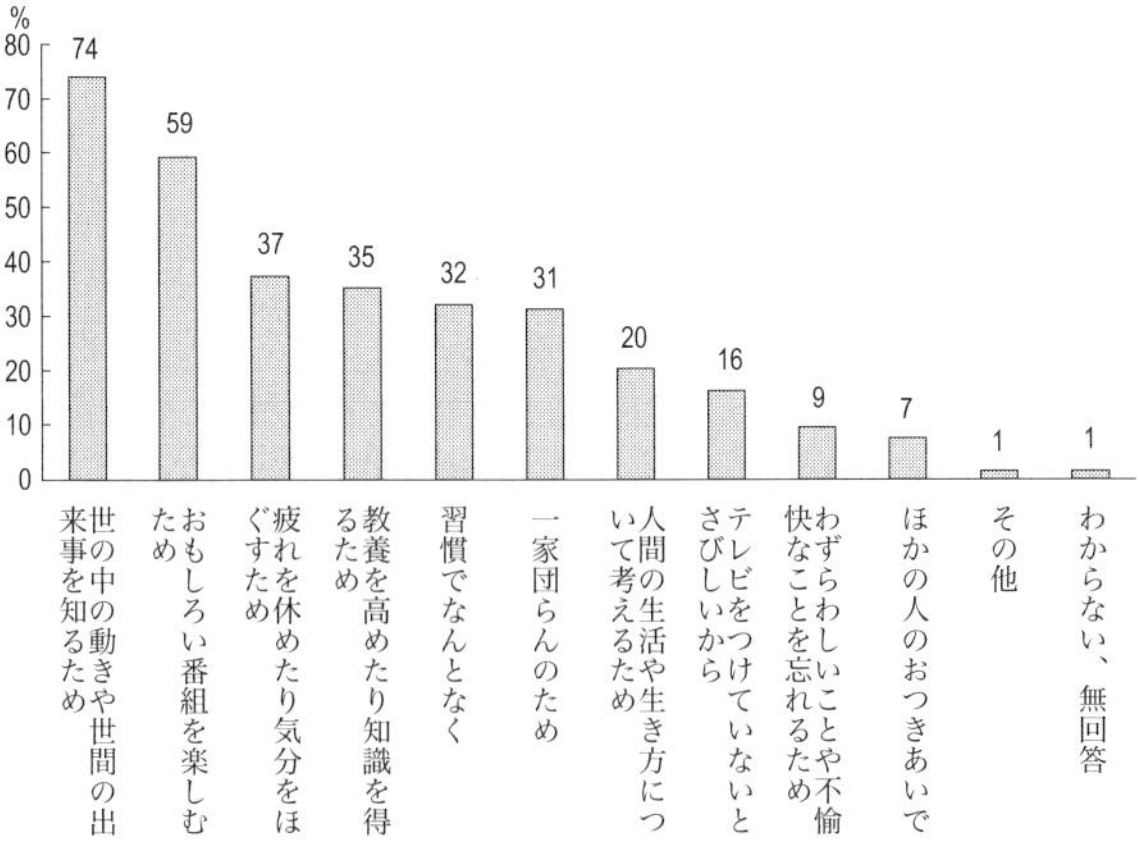


出所：藤原功達・斎藤由美子「テレビに対する評価と期待――『テレビの役割』調査の結果から」，『放送研究と調査』1989年6月号，10頁

庭の団らんとの固い結びつきをもっていた。しかし、その結びつき方は、その後の社会変動とメディア装置の変化とを反映して微妙にゆらいできている。私たちの実証分析のデータのなかでも、そのことは瞥見される事実である。一九九二年の段階で、家族の人間関係について質問したところ、次のような結果となった。

①家族のなかでの「おたがいの結びつきが強い」(八五・二%)

②家族を「心のよりどころであると感じることが多い」(八三・二%)

③家族のなかで「おたがいに刺激しあって、生き生きとしている」(五四・一%)(9)

私が注目するのは、①・②と③の落差の大きさである。①はいうまでもなくゲマインシャフトとしての家族の原型の確認であり、いわば、戦前の《前近代》型から引き継がれている日本の家族の「実体」的基盤を物語る。②は、どちらかといえば、私生活(中心)主義の《近代》型家族の生活スタイルに相即する部分であり、個人化が進行しつつある「関係」型家族のなかでの相互依存の強さを示している。これらに対して、③の知見のなかには、かなり異質な契機が含まれていると考えるべきであろう。おりしも、一九九一年という調査時点は、いわゆる「バブル崩壊」の時期であり、展開しつつあった日本社会の高度情報化と大衆消費社会化の状況のなかでの家族構成員それぞれのライフ・ステージに対応したコミュニケーション行為の多様化とそのなかでのテレビ視聴のウエイトの変化——一概に「低下」といえないが、前掲の情報関連機器の急激な普及・浸透の状況を想起してみれば、そこに一種の「埋没」に近い現象も現われはじめている——に相関していくのであろう。それはまた、別言すれば、同一の家族のなかに、一方には《前近代》と《近代》の連接に対応したコミュニケーション行為のパターンを有する構成員が存在し、他方、《超近代》と《近代》との接合し融合する部分に立脚して日常のメディア接触を展開している構成員が存在し、両者の中間領域に揺曳する人びとをも含めて、これらが混在するという現代の家族のありようを映し出しているのである。

## 日本社会の情報化とテレビ

私は、前述のように、一九七三年以降今日に至るまでの戦後日本社会第三の社会変動を情報化のそれとして捉えており、さらに、一九八五年を画期として、高度情報化と大衆消費社会化の動向が顕著となり、これら両規定に加えて《公》‐《私》の全域にわたる管理化の深まりが進んでいると考えている。そして、このような日本社会における情報化社会の到来のきわめて早い段階で、私たち日本人の情報接触心理を実証的に捉えたデータが存在する（表3）。

これによれば、①人とつきあうときの話題が得られる（五二・六％）、②時代の動きに、取り残されないですむ（四六・三％）、③ものの見方や考え方について教えられる（四三・一％）、などが上位の項目であり、それらに反応している人びとは、大企業のホワイトカラー、ブルーカラーの労働者たちであり、四〇歳代の男性、および若者たちである。さらに、まさしく一九七三年の時点で、私たち日本人の「ぜひ伝えたい」――アウトプット――情報伝達欲求（表4）と「ぜひ知りたい」――インプット――の情報収集欲求（図7）についての知見が存在する。

前者の内容では、①自分の家族に対する気持ちや意見（二〇％）、②企業や商品に対する不満や意見（一七％）、③地域の生活環境に対する不満や意見（一五％）、などが相対的に高く、情報化社会一般へのアウトプットというよりも、当然のことながら、自分の生活世界の内側をくぐった伝達欲求となっている。

また後者の情報収集欲求では、とくに「ぜひ知りたい欲求」の上位項目をあげてみるならば、①家族の健康の保ち方や家庭医学（二七％）、②食品の栄養・安全・衛生（二五％）、③医療や老人問題と福祉政策のあり方（二三％）、④地域の公害や事故・災害の発生状況と対策（二三％）、⑤地域における病院・学校の情報（二二％）、⑥子どものしつけと教育の仕方（二二％）、となっている。

これら二つの知見に反映されているのは、人びとの生活世界とそれをとりかこむ社会過程の変容に対する人びとの側の環境との調整であって、いってみれば、具体的な情報化の浸透は、人々の環境監視と調整のコミュニケーション

表３　情報接触心理（1972 年）

| | | 全体 | 特に高い層 | 特に低い層 |
|---|---|---|---|---|
| 生きる・連帯 | 時代の動きに，取り残されないですむ | %<br>46.3 | 男 40 代,大企ホワイト，中・高学歴 | 女 15–19 歳, 学生, 低学歴，市・郡部 15–19 歳 |
| | 知らなかったことを知ることに，ほかでは味わえぬ満足を感じる | 23.3 | 男 60 代，女 40 代，家庭婦人 | 男 20 代，大企ホワイト，区・市部 20 代 |
| | 日々の生きがいとか，精神的なよりどころになる | 17.7 | 男60代, 女40代, 60代，区・市・郡部 50，60 代 | 男・女 15–19 歳，20 代，学生，区・市・郡部 20 代，市部 10 代 |
| 実利・実用 | 人とつきあうときの話題が得られる | 52.6 | 女 15–19 歳，20 代，大企ホワイト，大企ブルー，中学歴 | 男・女 60 代，無職，郡部 50，60 代 |
| | ものの見方や考え方について教えられる | 43.1 | 大企，中小企ホワイト，中学歴，高学歴 | 女 60 代，無職，低学歴，郡部 50，60 代 |
| | 知らないと生活や仕事のうえで不便なことが多い | 35.5 | 大企，中小企ホワイト，中・高学歴 | 男 15–19 歳，女 60 代，農業，低学歴，郡部 10 代，50，60 代 |
| 習慣・逃避 | 毎日の生活で，なんとなく習慣になってしまっている | 40.7 | 女 20 代，区部 20 代 | 女 40 代，60 代，農業，低学歴，郡部 30，40，50，60 代 |
| | 何もすることがないときの時間つぶしにちょうどよい | 9.3 | 女 15–19 歳，無職，市・郡 10 代, 市部 20 代 | 市部 30 代 |
| | 生活の単調さとか，世の中のわずらわしさを忘れられる | 6.6 | 市部 50 代 | 女 20 代 |
| | そういうことには関心がない<br>そういうことは考えたことがない | 3.3 | | |
| | わからない・無回答 | 1.2 | 100％（15–69 歳の国民）＝ 2,408 人 | |

出所：NHK 放送文化調査研究所「『テレビ視聴理論』の体系化に関する研究」NHK 放送文化研究所，1985 年，215 頁。

行為の回路を通じて進行していたのである。それは、また、人々のライフ・ステージごとの生活世界の内面的構造によって媒介されて進行しているのであり、前述のシチュエイショナルな概念のレベルに敏感なかたちで分析される必要があることを示している。

それでは、私たち日本人の情報化社会への対応は、現実の社会変動の進展につれて、どのようなかたちに変わってきているのだろうか。一九九八年の段階になると、テレビの他に、携帯電話・PHSの普及率は六〇％に達し、パソコン（デスクトップとノート型を併せたもの）のそれも三〇％を越しはじめている。このようなニューメディアの展開、あるいはマルチ・メディア状況の中でも、全体としてテレビ視聴の優位は変わっていない。これは、性別・年層別にみたメディア接触のデータからみても（図8）、また、「接触率とアクセスのしやすさ」のそれからみても（図9）、明らかである。

そして、私のこれまで検討してきた知見の流れからみてきわめて重要なのは、表5のようなデータであろう。これは、メディア・ミックスの状況のなかで、実際には、人びとはみずからのコミュニケーション行為の中での効用の充足をどのようなメディアとの結びつきにおいて獲得しているか、を明らかにしている。ここで、対人コミュニケーションとテレビとがもっているメディア評価は、やはり際立っており、人びとの生活世界の内側でのメディアの立体的な位置づけの位相を示すものとして興味深い。さらに細かく、パソコンへの志向とテレビ視聴との、ある意味で重合しつつ、ある意味では相克する状況は、表6のとおりである。

私たちの一番新しい実証分析のなかでも、この情報化社会のなかで、なお環境世界とのつながりを最も深く感じさせるものはテレビであり、人びとの感動をもたらすものはテレビ（七一％）、新聞・雑誌・書籍（五七％）、自然（五二％）なのである。私は、とくにこの高度情報化・大衆消費社会化・管理化の深まりのもとで、あらためて人びとの生活世界の基底に自然が立ち現われてきていることに注目したい(10)。

（単位　上段：人，下段：%）

| | 学歴 | | | | | | 職業 | | | | | | | | | | |
|---|---|---|---|---|---|---|---|---|---|---|---|---|---|---|---|---|---|
| 60～69歳 | 小・新中卒 | 旧中・新高卒 | 大学・高専卒 | 高校在学 | 大学在学 | その他 | 経営・管理・専門 | 自営業 | 事務・技術 | 熟練 | 労務 | サービス | 家庭婦人 | 学生 | 無職 | その他 | 無回答 |
| 26 | 287 | 416 | 174 | 18 | 27 | 13 | 69 | 102 | 105 | 79 | 69 | 102 | 296 | 45 | 30 | 21 | 17 |
| 19.2 | 13.6 | 24.0 | 24.7 | 11.1 | 7.4 | 7.7 | 27.5 | 12.7 | 22.9 | 19.0 | 18.8 | 12.7 | 23.3 | 15.6 | 16.7 | 23.8 | 23.5 |
| 11.5 | 9.8 | 9.9 | 10.3 | 0.0 | 7.4 | 7.7 | 7.2 | 7.8 | 16.2 | 19.0 | 10.1 | 17.6 | 4.4 | 2.2 | 0.0 | 19.0 | 11.8 |
| 3.8 | 3.5 | 9.1 | 10.3 | 5.6 | 14.8 | 15.4 | 5.8 | 8.8 | 7.6 | 8.9 | 7.2 | 8.8 | 5.4 | 15.6 | 6.7 | 28.6 | 0.0 |
| 0.0 | 3.5 | 7.7 | 8.0 | 0.0 | 11.1 | 0.0 | 1.4 | 5.9 | 2.9 | 7.6 | 1.4 | 6.9 | 8.4 | 8.9 | 3.3 | 19.0 | 5.9 |
| 15.4 | 6.3 | 9.4 | 11.5 | 16.7 | 11.1 | 0.0 | 4.3 | 6.9 | 11.4 | 7.6 | 5.8 | 6.9 | 10.1 | 13.3 | 13.3 | 19.0 | 0.0 |
| 11.5 | 13.9 | 14.4 | 19.0 | 16.7 | 14.8 | 15.4 | 17.4 | 13.7 | 14.3 | 22.8 | 15.9 | 13.7 | 15.2 | 15.6 | 0.0 | 23.8 | 5.9 |
| 19.2 | 8.0 | 9.9 | 13.2 | 5.6 | 7.4 | 7.7 | 13.0 | 8.8 | 16.2 | 13.9 | 7.2 | 6.9 | 8.8 | 4.4 | 0.0 | 19.0 | 5.9 |
| 7.7 | 7.0 | 9.1 | 9.2 | 11.1 | 7.4 | 7.7 | 7.2 | 7.8 | 14.3 | 10.1 | 7.2 | 5.9 | 6.8 | 8.9 | 10.0 | 19.0 | 5.9 |
| 11.5 | 7.0 | 9.1 | 11.5 | 11.1 | 11.1 | 15.4 | 10.1 | 9.8 | 15.2 | 11.4 | 4.3 | 10.8 | 6.4 | 6.7 | 6.7 | 19.0 | 5.9 |
| 15.4 | 11.5 | 20.2 | 17.8 | 22.2 | 18.5 | 7.7 | 20.3 | 13.7 | 15.2 | 19.0 | 14.5 | 14.7 | 19.9 | 15.6 | 0.0 | 28.6 | 11.8 |
| 3.8 | 4.2 | 7.9 | 7.5 | 11.1 | 18.5 | 7.7 | 7.2 | 3.9 | 6.7 | 11.4 | 4.3 | 8.8 | 5.4 | 15.6 | 0.0 | 23.8 | 5.9 |

表４　情報伝達欲求「ぜひ伝えたい」

| 項目 | 全体 | 男子 計＊ | 男子 16〜19歳 | 男子 20〜29歳 | 男子 30〜39歳 | 男子 40〜49歳 | 男子 50〜59歳 | 男子 60〜69歳 | 女子 計＊ | 女子 16〜19歳 | 女子 20〜29歳 | 女子 30〜39歳 | 女子 40〜49歳 | 女子 50〜59歳 |
|---|---|---|---|---|---|---|---|---|---|---|---|---|---|---|
| 項目＼実数 | 935 | 368 | 15 | 113 | 116 | 68 | 28 | 28 | 535 | 25 | 154 | 142 | 131 | 57 |
| ①自分の家族に対する気持や意見 | 187<br>20.0 | 16.6 | 13.3 | 14.2 | 12.9 | 17.6 | 42.9 | 14.3 | 22.4 | 24.0 | 23.4 | 21.1 | 25.2 | 17.5 |
| ②仕事や職場の人に対する不満や意見 | 90<br>9.6 | 11.8 | 26.7 | 11.5 | 13.8 | 8.8 | 7.1 | 10.7 | 8.3 | 12.0 | 10.4 | 4.9 | 9.2 | 3.5 |
| ③これまでに学んだ知識や技能 | 73<br>7.8 | 8.6 | 26.7 | 7.1 | 7.8 | 8.8 | 7.1 | 7.1 | 7.2 | 16.0 | 9.1 | 3.5 | 9.2 | 3.5 |
| ④自分の趣味や自分で作った作品 | 59<br>6.3 | 5.1 | 13.3 | 6.2 | 3.4 | 5.9 | 3.6 | 3.6 | 7.1 | 12.0 | 10.4 | 4.9 | 6.9 | 5.3 |
| ⑤自分の貴重な人生体験 | 83<br>8.9 | 8.3 | 26.7 | 7.1 | 4.3 | 11.8 | 14.3 | 7.1 | 9.2 | 12.0 | 9.7 | 3.5 | 9.2 | 19.3 |
| ⑥この地域の生活環境に対する不満や意見 | 142<br>15.2 | 18.2 | 13.3 | 14.2 | 19.0 | 25.0 | 25.0 | 10.7 | 13.0 | 4.0 | 14.3 | 14.1 | 9.9 | 15.8 |
| ⑦地方自治体に対する不満や意見 | 91<br>9.7 | 12.0 | 13.3 | 7.1 | 14.7 | 17.6 | 17.9 | 3.6 | 8.1 | 0.0 | 7.1 | 10.6 | 6.1 | 8.8 |
| ⑧内政や外交に対する不満や意見 | 79<br>8.4 | 11.8 | 20.0 | 12.4 | 9.5 | 17.6 | 7.1 | 7.1 | 6.3 | 4.0 | 8.4 | 7.0 | 2.3 | 7.0 |
| ⑨政党に対する不満や意見 | 85<br>9.1 | 12.3 | 26.7 | 8.8 | 10.3 | 17.6 | 10.7 | 17.9 | 6.9 | 8.0 | 8.4 | 6.3 | 3.8 | 8.8 |
| ⑩企業や商品に対する不満や意見 | 158<br>16.9 | 15.2 | 33.3 | 12.4 | 18.1 | 14.7 | 14.3 | 7.1 | 18.1 | 8.0 | 18.8 | 17.6 | 19.1 | 17.5 |
| ⑪世の中の風潮や風俗に対する不満や意見 | 66<br>7.1 | 8.0 | 6.7 | 5.3 | 10.3 | 8.8 | 7.1 | 10.7 | 6.3 | 4.0 | 5.8 | 4.9 | 8.4 | 8.8 |

＊　年齢の欄の計は，無回答の人数を除いて合計した数
出所：NHK 放送文化調査研究所『「テレビ視聴理論」の体系化に関する研究』1985 年，217 頁

一九五三年から二〇〇三年へと、まるまる五〇年間、私たちの生活世界は、テレビとともに歩み、テレビに慰められ、そしてテレビを育ててきた。それは、私たちの直接経験の世界を、電波によって、媒介された（メディエイトされた）さらに大きな世界へと拡大していった。しかもなお、今日、デジタル・テレビの時代に参入していこうとするところで、もう一度、自然という直接経験の基盤それ自体が大きくクローズアップされてきているという事実は何を意味するのであろうか。

図７　情報収集欲求「ぜひ知りたい」　（%）

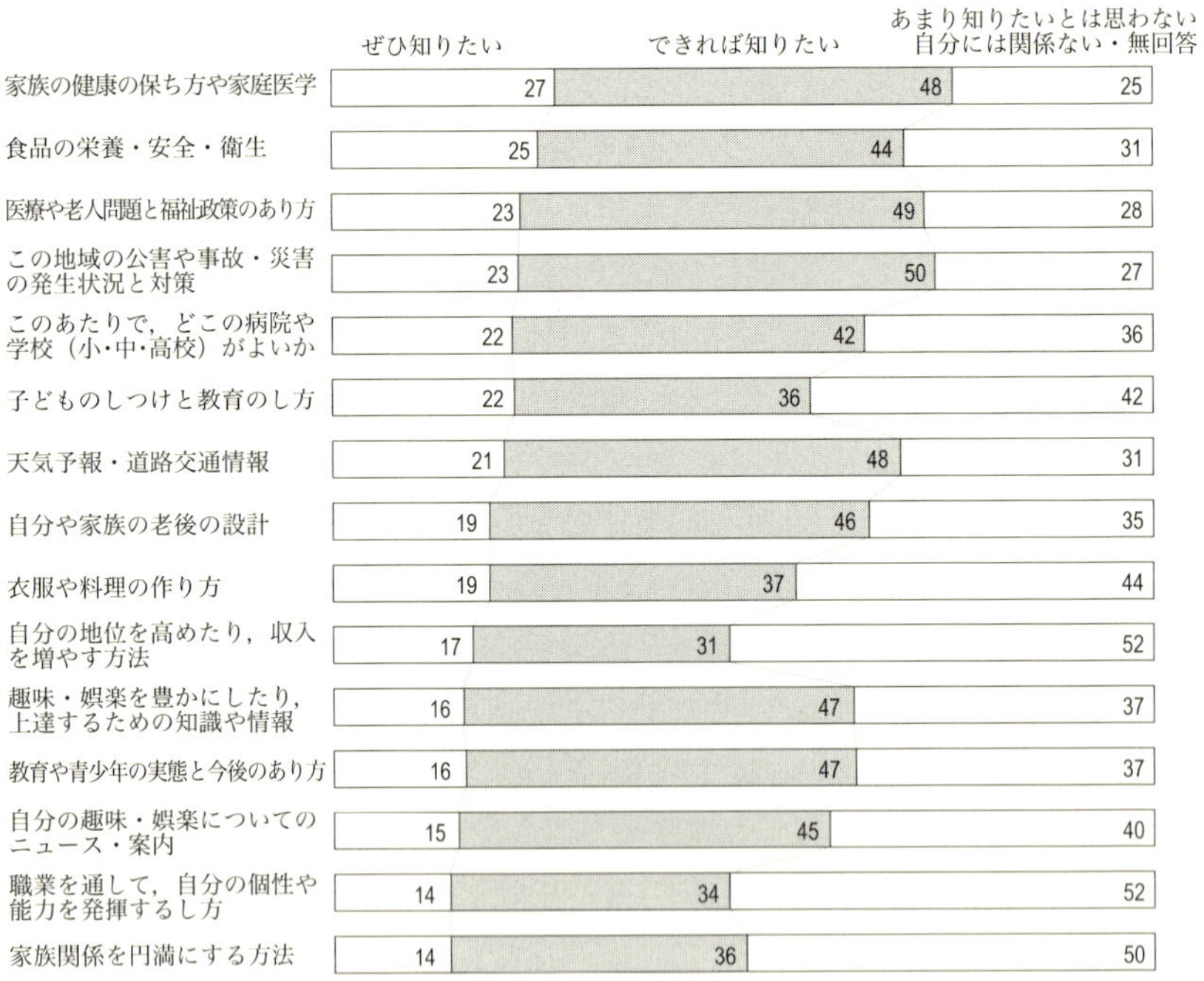


出所：NHK 放送文化調査研究所『「テレビ視聴理論」の体系化に関する研究』1985 年，216 頁

図8　主なメディアの接触者

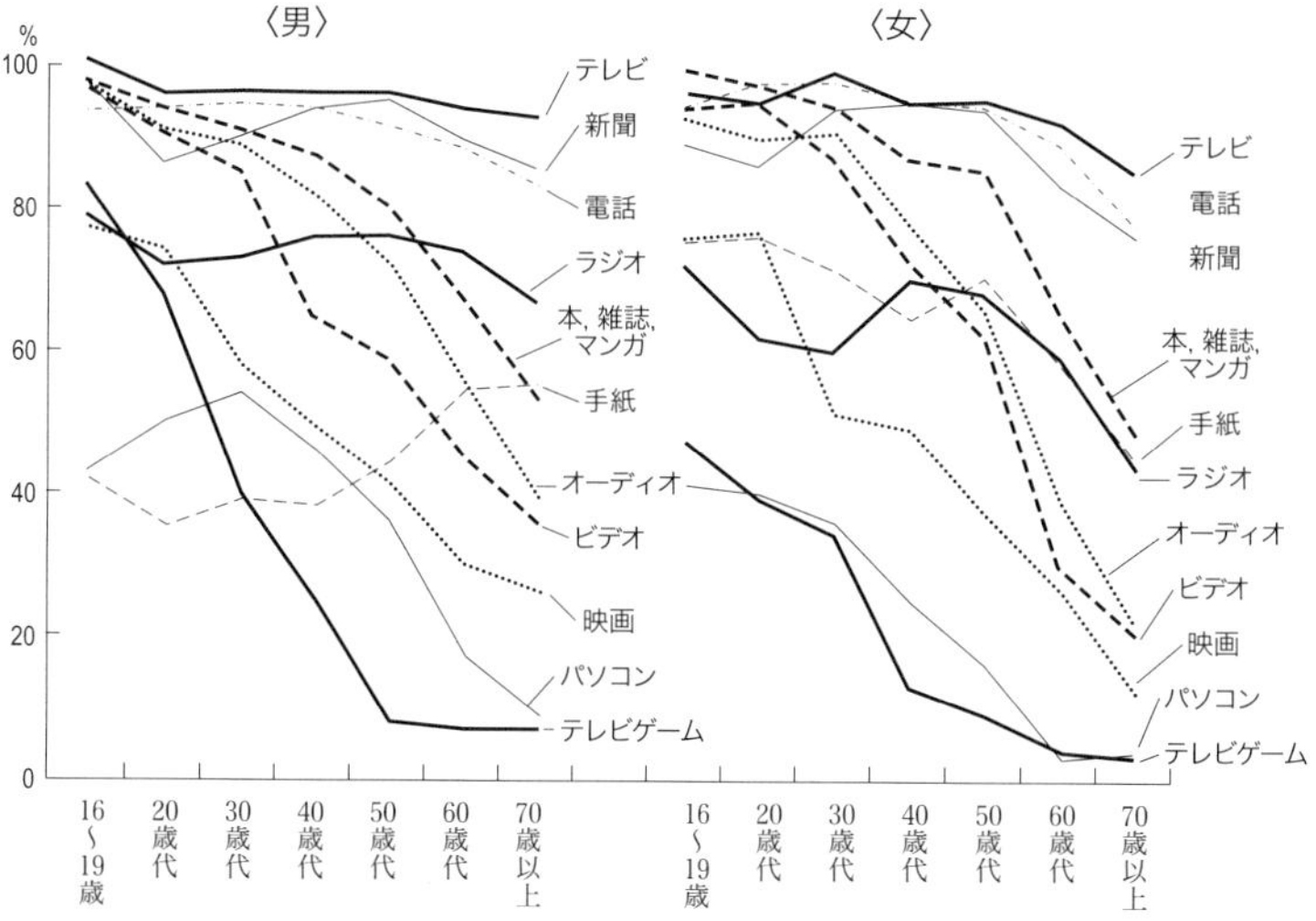


接触：年に数回以上利用
出所：上村修一・荒牧央「新メディアの利用と情報への支出――『デジタル時代の視聴者調査』から」,『放送調査と研究』1999年5月号，36-37頁

表5　メディアの評価（効用）　(%)

| ……するのに最も役に立つもの（効用） | 家族知人との話 | テレビ | 新聞 | 各種の情報誌 | 本 | 映画・ビデオ | カラオケ | 電話 | 手紙 | テープ・CD | ラジオ | 週刊誌 | インターネット | テレビゲーム |
|---|---|---|---|---|---|---|---|---|---|---|---|---|---|---|
| ①自分の気持ちを伝える | 45 | 1 | 0 | 0 | 0 | 0 | 0 | 26 | 14 | 0 | 0 | 0 | 1 | 0 |
| 人との交流を深める | 46 | 2 | 1 | 1 | 0 | 0 | 6 | 14 | 3 | 0 | 0 | 0 | 3 | 0 |
| ②家族団らんをする | 56 | 25 | 1 | 0 | 0 | 1 | 1 | 0 | 0 | 0 | 0 | 0 | 0 | 0 |
| 疲れを休める | 22 | 16 | 1 | 0 | 3 | 3 | 2 | 2 | 0 | 10 | 3 | 0 | 0 | 1 |
| 理屈抜きで楽しむ | 11 | 34 | 1 | 1 | 3 | 10 | 10 | 2 | 0 | 3 | 2 | 0 | 1 | 1 |
| ③世の中の出来事を知る | 2 | 52 | 35 | 1 | 0 | 0 | 0 | 0 | 0 | 0 | 2 | 1 | 0 | 0 |
| くらしのための知識を得る | 6 | 37 | 27 | 11 | 6 | 0 | 0 | 0 | 0 | 0 | 2 | 1 | 1 | 0 |
| 政治や社会問題を考える | 2 | 40 | 43 | 1 | 1 | 0 | 0 | 0 | 0 | 0 | 1 | 1 | 0 | 0 |
| ④余暇のための知識を得る | 6 | 24 | 10 | 29 | 9 | 0 | 0 | 0 | 0 | 0 | 2 | 4 | 2 | 0 |
| ⑤一般教養を高める | 5 | 18 | 27 | 7 | 29 | 0 | 0 | 0 | 0 | 0 | 1 | 0 | 1 | 0 |
| 感動する | 3 | 25 | 2 | 0 | 11 | 34 | 0 | 0 | 2 | 1 | 1 | 0 | 0 | 0 |
| なんとなく時間をつぶす | 2 | 54 | 2 | 1 | 5 | 4 | 1 | 1 | 0 | 3 | 4 | 4 | 1 | 4 |

出所：上村修一・荒牧央「新メディアの利用と情報への支出――『デジタル時代の視聴者調査』から」,『放送調査と研究』1999年5月号，38頁

図9　接触率とアクセスのしやすさ

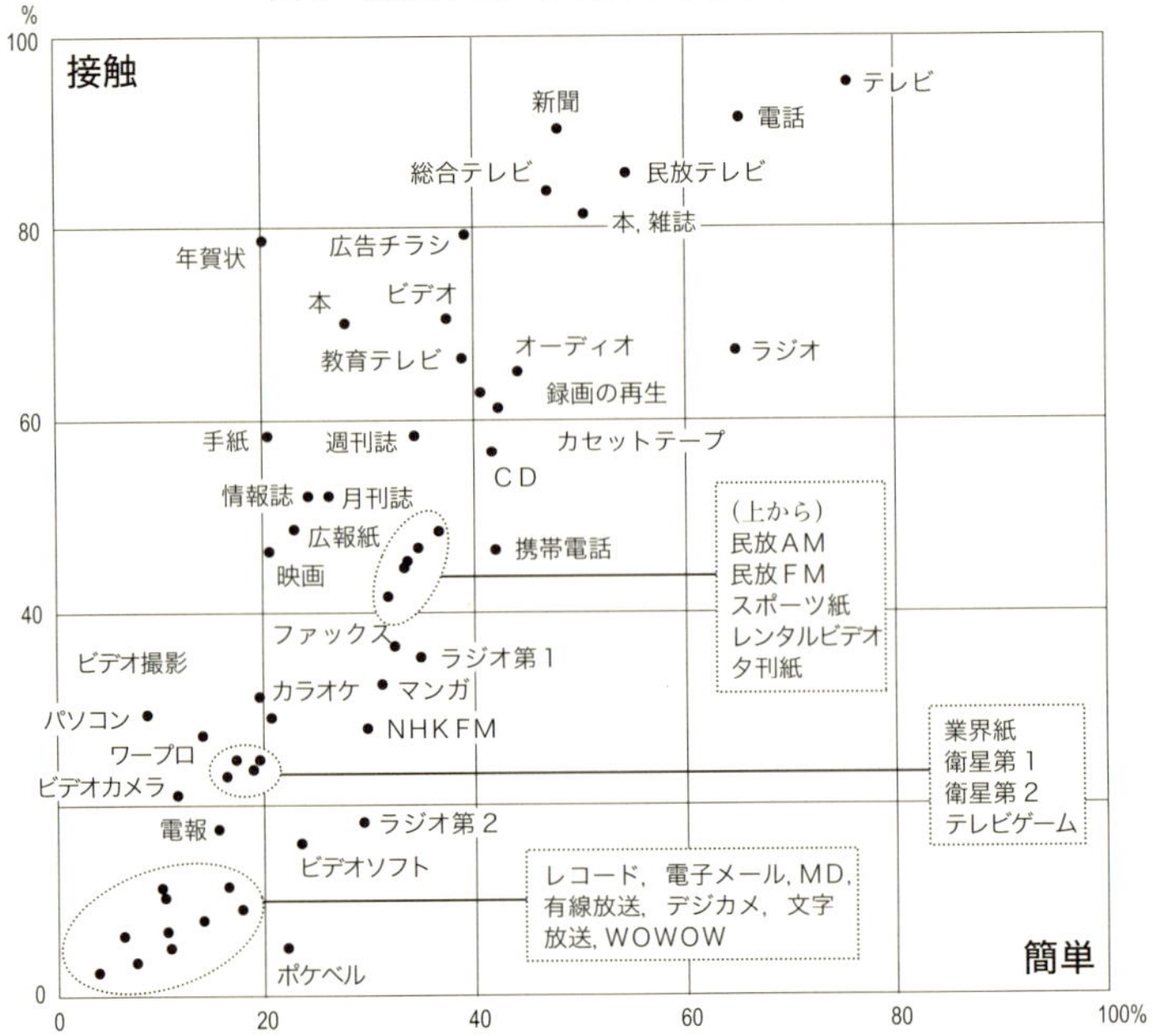


関係数＝.85/メディアの大分類と小分類で一部に重複がある
出所：上村修一・荒牧央「新メディアの利用と情報への支出――『デジタル時代の視聴者調査』から」,『放送調査と研究』1999年5月号, 36, 37頁

表6　テレビ視聴状況　(%)

| | | 全体 | パソコン型 | ビデオ型 | ラジオ型 | テレビ型 |
|---|---|---|---|---|---|---|
| 視聴時間 | 2時間以下 | 34.3 | 51+ | 27− | 35 | 28− |
| | 3時間 | 23.4 | 27+ | 24 | 22 | 21 |
| | 4時間以上 | 41.8 | 22− | 49+ | 43 | 49+ |
| | Y群（40代以下） | | 22− | 46 | 30- | 36− |
| | O群（50代以上） | | 23− | 57+ | 52+ | 58+ |
| 視聴局 | NHKが多い | 14.4 | 13 | 8− | 22+ | 14 |
| | 同じくらい | 20 | 16− | 16− | 25+ | 22 |
| | 民放が多い | 60.9 | 65+ | 74+ | 48− | 58 |
| | Y群（40代以下） | | 74+ | 84+ | 69+ | 76+ |
| | O群（50代以上） | | 38− | 47− | 34− | 48− |

出所：上村修一・荒牧央「人は新しいメディアをどう受け入れているか――『デジタル時代の視聴者調査』から」,『放送調査と研究』1999年7月号, 33頁

## 三　コミュニケーション主体とテレビ視聴

生活世界とテレビ視聴

《前近代》－《近代》－《超近代》という通時的展開のうちに「テレビ五〇年」を位置づけ、そこにおける戦後日本社会の民主化（欧米化）、産業化および情報化の各社会変動とその諸側面との連関のなかでテレビと日本人の関わり方を見てきたわけであるが、それでは、私たち日本人自身は、このようなテレビとの関わりを通じて、みずからの生活世界の主体的構築のかまえをどのように成型してきているのであろうか。

私がここで着目するのは、テレビの受容過程調査のなかでしばしば実施されてきた「生活目標」のデータの変遷である。その具体的な一例は次のとおりである（一九八五年「情報と生活」調査）。

設問「人によって生活の目標もいろいろですが、次のように分けると、あなたの生活目標にいちばん近いのはどれですか」。

応答結果

①その日その日を自由に楽しく過ごす（二一・一％）
②しっかりと計画を立てて、豊かな生活を築く（三二・一％）
③身近な人たちと、なごやかな毎日を送る（三五・七％）
④みんなと力を合わせて、世の中をよくする（六・九％）
⑤その他（〇・六％）
⑥わからない・無回答（三・五％）

この分析項目は、「快」志向（その日その日を自由に楽しく過ごす）、「利」志向（しっかりと計画を立てて、豊かな生活を築く）、「愛」志向（身近な人たちと、なごやかな毎日を送る）、「正」志向（みんなと力を合わせて、世の中をよくする）として、即時報酬‐遅延報酬という欲求の区分軸、および個人中心‐社会中心という生活のかまえの区分軸、をクロスさせることによって得られている。周知のように、この分析図式は、見田宗介『価値意識の理論』にもとづくもので[11]、日本人の社会意識の実証的分析の領域で広く用いられてきた。

たとえば、同一の質問で、一九七三年と一九八三年を比較すると（母集団は国民全体）、次のような結果を示している[12]。

| | 七三年 | | 八三年 |
|---|---|---|---|
| ①「快」志向 | 二一％ | → | 二二％ |
| ②「利」志向 | 三三％ | → | 三二％ |
| ③「愛」志向 | 三一％ | → | 三五％ |
| ④「正」志向 | 一四％ | → | 九％ |

私もこの分析図式に基本的に賛成するものであるが、質問項目の選択肢の抽象度がきわめて高く、具体的なテレビ視聴の平面へとリンクさせるためには、もう少し抽象度を下げて人びとの生活世界の内側へと接合する必要があると考えた。

このような視点から、私は、次のような分析図式を提起した。それは、実際の受容過程調査のなかでは「個的自立パターン」の分析図式と呼ばれ、次のような内容をもっていた。

㈠生きがい

設問「あなたにとって、生きがいとはどのようなものですか。次の中から、あなたのお考えに近いものを、ひとつだけおっしゃってください」。

選択肢

①その日その日を、愉快に楽しく生きること

②生活の目標をたてて、着実に生きること

③これまで知らなかった新しいものを知ったり、手に入れたりすること

④家族やまわりの人びとと、うちとけて過ごせること

⑤家族やまわりの人から頼られたり、人びとの支えになること

⑥人間的により豊かなものを求めて努力すること

⑦能力を思い切り発揮して、自分にしかできない新しいものを生み出すこと

⑧この世で自分が果たすべき使命をもつこと

⑨その他

⑩わからない、無回答

(二)個人優先

設問「『今は、まず、個人としての生活の内容を充実していくことが第一で、社会全体や国のことにまで、考えがまわらない』という意見がありますが、あなたのお感じはつぎのように分けるとどれにあたるでしょうか」。

選択肢

①全く同感

②どちらかというと同感

③どちらかといえば同感できない
④全く同感できない
⑤考えたことがない
⑥わからない、無回答

この分析図式は、「即自的生きがい」－「対自的生きがい」の区分軸と「個人優先の生活のかまえ」－「非個人優先の生活のかまえ」の区分軸とを交差させることによって、次のような四つの主体類型を析出する。

①「対自的生きがい」＋「非個人優先の生活のかまえ」のタイプ――「個」的自立が社会的存在としての認識によってうらづけられている「主体」類型

②「対自的生きがい」＋「個人優先の生活のかまえ」のタイプ――「私」としてのみ主体的で、社会的存在としての認識が相対的に低い「主体」類型

③「即自的生きがい」＋「非個人優先の生活のかまえ」のタイプ――日常の生活過程に埋没しているけれども、社会的紐帯は感じている「主体」類型

④「即自的生きがい」＋「個人優先の生活のかまえ」のタイプ――「個」としての自立性・対自性を確保していない未分化な状態の「主体」類型

私は、このような手続きを経て、①「個」、あるいは「個」的自立、②「私民」、③「庶民」、④「大衆」、という四つの類型を導き出した。

個的自立パターンとテレビ視聴

この分析図式それ自体の社会学的説明は、私の『私生活主義批判』および『社会意識の理論』にゆずるとして、[13]こ

こでは、日本人のテレビ視聴行動についての具体的な実証分析のなかで応用した調査結果について検討していくことにしたい。

一九七三年と一九七四年の『日本人のコミュニケーション』調査の知見は、次のとおりであった(14)。

| | 七三年 | | 七四年 |
|---|---|---|---|
| ①「個」 | 一一％ | → | 一二％ |
| ②「私民」 | 一二％ | → | 一三％ |
| ③「庶民」 | 二〇％ | → | 一五％ |
| ④「大衆」 | 四二％ | → | 四七％ |

私たちは、まず、この知見の背後にあるものとして、第一に一九六〇年代のいわゆる「高度経済成長」を通じて形成されてきた日本人の私生活（中心）主義の存在を想起しなければならないであろうし、第二に、それを前提としつつ、この調査が実施された時期こそが第一次オイルショックのそれであり、家庭の主婦をはじめとしてトイレット・ペーパーや砂糖の買い付け騒ぎという今日では想像ができないようなパニックが生じた時期であったという事実を忘れてはならないだろう。さらにいえば、第三にこれらの調査の翌年（一九七五年）、当時の通商産業省（現在の経済産業省）は「知識集約型産業への構造転換」を宣言し、以後、日本社会は情報化社会への助走の段階に入っていくのである。

図 10　「個的自立パターン」仮説

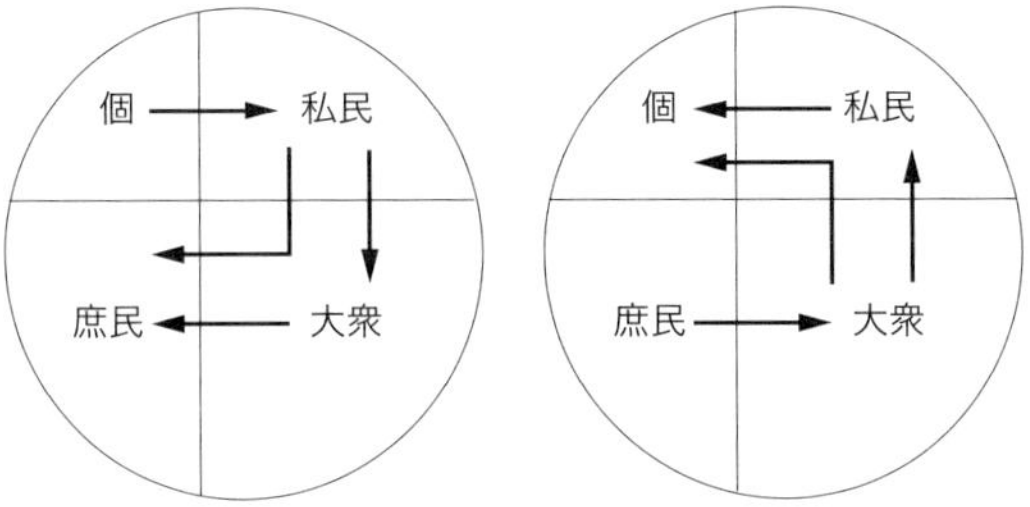


（1970 年代 β）　（1970 年代 α）

出所：田中義久『社会意識の理論』勁草書房，1978 年，343 頁

私は、一九七七年の段階で、図10のような仮説を提起していた。右に述べてきたような「個的自立パターン」の四つの主体類型が実際の日本社会の変動のなかでどのように変遷していくか、という点についての仮説的見通しを示したものだ。「一九七〇年代$\alpha$」の仮説は、戦後社会の民主化（欧米化）、産業化および情報化の社会変動を通じて、大筋において、《前近代》→《近代》に対応する日本人の主体形成が可能になる、とする見通しである。具体的には、丸山真男、大塚久雄、川島武宜などのいわゆる近代主義の視座を裏づける仮説であった。

これに対して、「一九七〇年代$\beta$」の仮説は、上述のような社会変動の諸過程を通じて形成されてくるであろう「個」的自立の類型や私民の類型も、やがて大衆から庶民へと還流していくであろうとする見通しであって、《前近代》→《近代》という移行をにわかに信じがたいとする視座に対応する。具体的には、竹内好の民族とナショナリズムについての言説や吉本隆明のいわゆる「大衆の原像」の主張を裏づける見通しであった。

私自身は、清水幾太郎・日高六郎の社会学の流れに棹さす視点から、これら両者の中間にあって、むしろ、これら二つの仮説の相互媒介の可能性の有無を検証したい、とする位置にあった。たとえば、シトワイヤンとしての「市民」が直接的に生成するとは考えられず、かえって天皇制的《公》とは切れたかたちでの《私》を重視する「私民」という名の日本型「市民」の可能性を考えていたのも、このような社会学的視座のゆえである。

さて、その後のデータの推移はどうだったのだろうか。

| | 八四年[15] | | 〇二年[16] |
|---|---|---|---|
| ①「個」的自立 | 九％ | ↓ | 一一％ |
| ②私民 | 一〇％ | ↓ | 九％ |
| ③庶民 | 二〇％ | ↓ | 二五％ |
| ④大衆 | 四七％ | ↓ | 四七％ |

この調査結果をみると、基本的には、前出の「一九七〇年代β」の仮説に近いかたちで推移しているといわざるをえないであろう。しかし、はたしてそう断言できるだろうか。

私たちの研究グループでは、この間、まったく同一の分析図式を用いて、東京の首都圏近郊の中核都市（具体的には埼玉県川越市）において、定点観測のような形で調査をかさねてきた。その結果は、以下のとおりである。(17)

| | 九一年 | | 九八年 | | 九九年 |
|---|---|---|---|---|---|
| ①「個」的自立 | 二五% | ↓ | 三二% | ↓ | 三三% |
| ②私民 | 二五% | ↓ | 二一% | ↓ | 二二% |
| ③庶民 | 一三% | ↓ | 二〇% | ↓ | 一四% |
| ④大衆 | 三二% | ↓ | 二一% | ↓ | 二二% |

### 〈利〉の分析項目と生活目標

私は、ここで、データの意味の分析に入る前に、調査手続きのレベルでの一つの留意事項について述べておくことにしたい。事柄の焦点は、前出の〈快〉〈利〉〈愛〉〈正〉モデルのなかの〈利〉の分析項目——「しっかりと計画をたてて、豊かな生活を築く」——と、私の「個的自立パターン」のなかの「生活の目標をたてて、着実に生きること」というそれとの異同、落差にある。前者には「豊かな生活」という価値言語が含まれているが、後者にはそれは存在しない。価値言語に近いものがあるとすれば、「着実に生きる」であって、それ自体、「豊かな生活」に順接するものではない。

そして、前出の一九七三年、七四年、八四年および二〇〇二年の調査のデータは、この後者の分析項目を前者のそれと同一視していた——具体的には、〈利〉志向が個人中心・遅延報酬の分析項目であることに引きずられて、後者を即自的欲求のレベルに位置づけていた——のである。これに対して、一九九一年、九八年、九九年の調査は、これら両分析項目の異質性に留意して、後者のそれを対自化された欲求のレベルに位置づけている。ここには、本章の冒頭に触れた一九八五年という大きな画期の意味が作用しているであろう。すなわち、一九八五年を境にして、日本社会は、就業構造の面で第二次産業から第三次産業へと大きくシフトしたのであり、いわゆる「重厚長大」型産業中心の構造から「軽薄短小」型産業を中心としたそれへと変貌しはじめた。しかも、その直後に「バブル期」の大衆消費社会の契機の拡大があり、一九九一年～九二年の「バブル崩壊」の時期まで、情報化社会の独特の歪みを帯びた展開が出現したことを想起しなければならないであろう。

私は、一九八五年以降今日に至るまでの日本社会における高度情報化社会、大衆消費社会、管理社会の実質の深まりのなかで、前出の「生活の目標をたてて、着実に生きること」という分析項目の含意するところはきわめて重くなってきていると思う。それは、かつての〈利〉志向とは大きく異なって、むしろ大衆消費の大波にさらわれない現代型「私民」の一つの価値的なよりどころとなっているのである。この分析項目を〈利〉志向と同じように即自的な欲求として把握してしまえば、その瞬間に、この分析項目は、「私民」のそれではなくて、「庶民」の構成契機の方へと偏倚して捉えられてしまうであろう。幸いにして、二〇〇二年調査の場合には、この分析項目を即自的欲求に位置づけた場合と、私の主張のように対自化された欲求であると理解した場合と、二通りの集計処理を実施することができた。その異同は、次のとおりである。

| | ○二年（即自） | | ○二年（対自） |
|---|---|---|---|
| ①「個」的自立 | 一一％ | → | 一五％ |
| ②私民 | 九％ | → | 一五％ |
| ③庶民 | 二五％ | → | 二一％ |
| ④大衆 | 四七％ | → | 四一％ |

私は三〇年有余のあいだ、この分析項目をも含ませながら日本人のテレビ視聴の実態調査に関与してきたが、その実感からしても、今日の二〇〇二年調査の「対自化された欲求」の知見は妥当な結果であると思う。

全国調査の知見に依拠するかぎり、現代日本のテレビ視聴者の主体形成は、基本的に⑴「個」と私民の部分で約三割、⑵大衆という名の高度情報化・大衆消費社会化・管理化の深まりに素直に即応している部分が約四割、⑶庶民という《近代》↓《前近代》のベクトルを内包する部分が約二割、という分布である。

### テレビ視聴者の主体形成

この全国調査の知見を地域の属性とクロスさせてみると、東京圏（東京を中心とする五〇キロ圏）の結果は、次のようであった。

（東京圏）

①「個」的自立　二五％
②私民　一二％
③庶民　二一％
④大衆　三八％

この結果は、前出の私たちの川越調査の知見とも、大筋において呼応しあうものである。後に見るように、「個」的自立の主体の部分は、今日、《近代》↓《超近代》の動向に最も鋭敏であり、すでにポスト・モダニティのなかでみずからの生活世界を構築している。[18] これに対して、従来、「私民」↓「個」のベクトルに連接していた男性の五〇歳代で異様に「庶民」化の動向が強くなっている。日本のテレビの五〇年は、私たち日本人の生活スタイルの行方にとっても、大きな転換の時期なのである。

## 四　現代日本社会とコミュニケーション主体

### 日本人の主体類型の現在

日本のテレビ五〇年の段階での私たち日本人の主体形成の状況は、図11のとおりである。これは、二〇〇二年一〇月の全国調査のデータを私の「個的自立パターン」の分析枠組み——したがって、ここでは、「生活の目標をたてて、着実に生きること」という選択肢は「対自化された」欲求として捉えられている——に従って、年層別に分析した全体的な見取り図である。人は、人生八〇年といわれるライフコースのなかで、二〇歳前後の青春の時期にさまざまな夢をはぐくみ、それなりの理想を抱く。そして、社会意識論の定説とされているように、三五歳の段階で、人それぞれの「理想」と「現実」の折り合いをつける。しかもなお、昨今の社会変動のなかで、終身雇用制がゆらぎ、中・高年サラリーマンたちの肩たたきやリストラが増大するという状況のもとで、六〇歳前後からの人生の設計はきわめて困難なものになってきた。

このような背景のもとで図11を眺めるならば、第一に、三〇歳~五〇歳の中堅世代——現代日本社会を背負っている人たち——のところでの四つの主体類型の析出状況が注目されるであろう。とくに、四〇歳代の部分では、「個」的自立と「私民」の合計三八%が大衆の三七%を超えているのである。しかも、表7の(B)に示されているように、この四〇歳代の「個」的自立の主体の相対比の高さに寄与しているのは女性なのであり、家庭の主婦のみならず職場にあっても、この世代の女性たちの頑張りようは重要である。これに対して、第二に、同じく表7の(A)に示されている男性の五〇歳代での庶民の構成比の高さは、前述したように、一つの懸念材料であろう。それはすぐ後の六〇歳代、七〇歳代の男性たちのなかでの大衆の比率の増大へと連接していくのであり、私たちは、前述のような社会状況の変

図 11 「個的自立パターン」

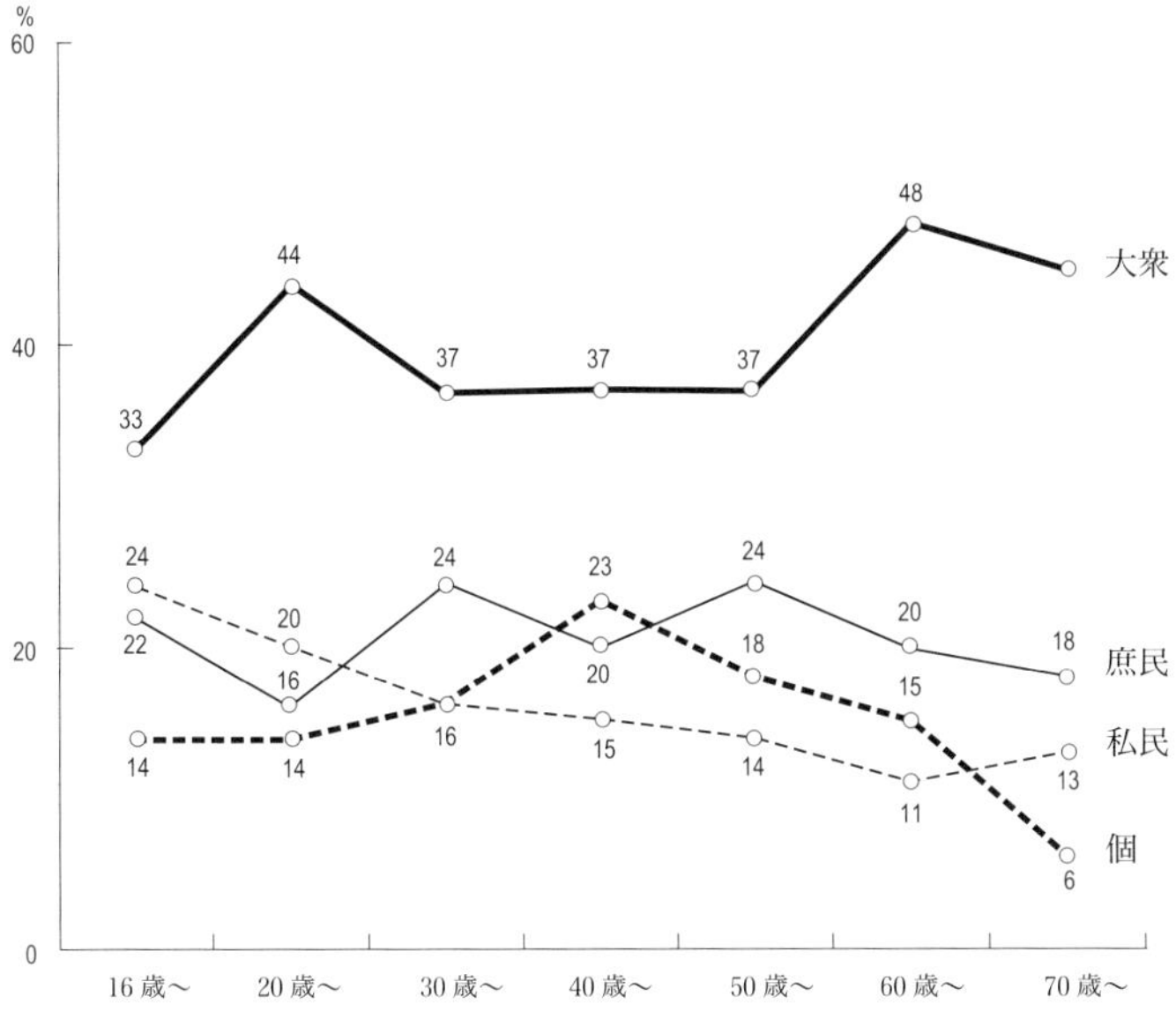


出所：NHK「テレビ 50 年調査」2002 年

表 7　個的自立パターンと男女年齢層　(%)

| | 16 歳〜 | 20 歳〜 | 30 歳〜 | 40 歳〜 | 50 歳〜 | 60 歳〜 | 70 歳〜 |
|---|---|---|---|---|---|---|---|
| (A)　男性 | | | | | | | |
| 個 | 20 | 21 | 18 | 22 | 22 | 19 | 11 |
| 私民 | 22 | 25 | 18 | 16 | 16 | 14 | 14 |
| 庶民 | 19 | 7 | 21 | 18 | 27 | 19 | 22 |
| 大衆 | 31 | 39 | 36 | 35 | 28 | 43 | 42 |
| 他 | 9 | 8 | 7 | 8 | 8 | 5 | 11 |
| (B)　女性 | | | | | | | |
| 個 | 7 | 9 | 15 | 23 | 14 | 12 | 3 |
| 私民 | 26 | 16 | 14 | 13 | 13 | 9 | 13 |
| 庶民 | 26 | 23 | 25 | 22 | 21 | 20 | 15 |
| 大衆 | 35 | 49 | 38 | 39 | 45 | 52 | 48 |
| 他 | 6 | 4 | 8 | 3 | 8 | 7 | 21 |

表8　個的自立パターンとテレビ視聴　(%)

| | 全体 | 個 | 私民 | 庶民 | 大衆 |
|---|---|---|---|---|---|
| テレビ視聴時間量 | | | | | |
| 2時間以下 | 42 | 55 | 44 | 41 | 36 |
| 3～4時間 | 36 | 32 | 37 | 36 | 38 |
| 5時間以上 | 23 | 13 | 20 | 24 | 27 |
| テレビ視聴局 | | | | | |
| NHK派 | 22 | 26 | 22 | 23 | 19 |
| 同じ | 22 | 28 | 20 | 23 | 21 |
| 民放派 | 56 | 44 | 58 | 54 | 60 |

表9　個的自立パターンとパソコン　(%)

| | 全体 | 個 | 私民 | 庶民 | 大衆 |
|---|---|---|---|---|---|
| 2，3カ月の間生活するのに，必要なもの一つ | | | | | |
| 冷蔵庫 | 20 | 22 | 19 | 24 | 19 |
| 自動車 | 21 | 19 | 28 | 20 | 21 |
| 新聞 | 10 | 13 | 9 | 12 | 9 |
| 携帯電話 | 14 | 11 | 19 | 10 | 16 |
| パソコン | 9 | 16 | 8 | 10 | 7 |
| テレビ | 22 | 17 | 17 | 23 | 26 |
| 何か面白いものを探す | | | | | |
| テレビ | 47 | 38 | 47 | 44 | 52 |
| 新聞 | 16 | 14 | 15 | 19 | 17 |
| 携帯電話 | 4 | 5 | 7 | 4 | 4 |
| パソコン | 21 | 36 | 21 | 24 | 16 |
| 人と直接つきあうより，わずらわしくない感じを与えてくれる | | | | | |
| テレビ | 50 | 36 | 50 | 48 | 58 |
| 新聞 | 13 | 20 | 13 | 14 | 11 |
| 携帯電話 | 9 | 9 | 12 | 7 | 11 |
| パソコン | 12 | 22 | 11 | 14 | 4 |

化のなかで、残念ながら、ここに、夢や理想に疲れた高齢者の生活世界を見いださなければならない。

さて、これら四つの主体類型とテレビ視聴の態様との相関をみると、表8のようになり、きれいな相関の関係が浮き彫りにされている。

私がさらに注目するのは、表9に示されているような「個」的自立の人びととパソコンとの結びつきの強さである。この高度情報化社会の進行のなかで、「個」的自立の主体類型の人びとは、大衆や庶民の類型の人びとが依然としてテレビに全的に浸っているのと対照的に、パソコンへと強く指向し、グローバライズされた生活世界の中で生きるようになってきている。

### 主体類型とコミュニケーション行為

私たちは、さらに、表10に注目することにしたい。この知見は、私たちのテレビ視聴の基底にある基本的なコミュニケーション行為の、それぞれの生活世界の内側での意味のグラデーションを明らかにしている。ここでは、「個」的自立の人々は、欧米の人々のコミュニケーション行為のタイプに近づいているのであって、どちらかといえば、アメリカよりもフランスのそれにいっそう接近しているようだ。これに対して、大衆・庶民の類型に含まれる人びとは、タイのそれに著しく相似したパターンを示している。このような知見は、今後の日本社会の国際化の進展に対応して、アジア放送連合に対応する地域での比較分析と、文字どおりのグローバルな広がり——とりわけ西欧と米国を対象とする——のなかでのコミュニケーション行為の比較研究とが必要であることを強く示している。

本章の論旨に照らしていえば、こうして今日、「個」的自立の主体こそは、戦後日本社会における《前近代》→《近代》→《超近代》という社会変動の諸過程の正統の嫡子なのである。そして、「私民」類型の人たちも、これら社会変動の諸過程がわが国の現代史の一コマ一コマとしての歴史過程として具体化されてくるとき、かぎりなく「個」的自立のそれへと近づいていく論理的可能性を内包しているといってよい。

イギリスの放送の背後には、遠くミルトン、ロック以来の五〇〇年有余の「言論の自由」獲得の歴史があり、それらのかけがえのない所産としての正義（Justice）と公正（Equity）という価値が横たわっている。アメリカの放送を支える《Fairness》ドクトリンにかつての母国イギリスのこのような理念的価値の照り返しが見られるのは、その独立宣言を執筆したジェファーソンの視座がロックの立論から大きく影響されていたことと同様であるだろう。フランスでは、一七八九年の大革命の余波のなか、一七九二年にストラスブールで歌われた「ライン部隊のための行進曲」がラ・マルセイエーズとなり、一七九五年七月一四日に国歌とされた。フランス共和国の自由（Liberté）、平等（Égalité）、友愛（Fraternité）という理念的価値は、このような歴史過程の所産として結晶化してきたのであり、フランスの放送の公共性の底流へと底深くつながっている。しかもストラスブールは、今日では、ヨーロッパの統合を支えるＥＵ議会の所在地となっている。

日本のテレビジョン放送は、みずからの五〇年の歴史をあら

表10　個的自立パターンとコミュニケーション行為　（%）

(1) 国内調査：いちばん重要なコミュニケーション行為

| | 全体 | 個 | 私民 | 庶民 | 大衆 |
|---|---|---|---|---|---|
| 読む | 17 | 26 | 14 | 17 | 15 |
| 書く | 3 | 5 | 4 | 1 | 2 |
| 見る | 27 | 16 | 29 | 26 | 30 |
| 聞く | 16 | 17 | 18 | 19 | 16 |
| 話す | 36 | 34 | 34 | 37 | 37 |

(2) 国際比較調査：いちばん重要なコミュニケーション行為

| | 日本 | アメリカ | フランス | タイ |
|---|---|---|---|---|
| 読む | 17 | 34 | 30 | 19 |
| 書く | 3 | 3 | 3 | 2 |
| 見る | 28 | 7 | 8 | 29 |
| 聞く | 16 | 33 | 28 | 27 |
| 話す | 34 | 21 | 31 | 23 |

ためてわがものとすべく、みずからの立脚する放送の公共性の価値的内包を確認するときである。それは、空疎なスローガンではなくて、まさしく視聴者たちである日本の民衆の自己表現の価値的結晶でなければならないのである。

# 第Ⅲ部　テレビ視聴に関する知見集・年表

# テレビ視聴に関する知見集

「テレビ五〇年」におけるテレビ視聴の特徴を明らかにするために知見集を作成した。

ここでの知見は、主に調査・実証研究にもとづくもので、「テレビ三〇年」の時点でNHK放送文化調査研究所が行なった『「テレビ視聴理論」の体系化に関する研究』（二三五頁、一九八五年）の方法を踏襲して知見の収集・検討作業を行ない、同書で取り上げられた知見に新しい知見を加えて編集されたものである。

『体系化に関する研究』においては、テレビ放送開始以降にテレビ視聴に関して行なわれた調査研究（対象にした研究論文は七〇本）で明らかにされたことを整理して、それを知見として正確に把握することから始まった。

そこでの「知見」とは、「意向調査を通じて明らかにされた二つ以上の変数（要因）間の関係を表わす文章化された命題」のことである。

「知見」として捉えられたものの中には、データとの距離、抽象度の違いなどによって、次の三つのレベルが存在している。

(A)データをそのまま紹介している知見

(B)もう一度一般化したところで述べている知見

(C)さらに一般化を重ねている概括に近い知見

また、知見群の特徴として、(一)基本的属性に関わる知見群、(二)知見が多く積み上げられており、整理・統合が相対的に容易な知見群、㈢時系列的な比較によって検討される必要のある仮説的な知見のまとまり、という三つのレベルのあることが明らかになった。

将来のテレビ視聴を問題にする場合に重要な意味をもつのが㈢のレベルであり、これはテレビ視聴の三〇年間の変化を通時的に捉えることによって導き出されたものである。たとえば、テレビ視聴の「定着化」「環境化」という形で捉えられる特徴は、テレビをパーソナル・コミュニケーションを含む人びとのコミュニケーション構造全体に位置づける視点の重要性を示している。

『体系化に関する研究』では、集められた知見を分類し、一五の個別テーマ（章）に整理した。これをさらに、⑴テレビ視聴の規定要因、⑵テレビ視聴と視聴者、⑶テレビ視聴の基本構造、⑷テレビ視聴と社会変動、の四つの大枠（部）にまとめた。

ここに「テレビ五〇年」の知見集を編集するに当たっては、同書の方法、部・章立てを再構成して、次のように六ブロック・二〇項目に編成した。

一　テレビ視聴の実態　⑴視聴時間／⑵視聴態様／⑶視聴理由／⑷視聴番組
二　テレビ視聴の規定要因　⑸基本的属性／⑹生活構造と人びとの意識
三　テレビ視聴とコミュニケーション構造　⑺対人コミュニケーション／⑻コミュニケーション構造／⑼日本的コミュニケーション／⑽テレビ視聴の環境化
四　テレビ視聴と家族／人間　⑾テレビ視聴と家族／⑿テレビ視聴と人間／⒀視聴者類型
五　テレビ視聴についての認識　⒁テレビの機能／⒂テレビの効用／⒃テレビの影響／⒄テレビの世界

六　テレビ視聴と現代社会　⒅現代的なテレビの見方／⒆多メディア化・デジタル化／⒇社会的危機とテレビ

集成された知見は一〇〇件である（❶～\u2469の番号を付す）。そのうち六九件は、『体系化に関する研究』から継承されたものであり、残り三一件が今回新たに収められたものである。

知見の頭に問題点を表題的に明示したり、一部言い回しを変えさせていただいたり、（　）内に捕捉させていただいたりした部分がある。この点は、引用文献の著者・筆者のご了解をえたい。

「テレビ三〇年」以降の新しい知見の特徴としては、Aレベルの「データをそのまま紹介している知見」が多かった。また、そこから明らかになったことは、「三〇年」から「五〇年」にかけては視聴時間量の増加に伴って「停滞・減少期（一九七〇年代後半～八〇年代前半）」から「回復・堅調期（一九八〇年代後半以降）」への移行が生じており、テレビ視聴のあり方が大きく変化していることである。

「テレビ三〇年」ではテレビ視聴の「環境化」という捉え方をしたが、「五〇年」にかけてのテレビ視聴の動向としては、それがいっそう進展する形で視聴環境の遍在化が進み、またテレビ視聴が人々の環境世界（身体のレベルも含めて）に深く「内在化」してきたことをあげることができる。

人びととテレビとの関係は現在のメディアのなかで最も成熟した特徴を示しており、テレビ視聴がコミュニケーション生活の基層に明確な形で位置づけられているといえよう。以上のことが、現在、テレビがこれまでで最もよく見られていることの基盤になっていると考えられる。

## 一　テレビ視聴の実態

テレビ視聴の実態が、〈視聴時間〉〈視聴態様〉〈視聴理由〉〈視聴番組〉の四項目で明らかにされている。

(1)視聴時間

テレビ五〇年を迎えて、視聴時間量は「テレビ離れ」の時期（一九七〇年代後半と一九八〇年代前半）を脱して、これまでで最もよく見られている。

また、視聴時間の変化の背景には、テレビに関連する要因のほかに、社会状況の変化などのさまざまな要因が関連している。

(2)視聴態様

テレビの見方では、「専念」と「選択」型がそれぞれ六割を占める。また、「個人」視聴が一貫して増加しており、「集団」視聴とほぼ半々になっている。

(3)視聴理由

視聴時間量の減少期（一九八〇年代前半）までよく取り上げられた項目であり、明確な目的をもった視聴理由が減っている。

(4)視聴番組

ニュース・報道番組はよく見られており、教養番組では増加傾向がみられる。一方、娯楽番組のなかでは減少している種目がある。また、コマーシャルに対して親しみをもつ人びとが増えている。

## (1) 視聴時間

❶ 視聴時間の時系列変化――一九六〇年から一九六五年の間にテレビ視聴時間は一気に三倍に増えた。その後、安定して伸びた視聴時間は、一九八〇年より一転下降線をたどる。いわゆる「テレビ離れ」がいわれた時代である。しかし一九九〇年代に入り、視聴時間は再び増加に転じる。一九九〇年から一九九五年にかけては、一九七〇年以降で最高の伸びを示した。そして二〇〇〇年には、その一九九五年の結果をさらに上回り、事実上、過去最高の視聴時間を記録した（表1）（文献29、二〇〇二年）。

❷ 男女年層別の時系列変化――一九七五年、一九八五年、一九九五年の三つの時点で、男女年層別の視聴時間の変化をみると、以下が指摘できる（表2）（文献25、一九九六年）。

- 一九七五年から一九八五年にかけての視聴時間の減少は、男四〇代、女二〇～四〇代で著しい
- 一九八五年から一九九五年にかけての視聴時間の増加は、男一六～一九歳、男三〇・四〇代、女四〇代で著しい
- 一九七五年と一九九五年を比較すると、視聴時間の増加が著しいのは男一六～一九歳、男七〇歳以上、女六〇代、減少が著しいのは女性二〇代で

表1　テレビ視聴時間の変化（3曜日，国民1人あたりの平均）

| | 1960 | 1965 | 1970 | 1975 | 1980 | 1985 | 1990 | 1995 | 1995 | 2000 |
|---|---|---|---|---|---|---|---|---|---|---|
| 平日 | 0:56 | 2:52 | 3:05 | 3:19 | 3:17 | 2:59 | 3:00 | 3:32 | 3:19 | 3:25 |
| 土曜 | 1:05 | 3:01 | 3:07 | 3:44 | 3:29 | 3:16 | 3:21 | 3:55 | 3:40 | 3:38 |
| 日曜 | 1:19 | 3:41 | 3:46 | 4:11 | 4:05 | 3:40 | 3:44 | 4:23 | 4:03 | 4:13 |
| | 面接法<br>アフターコード | | 配付回収法<br>アフターコード | | | | | | 配付回収法<br>プリコード | |

ある

・男女ともに、年層が上がると、視聴時間も上がるという基本傾向は変わっていない

## ❸ 視聴時間の時系列変化の背景――

一九六〇年～一九七五年までのテレビ視聴時間増加の背景として以下の諸点が考えられる。

・高度経済成長、皇太子成婚、東京オリンピック、などを背景に、受信機が爆発的に普及したこと

・放送番組・放送時間の開発の進行、また、「ながら視聴」、家族視聴の誕生により、人びとの生活時間の多くの部分にテレビが侵入してきたこと

一九七六年～一九八五年までのテレビ視聴時間減少の背景として以下の諸点が考えられる。

・娯楽番組が成熟の限界に達し、その後「どのチャンネルも似たような内容」というマンネリ化に対する批判が生じていたこと

・ロス疑惑事件、豊田商事事件、などの取り上げ方をめぐってテレビに対する批判が増大していたこと

表2　1975年, 1985年, 1995年のテレビ視聴時間の男女年層別の変化（平日）

| | 男10 | 男16 | 男20 | 男30 | 男40 | 男50 | 男60 | 男70 |
|---|---|---|---|---|---|---|---|---|
| A 1995年 | 2:13 | 3:00 | 2:25 | 2:42 | 2:47 | 2:59 | 4:12 | 5:11 |
| B 1985年 | 1:57 | 2:13 | 2:09 | 2:11 | 2:16 | 2:56 | 3:49 | 4:42 |
| C 1975年 | 2:16 | 2:21 | 2:27 | 2:37 | 2:47 | 3:13 | 4:13 | 4:24 |
| A−B | 0:16 | **0:47** | 0:16 | **0:31** | **0:31** | 0:03 | 0:23 | 0:29 |
| B−C | −0:19 | −0:08 | −0:18 | −0:26 | −0:31 | −0:17 | −0:24 | 0:18 |
| A−C | −0:03 | **0:39** | −0:02 | 0:05 | 0:00 | −0:14 | −0:01 | **0:47** |

| | 女10 | 女16 | 女20 | 女30 | 女40 | 女50 | 女60 | 女70 |
|---|---|---|---|---|---|---|---|---|
| A 1995年 | 2:05 | 2:13 | 3:00 | 3:44 | 3:57 | 4:27 | 5:07 | 5:16 |
| B 1985年 | 1:54 | 2:10 | 2:56 | 3:17 | 3:24 | 4:05 | 4:45 | 4:51 |
| C 1975年 | 2:05 | 2:13 | 3:39 | 3:59 | 3:54 | 4:26 | 4:23 | 4:51 |
| A−B | 0:11 | 0:03 | 0:04 | 0:27 | **0:33** | 0:22 | 0:22 | 0:25 |
| B−C | −0:11 | −0:03 | **−0:43** | **−0:42** | **−0:30** | −0:21 | 0:22 | 0:00 |
| A−C | 0:00 | 0:00 | **−0:39** | −0:15 | 0:03 | 0:01 | **0:44** | 0:25 |

・石油ショックの陰鬱な統制経済からようやく解放された人びとの心理が、家の中で地味にテレビを見ることよりも、他のレジャーのほうに向き始めたこと

一九八六年以降現在までのテレビ視聴時間増加の背景として以下の諸点が考えられる。

・週休二日制が浸透して自由時間が増加している反面、バブル経済の崩壊以降、景気が低下していること
・湾岸戦争、阪神・淡路大震災、オウム真理教事件、アメリカでの同時多発テロなど、テレビの力を再認識させるような大きな出来事が相次いでいること
・高齢化社会の到来により、テレビを長時間視聴する高齢者の割合が増えてきたこと
・リモコン装置をはじめとして、テレビ受信機の性能がグレードアップしていること
・「視聴者に気楽に時間を過ごしてもらう」ための新しい工夫をこらした番組がバラエティを中心に登場していること
・生まれたとき、または物心がつく前からテレビが存在する世代を中心に、「普段は背景画として流しているが、興がのると、画面と対話し・裏を予測し・感情を包絡させる」という新しいテレビの視聴形態が登場してきたこと（文献32、二〇〇三年）

### (2) 視聴態様

**4** 専念／ながら――一九六〇年から一九六五年にかけて倍近い「ながら視聴」の増加があったが、その後、「専念視聴」と「ながら視聴」の比率は、平日の場合、六対四で、ほぼ変わらずに推移している。二〇〇〇年では、「専念視聴」が二時間八分、「ながら視聴」が一時間一七分である（文献29、二〇〇二年）。

**5** 漠然／選択――一九八〇年代前半にいったん減少した、なんとなくいろいろな番組を見るという漠然視聴が最近

また増え始めた（図1）（文献32、二〇〇三年）。

❻ 個人／集団――一九七〇年に圧倒的に多かった集団視聴は直線的に減り続け、現在では、個人視聴とほぼ半々になっている（図2）（文献32、二〇〇三年）。

### (3) 視聴理由

❼ テレビ所有者の八割が選択する「世間の出来事を知らせてくれる」、「気楽に楽しめる」という二つの理由は、きわめてポピュラーであり、基本的属性については顕著な差がみられないが、テレビに依存する度合いの低い人びとで多い傾向がある（文献2、一九六

図1　漠然視聴か選択視聴か　(%)

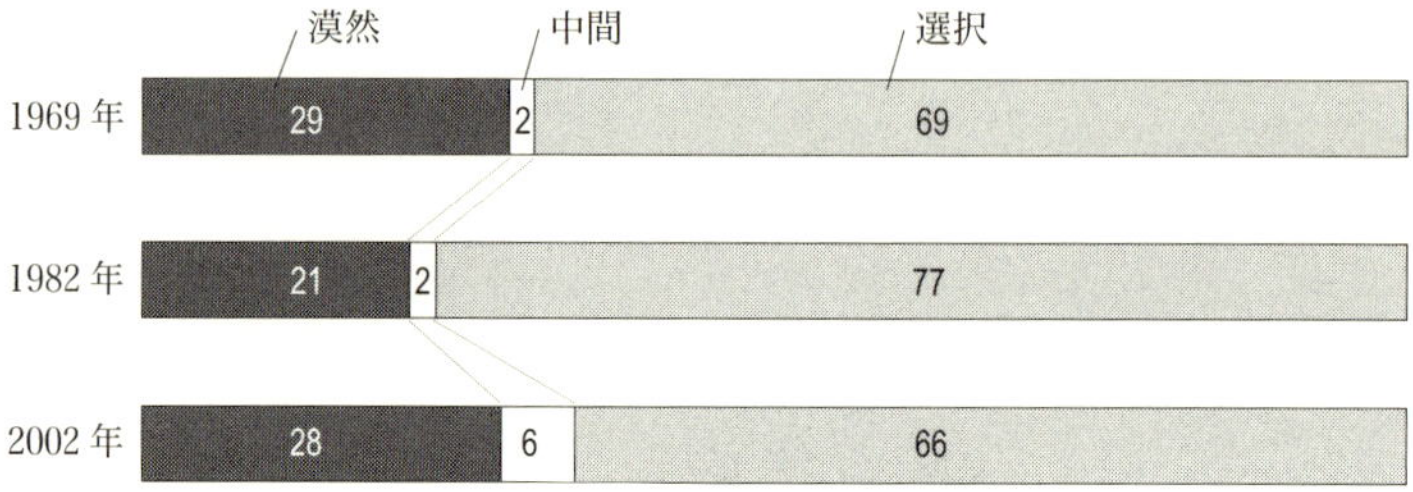


漠然：1969＝別に見たいと思わないものも見る＋なんとなくいろいろ
1982, 2002＝なんとなくいろいろな番組を見るほう
選択：1969＝見たいものだけ選んで見る＋どちらかといえば
1982, 2002＝好きな番組だけを選んで見るほう

図2　個人視聴か集団視聴か　(%)

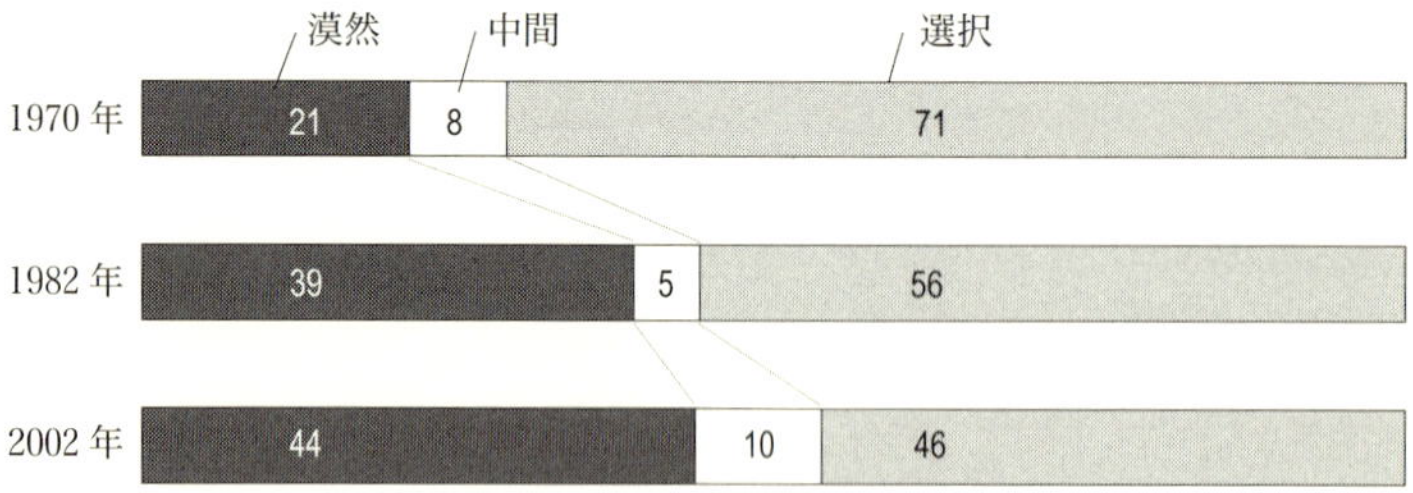


個人：1970, 1982＝ひとりだけで見るほう
2002＝ひとりで見ることが多い
集団：1970, 1982＝ほかの人といっしょに見るほう
2002＝家族と見ることが多い

五年）。

**8** 「心を豊かにしてくれる」「教養を高めてくれる」といった価値を含んだ理由は、テレビに依存する度合いの高い人びとで多い傾向がみられる（文献2、一九六五年）。

**9** 全般的傾向として「はっきりした理由がない」が六二%、「あり」が三八%で、男女とも二〇代、女六〇代に「ない」が多い（文献16、一九七九年）。

**10** 一九七四年から一九七六年にかけて、「気楽に楽しめる」「見るのが習慣」などを除き、明確な目的をもった視聴理由が減っている（文献18、一九八〇年）。

### (4) 視聴番組

**11** 視聴番組の多様化——番組に対する人びとの好みが分散して、個別番組の視聴率が平均化する傾向がみられる（文献12、一九七四年）。

**12** ふだんよく見る番組の種類を、一九八五年と二〇〇〇年で比較すると、

・「ニュースとニュースショー」（七二%）、「天気予報」（五六%）、「ドラマ」（四八%）の順でよく見られていることは変わりがない

・見る人が増えたのは、「自然・歴史・紀行・科学などの一般教養」（二五→三〇%）、「笑いやコントなどのバラエティショー」（二〇→二九%）、「政治・経済・社会番組」（二〇→二四%）、「生活・実用番組」（一四→一九%）である

・「落語・漫才などの寄席・演芸もの」（一九→一四%）、「クイズ・ゲーム」（三六→一七%）は減少した（文献28、二〇〇〇年）

13 一九八五年から二〇〇〇年にかけて、コマーシャルを「なんとも思わず見ている」という人が四五%と半数近くを占めるものの、「楽しんで見ている」という人（二四→二八%）が増え、「がまんして見ている」という人（一六→一四%）が減った（文献28、二〇〇〇年）。

## 二　テレビ視聴の規定要因

テレビ視聴の規定要因として、〈基本的属性〉〈生活構造と人びとの意識〉の二項目が含まれる。

⑸基本的属性

性、年齢、ライフ・ステージ、世代、職業、学歴、地域の七つを取り上げている。そのなかで重要なのは性と年齢である。性別では女性の教養志向が強く、またテレビを自分と関わらせる見方をしていること、年齢では、高齢化するほどテレビのウエイトが増大することが指摘されている。

⑹生活構造と人びとの意識

コミュニケーションを媒介する生活のあり方を生活構造として捉えている。

テレビ視聴との関連では、生活の安定・変化の要素が大きく影響していること、また、生活目標の違いによって、コミュニケーションの行動・欲求が変化することなどが取り上げられている。

——✳——

⑸基本的属性

⑭ 性――テレビの番組内容への関心をみると、女性は男性に比べて、社会的情報や政治的トピックスに対する関心が低く、教養・文化志向である。女性では年齢に関係なく常に教養への志向が保たれている（文献4、一九六七年）。

⑮ 年齢――テレビの受けとめ方の違いに最も大きくかかわっているのは年齢の違いであり、年齢が高くなるほど、テレビのウエイトが増加する（文献18、一九八〇年）。

⑯ ライフ・ステージ――ライフ・ステージ別にテレビの見方を検討すると、つぎの三つの時期に分かれる（文献9、一九七二年）。

・中学・高校期――「娯楽機能」の重視

・大学・有職・独身期――家庭とのつながりの弱化、行動の多様化によるテレビ視聴時間の減少

・既婚期――男性では「娯楽＋社会情報機能」、女性では「娯楽＋生活情報機能」が重視されている

⑰ 世代――現在（一九九五年）、四五歳前後を境に、それより若い人たちを新世代、それより年上の人たちを旧世代とすることができる。新世代の中で若くなるほど強まる特徴として映像志向、テレビ視聴の楽しみの個性化、民放志向の三点がある。さらに、三〇代を中心に、テレビとともに育った「テレビ世代」の存在が推定できる（文献26、一九九六年）。

⑱ 職業――平日、テレビをよく見ているのは、家庭婦人と農林漁業者、あまり見ていないのは、学生や勤め人である（文献29、二〇〇二年）。

⑲ 学歴――学歴の高い人ほど活字のウエイトが高い。テレビは低学歴（中学卒）・中学歴（高校卒）の人々によく利用されている。低学歴の人では、一般にコミュニケーション行動があまり活発でなく、メディアの広がりが小さく、家族・近隣の人との話しあいが大きなウエイトを占める。そのなかでテレビ視聴はかけがえのないコミュニケーション行動として位置づけられている（文献12、一九七四年）。

20 地域――テレビ視聴時間は、沖縄で最も短いほか、東京・大阪など大都市圏でも短い。視聴時間が長いのは、北海道・青森など、北に位置する県である（文献29、二〇〇二年）。

### (6) 生活構造と人びとの意識

21 ①生活構造(一)――人びとの生活の中で、その環境は、私的か社会的か、家庭内か家庭外か、意識空間に「広がりや余裕があるか」「より現実に密着しているか」、の三つの要素によって構成されている。そして、この三つの要素の組み合わせからなる環境への適応様式が、コミュニケーションやテレビ視聴のありかたを規定する重要な要因となっている（文献18、一九八〇年）。

22 ②生活構造(二)――生活者としての人びとのありようは、その生活が安定したものか変化に富んだものか、その人間関係が積極的なものか消極的なものか、その意識が自分の現在を志向しているか社会の将来を志向しているか、の三つの要素から構成されている。この三つのうち、テレビ視聴に大きなかかわりがあるのが、生活の安定・変化の要素であり、安定した人がテレビとの結びつきが強く、変化に富んだ人がテレビとの結びつきが弱いという関係がみられる（文献18、一九八〇年）。

23 ③生活目標――人びとの生活目標を、その日その日を楽しく過ごす（快志向）、しっかりと計画を立てて豊かな生活を築く（利志向）、身近な人たちとなごやかな毎日を送る（愛志向）、みんなと力を合わせて世の中をよくする（正志向）、の四つでとらえると、愛と快の現在志向が増え、利と正の将来志向が減りつつある。そして、これらの生活目標のいかんが、テレビ視聴を規定しているコミュニケーションの行動と欲求に基本的にかかわっている（文献18、一九八〇年）。

24 ④個的自立性――生きがいが対自的（人間的により豊かなものを求めて努力する、など）か即自的（その日その日を愉快に楽しく生きる、など）か、生き方が個人を優先するか社会を優先するか、の二つの要素の組み合わせによって、人びとを、個（対自・社会）、私民（対自・個人）、庶民（即自・社会）、大衆（即自・個人）に分けると、その分布は、個と私民を合わせて三割、大衆が四割、庶民が二割となる。メディアとして大衆はテレビを重視し、個はコンピュータを重視している（文献32、二〇〇三年）。

## 三　テレビ視聴とコミュニケーション構造

ここでは、〈対人コミュニケーション〉〈コミュニケーション構造〉〈日本的コミュニケーション〉〈テレビ視聴の環境化〉の四項目が扱われる。

(7)対人コミュニケーション

コミュニケーション構造のなかで対人コミュニケーションの占めるウエイトが大きく、そのあり方がテレビ視聴の特徴を規定している。

(8)コミュニケーション構造

不満のあり方などがマスコミとの関わり方に影響を与えており、そこでは「調整・代償」機能が働いていること、また、コミュニケーション構造においては、「交流」の要素が重要であり、テレビ視聴が対人コミュニケーションと深い関連をもつことの背景になっている。

(9)日本的コミュニケーション

日本人がテレビをよく見、またテレビ好きであることの背景を探るために、日本人のコミュニケーションの特徴が明らかにされる。

日本人らしさの強い人ほど肯定的なテレビ観を示しており、自分とテレビとの交流感覚を強くもっている。また、日本人は「見る」コミュニケーションを重視する人が多い。

⑽テレビ視聴の環境化

テレビ視聴をコミュニケーションのあり方と関連づけて把握するために、テレビ視聴の「環境化」という考え方が提示される。

テレビ視聴は、環境化・日常化されると、機能面では対人コミュニケーションと近い関係に位置づけられる。また、テレビの機能における「自己との関わり」の重要性について述べられている。

―― ✲ ――

⑺対人コミュニケーション

25 対人コミュニケーション(雑談・世間話、相談ごと、など)、自己内部コミュニケーション(ひとりでものを考える、日記を書く、など)、マス・コミュニケーション(テレビ、新聞、ラジオ、など)、の中からよく行なっているものをあげてもらった。そして、これら三つの組み合わせのうち、「対人コミュニケーションが活発な人びと」のテレビ視聴の行動や意識には著しい特徴がみられた。テレビ視聴を特徴づけるうえで、対人コミュニケーションの濃淡が重要な意味を持っているのである(文献11、一九七三年)。

26 人びとのコミュニケーション構造の中では、対人コミュニケーションの占めるウエイトが大きい。そして、そのウエイトは、ライフ・ステージの変化などによってもたらされる生活構造の変化と呼応して、自己内部コミュニケーションやマス・コミュニケーションのウエイトにも影響を与えている。したがって、三つのコミュニケーションの中で、コアな位置を占めているのが対人コミュニケーションなのである（文献11、一九七三年）。

27 一九七三年から一九八四年の一〇年間で、議論や説得などの対自的コミュニケーションが減少し、雑談やうわさ話などの第一次関係的コミュニケーションが増加している。このように、二つの対人コミュニケーションが、逆の動きをしているのが注目される（文献21、一九八四年）。

## (8) コミュニケーション構造

28 コミュニケーション構造(一)——コミュニケーションの実態や意識をあらわすさまざまな項目を、それらについての、人びとの気持ちの上での遠近によってまとめると、つぎの五つのブロックに分かれる。

・以心伝心ブロック——「テレビの娯楽番組視聴」「レコードやラジオで音楽を聞く」「くどくどいわなくても通じる」が含まれ、いわゆる以心伝心とテレビ娯楽の共通性が示されている

・内面形成ブロック——「日記」「ひとりで考える」「表現したい気持ち」「話さずにはいられない」が含まれ、自己の内面形成に重要な役割を果たしている部分である

・環境化ブロック——「テレビの漠然視聴」「雑談・うわさ話」が含まれ、日常生活の中に環境化しているコミュニケーションの部分である

・マスコミ観ブロック——マス・コミュニケーションのさまざまな側面をどう捉えているかを内容とする

・環境監視ブロック——「テレビの報道番組視聴」「新聞を読む」「自分の考えと世の中の常識を照らし合わせる」が含まれ、自己拡充に寄与するマス・コミュニケーション接触で構成される

こうしてみると、(一)コミュニケーション構造は、人びとのコミュニケーション生活の中で、確認されるべき対象である自己の位置づけ（自己拡充的か没自的か、能動的か受動的か）に対応して形成されること、(二)「テレビの漠

然視聴」「雑談・うわさ話」など、それらが対象化・意識化されにくいままで生活の中に遍在していること、がわかる（文献11、一九七三年）。

29 コミュニケーション構造(二)——人びとのコミュニケーション構造を別の側面からみると、コミュニケーションの志向が私的か社会的か、コミュニケーションの広がりが家庭内か家庭外か、コミュニケーションの機能が対人重視（交流）か日常重視（受容）か、の三つの要素によって構成されている。第三の交流‐受容の要素のうち、交流（「他人に話しかけたい」「自分の意見を世の中に伝えたい」など）は、「テレビのことが話題になることが多い」「テレビがついていないと物足りない」と同様に、若年と高年で高く、中年で低いというU字（回帰）カーブを描いている。このことは、テレビ視聴が対人コミュニケーションのありかたに深くかかわっていることを意味している（文献18、一九八〇年）。

30 人びとの疎外感とマス・コミュニケーション観との関連をみると、疎外感のある人ほど、マス・コミュニケーションに「生活にリズムや区切りを与えてくれる」「ひとりぼっちの淋しさをまぎらわせてくれる」という調整・代償機能を求めている（文献11、一九七三年）。

31 人びとのコミュニケーションの特徴は、生活における不満のあり方によって規定されている。たとえば、家庭や仕事などへの直接的な不満の存在は自己内部コミュニケーションに影響を与え、社会やマス・コミュニケーションなどへの間接的な不満はテレビや新聞などの受容に影響を与える（文献18、一九八〇年）。

32 コミュニケーションを内化と外化に分けてみる。内化とはコミュニケーションの方向がウチと自分の現在（即時）に向かうことであり、外化はそれがソトと社会の将来（遅延）に向かうことである。そして、これをライフ・ステージ別にみると次のようになる（文献18、一九八〇年）。

・若年層は、自分自身に対する関心＝内化と、外部への関心＝外化とが併存する時期から、外化へと移行する

時期であり、メディアを中心とする活発なコミュニケーションが核となっている
・中年層は外化の時期であるが、女性は四〇歳、男性では四五歳くらいから内化への移行が始まる。テレビ視聴のウエイトが大きくなるのは、それから五歳後の年齢である
・高年層の特徴は、自己内部のコミュニケーションの活発さと、対人コミュニケーションへの欲求の強さである。テレビへの傾斜は年齢の上昇とともに強くなる

**33** テレビは、新しい視聴覚メディアとして独特の機能を果たすことによって、その大きな視聴量からみても、肯定的な受けとめられ方からみても、今や、不可欠のコミュニケーション・メディアとして位置づけられている。そして、テレビ視聴は、マス・メディア接触の一つの手段というよりは、対人コミュニケーションに近い特徴を示しているのである（文献13、一九七五年）。

### ⑼日本的コミュニケーション

**34** 「他人の目や世間体が気になる」「人と人とは黙っていても気持ちが通じあえる」など日本人の伝統的コミュニケーションに関連すると思われる項目に「そう思う」と回答した人ほど、きわめて肯定的なテレビ観を示し、自分とテレビとの交流の感覚（「登場人物から語りかけられる」、「広い世界とつながる」、などの感じ）を強くもっていることが判明した（文献18、一九八〇年）。

**35** 自分が生活していくうえで、いちばん重要だと思うコミュニケーションを、見る・読む・書く・聞く・話す、の中から一つだけ選んでもらったところ、アメリカの読む・聞く、フランスの話す・読むに対して、日本では話す・見るが多くの人に選ばれた。そして、この三か国の中でテレビがいちばんよく見られているのが日本である（文献32、二〇〇三年）。

### (10) テレビ視聴の環境化

36 ながら視聴のコミュニケーション論的な意味は、他の生活行動との同時性にあるのではなくて、テレビが発信するイメージと音が、人びとの生活環境を構成する他のさまざまなイメージと音と、交互にミックスして成立する新しいコミュニケーション行動という点に、求められねばならない（文献14、一九七七年）。

37 テレビ視聴行動は習慣化し、生活の中に定着する。そうなると、テレビを見ることのできる場合、それを拒否することが難しくなる。こうしてテレビは、環境化の方向をたどる（文献12、一九七四年）。

38 環境化することによって、「テレビを見る」のではなく、「テレビが見える」状態になると、テレビは人びとのトータルなコミュニケーションにとって「地」の意味を果たすようになる。「地」をできるだけ自分の中に取り込もうとするとき、そこには、かけがえのないコミュニケーションの世界が成立する。したがって、環境化することによって、テレビは、人びとが自己をかかわらせる（没自的ではなく、自己拡充的な）コミュニケーションの成立を可能にする対象となった（文献12、一九七四年）。

39 テレビ視聴が日常化してくると、情報自体が人びとの環境の一部を形成し、人びとは意識するとしないとにかかわらず、そこから影響を受けるようになり、環境世界の中でみずからを位置づける場合に、テレビ視聴は無視できない機能を果たすものになる（文献18、一九八〇年）。

40 対人コミュニケーションが大きな位置を占める生活構造の中でテレビ視聴が日常化し、環境化すると、それは対人コミュニケーションと機能のレベルで近い関係に位置づけられるようになる（文献18、一九八〇年）。

## 四　テレビ視聴と家族／人間

ここでは、〈テレビ視聴と家族〉〈テレビ視聴と人間〉〈視聴者類型〉の三項目が扱われる。

⑾テレビ視聴と家族

テレビが家族コミュニケーションにおいてどのように位置づけられ、また、それがどう変化したかが団らんのあり方を通して明らかにされる。はじめテレビは家族のコミュニケーションを活発にしたが、最近では一家団らんはテレビに吸収されていることがわかる。

⑿テレビ視聴と人間

まず、視聴者の能動性や主体性を探る視点から生活者という捉え方が出てくる。また、人びとと環境化したテレビとの関係が問題にされる。そして、テレビ視聴において、「テレビとの交流」が対人コミュニケーションに近いところにあることが指摘されている。

⒀視聴者類型

これまでの視聴者類型のなかから、マス・メディア接触関連、生活の中のウエイト関連、番組視聴関連、情報行動・生活意識関連の四つのケースを知見として取り上げている。いずれも一九八〇年代までのものであり、最近ではこうしたまとめ方は行なわれていない。

――※――

⑾テレビ視聴と家族

**41** 世帯特性というのは、きわめてシチュエイショナルな概念である。それは、デモグラフィックな要因――たとえば職業――などの実態的な要因とは、ある意味では独立に行動に影響を与えているのである（文献3、一九六五年）。

42 家族という場が人間形成に大きな役割を果たしている以上、それはコミュニケーションの特徴を規定するうえでも同じように意味があるに違いない。日本人のコミュニケーションにおける他律性の特徴は、家族の場が欧米的な意味での個人の自律性を確立するという点ではふさわしくなかったことに起因すると考えられる（文献18、一九八〇年）。

43 家族をめぐる問題状況が示しているのは統合から解体の方向へということであろう（文献18、一九八〇年）。

44 テレビは家庭にきわめて好意的に迎え入れられた。「テレビのおかげで家族がなごやかに過ごせる」という人は七割、これに対して、「テレビは家族の話しあいの妨げになる」と思う人は二割という対比になっている（文献18、一九八〇年）。

45 テレビは、家族のコミュニケーションを妨げるどころか、かえってコミュニケーションを促進させる役目を果たしている。そして、結果的には、家族のコミュニケーションの頻度が多くなれば、テレビの視聴時間量もそれだけ長くなるという相乗的な関係を両者はもつことになる（文献15、一九七九年）。

46 私生活主義の拡大に対応して自己回復の場としての家庭のウエイトが大きくなり、テレビがそのような傾向を助長していることは否定できない。そして、このことは、労働時間の減少によって解放された時間が、家庭内の活動によって占められることと関係が深い（文献18、一九八〇年）。

47 テレビが家族の一員として受けとめられたり、その果たしている役割が対人コミュニケーションに近いものと考えられているのは、テレビそれ自体の機能によるのではなく、受け容れる家族のコミュニケーションによってそれが決定される、ということを意味する（文献18、一九八〇年）。

48 「テレビは家族の団らんの中身を味気ないものにした」という人は、一九六九年の六％から一九七九年の一三％

へと、すこしずつではあるが増加しつつある（文献18、一九八〇年）。

㊾一九八五年から二〇〇〇年にかけて、「テレビが家族の団らんに役立つ」という人が、七〇％から六五％に減少した。子育て中の中年層では変化がないが、若年層と高年層で、それは著しい。これは「テレビを一人だけで見たい」という人の増加と呼応しており、テレビと家族の関係に変調が見え始めた（文献28、二〇〇〇年）。

㊿現在、深夜にまで及ぶ生活活動の一般化・二四時間化、女性の社会進出などによる生活のズレや、家族と一緒にいるよりも自分の好きなように過ごしたいという気持ちのズレなどから、食事をはじめ家庭内で家族がそろいにくくなり、一家団らんはテレビの中に吸収された。人びとは番組に出演しているタレントと団らんし、テレビをつけることで団らん的雰囲気を自分のいる空間に満たしている。ゆえに、一人で見ていてもさびしくないし、テレビ視聴の波長が合わないならむしろ一人で見たいという人さえ現われている（文献33、二〇〇四年）。

## ⑿テレビ視聴と人間

51「テレビ的人間像」模索の経緯は、端的にいって受動性の仮説から、その否定につながる能動性、主体性の強調であり、また歴史的社会的環境を背景にもつ、よりトータルな受け手像の追求である。それは、受け手をたんなるマス・コミュニケーションの受容者としてばかりでなく、生活者・消費者としても多元的にとらえようとする（文献11、一九七三年）。

52「テレビ視聴者」とは、まず、自己の生活の歴史と現在の主体である「生活者」としての全体的な人間であり、その生活の場が現代の社会的・文化的全体状況の中にある、社会的人間である。したがって、「テレビ視聴者」へのアプローチの基本は、「生活者」としての人間と「部分世界」としてのテレビの、生活をとりまき、規定している全体状況のなかでのかかわり方、つまり「テレビ視聴行動」がもつ全生活行動の内での位置と機能を明らかにするところにある（文献5、一九六八年）。

53 テレビ浸透グループ——仕事とテレビの対立、テレビのない生活への感情、余暇活動とテレビの対立、ほっとしたときのテレビの位置、ひまな時間の中でのテレビの位置、故障したときのテレビへの感情、の六項目への回答の仕方から、テレビ浸透グループ（テレビ的人間、約三割）を取り出した。これらの人びとの特徴を列挙すると以下のようになる（文献1、一九六三年）。

・テレビからさまざまな思考や行動のパターンを学びとり、テレビという一つのメディアに依存して思考と感情の生活を営んでいる
・テレビの娯楽の中に教養性を見いだしている
・社会的・経済的に中以下の階層に属している
・生活の現代化・合理化という点で、消極的な構えをもっている
・いろいろな側面で生真面目さを示し、勤倹力行型のモラルに傾斜している

54 テレビ視聴を意識化することが困難であるという状況を考えると、受け手側の主体性のみにウエイトを置くのではなく、人びとと環境化したテレビとの関係をどのような角度から解明するか、が大きな問題になる（文献18、一九八〇年）。

55 テレビ視聴者の構造は次の三つの軸からなっている（文献18、一九八〇年）。

・1軸は、テレビとのかかわりを肯定するか否定するかを分ける軸であり、テレビ視聴のウエイトとの関係が深い
・2軸は、生活意識が自分の現在を志向する即時完結か、社会の将来を志向する遅延拡張か、を分ける軸であり、1軸とともにテレビ視聴のウエイトを大きく規定している

・3軸は、生活態度が能動か受動かを分ける軸であり、「テレビとの交流」との関係をみると、能動型は交流感の強い人に対応するという特徴がみられる。このように、テレビとの交流をあげているのは能動型の人であり、彼らは人間関係においてもお互いの深い結びつきを求める人たちであることを考えると、テレビとの「交流」は対人レベルのコミュニケーションに近いといえる

### ⒀ 視聴者類型

**56** マス・メディア接触関連――テレビ接触の高低と印刷メディア接触の高低の組み合わせによる分類。テレビグループに属する人びとは現在志向型であり、やや文化的・経済的水準の低い人びとが中心となっている（文献1、一九六三年）。

・テレビグループ＝テレビ高／印刷低
・印刷グループ　＝テレビ低／印刷高
・高接触グループ＝テレビ高／印刷高
・低接触グループ＝テレビ低／印刷低

**57** 生活の中のウエイト関連――テレビ視聴構造の総合的分析のための三つの軸〈かかわり肯定－否定〉、〈遅延拡張－即時完結〉、〈能動－受動〉の組み合わせをもとに八つに分類したもの（文献18、一九八〇年）。

・かかわり肯定・遅延拡張・能動型＝テレビは多くの選択肢の中の一つである
・かかわり肯定・遅延拡張・受動型＝テレビは目であり、耳である
・かかわり肯定・即時完結・能動型＝テレビに最も近い娯楽志向型
・かかわり肯定・即時完結・受動型＝テレビにかかわらせてテレビを受けとめる依存型

・かかわり否定・遅延拡張・能動型＝広がりを求める交流型のタイプ
・かかわり否定・遅延拡張・受動型＝テレビから最も遠い存在で、否定的な態度を示す孤立型
・かかわり否定・即時完結・能動型＝楽しみのためにテレビを見る他人志向型
・かかわり否定・即時完結・受動型＝仕方なしにテレビを見るアンビバレントなタイプ

58 番組視聴関連――よく見ているゴールデンアワーの番組をもとに類型化した（文献19、一九八二年）。

・NHK娯楽型＝NHK番組をよく見ているという点でNHK情報型に近いが、民放時代劇もよく見ている（男女とも五〇代・六〇代に多い）
・NHK情報型＝他のタイプに比べ、夜間の視聴時間量が少ない（男性三〇代・四〇代、高学歴に多い）
・劇場用映画型＝（男性三〇代・四〇代に多い）
・民放情報型＝他のタイプに比べ民放の情報系番組をよく見ており、劇場用映画型についで洋画をよく見ている（独身男性に多い）
・民放時代劇型＝時代劇、刑事ドラマ、クイズ、ゲームをよく見ているが、時代劇のウエイトが大きい（女性二〇代・六〇代に多い）
・民放ファミリー型＝歌謡番組、バラエティ、子ども向け番組をとくによく見ている（女性二〇～四〇代に多く、男女とも五〇代・六〇代に少ない）

59 情報行動・生活意識関連――情報行動と生活意識を統合し、類型化した（文献17、一九八〇年）。

・情報関心衰退タイプ＝好奇心や情報に対する関心・意欲が希薄である点、マス・メディア接触や人づきあいが不活発な点が特徴である。テレビ娯楽型の行動タイプの構成比が高い
・独身貴族タイプ＝人生観における現在志向型と余暇観における享楽型のウエイトが大きく、情報関心理由で

は、対人関係への適応と知ること自体を楽しむことのウエイトが大きい態度・意識パターンを示している点が特徴である

・良妻賢母型＝テレビ傾斜・団らん型の意識タイプの構成比が高く、行動面では井戸端会議型を中心に女性情報型とテレビ娯楽型の構成比が高い

・私生活優先タイプ＝社会に対する疎外感が強く、情報関心理由では、独身貴族タイプと同様、対人関係への適応と知ること自体を楽しむことのウエイトが大きいが、家庭生活や自己反省にかかわる理由のウエイトがかなり大きい。情報行動の特徴はくらしとあそびの情報接触のウエイトが大きい

・ビジネスマンタイプ＝情報の入手に対して積極的な姿勢を示し、情報に関心をもつ理由の中での仕事・知識・教養のウエイトが大きく、活字メディアに対する依存度・愛好度が大きいことが特徴である

・趣味・教養志向・インテリタイプ＝メディア観におけるテレビ離れ的な傾向が著しい。情報行動パターンをみるとスポーツ情報接触のウエイトが大きいほか、政治・経済情報型の行動タイプの構成比もビジネスマンタイプについで高い

・地域社会定着タイプ＝生活情報志向タイプの構成比が高く、行動パターンでも家庭生活や近隣社会にかかわる身近で日常的な情報に接触し、話題にするといった情報行動の構成比が高い

・サークル活動家タイプ＝情報に関心をもつ理由では「対人関係への適応」を目的とする理由が「家庭生活」「自己向上」にかかわる理由と並んで大きなウエイトを占め、日ごろの人間関係を重視しているところに特徴がある。情報行動パターンをみると接触内容が多様性に富んでいるが、くらしに関連する情報、趣味・教養情報に対するウエイトがともに大きい

## 五　テレビ視聴についての認識

この領域はこれまでに数多くの知見が蓄積されているが、ここでは、とくに重要だと考えられる〈テレビの機能〉〈テレビの効用〉〈テレビの影響〉〈テレビの世界〉の四つの項目が取り上げられる。

⒁テレビの機能

まず、テレビの基本的な娯楽、報道、教養の三機能のあり方が問題にされる。最近の動向としては報道、教養が増加し、娯楽が減少している。

また、マス・コミュニケーションの機能として、表層に「生活の調整・人間関係の代償」、より深層に「環境監視」、そしてコアに「自己とのかかわりの追求」の機能の存在が指摘されている。

⒂テレビの効用

テレビの効用は、余暇との関連が大きいこと、またその特徴は人びとの意識やコミュニケーションのあり方で異なっていることが明らかにされる。そして、テレビの効用がテレビ視聴の日常性に支えられていることが指摘されている。

最近では、テレビは不可欠であるという人が増加傾向にあり、テレビのウエイトの大きさを物語っている。

⒃テレビの影響

テレビの影響は重要なテーマとしてこれまでにも繰り返し調査が行なわれている。

初期においては、自己に近い面での評価がきびしく、遠ざかるにつれてプラスの評価が増えることが指摘されている。また、社会的レベルでの影響を認める人は個人的レベルでの影響に否定的であり、個人的レベルでの影響を認める人はテレビに好意的であることが明らかにされている。

現時点では「政治や社会に対する関心を強くした」「青少年の非行や暴力行為を助長した」という人が半数を超えている。

⒄テレビの世界

テレビがつくりだす世界が一つのテーマになるということは、テレビのメディアとしての機能の大きさを示しており、初期に多く取り上げられていた。テレビの世界は娯楽・報道・教養などの機能が統合された、それ以上は分解できない「面白さ」であるという捉え方がなされている。

現在の特徴としては、テレビに満足している人が減って、不満のある人が増えたこと、いったん減少したテレビに対して興味をもつ人が最近また増え始めたことが挙げられる。

―― ✲ ――

⒁テレビの機能

**60** 〈文化〉や〈社会意識〉などの抽象的・精神的な、いわば利害を伴わないようなものに対するテレビの機能はプラスの方向でとらえているが、〈世論〉や〈社会〉などの具体的・現実的な、いわば社会の変動にかかわるようなものに対するテレビの機能を認めない人はかなり多い（文献6、一九六九年）。

**61** 〈余暇〉を中心として〈仕事〉〈人間関係〉の生活側面でテレビの必要性を認めるか否かによって、テレビの機能特性についての認識が異なり、〈余暇〉を中心として、他のいずれかの生活の側面で必要性を認める人びとは、テレビの機能特性を多面的に、高く評価している（文献6、一九六九年）。

62 テレビの〝娯楽過多〟に対する批判や、〝多様性〟についての疑念が出ており、娯楽を中心として進行してきたテレビの浸透が、そろそろ限界に近づいてきたことを意味している（文献7、一九七〇年）。

63 マス・コミュニケーション観からマス・コミュニケーションの機能を三層構造としてとらえると、最も表層部分に「生活の調整・人間関係の代償」機能が存在し、より深層で「環境を監視する」機能が期待され、そして「自己とのかかわりを追求する」コア機能へと展開していく（文献11、一九七三年）。

64 テレビを道具的にとらえる人びとでは、娯楽、報道、教養の三つのファクターがその機能として指摘され、ウエイトの重さは娯楽、報道、教養の順であった（文献12、一九七四年）。

65 テレビに求められる自己向上（教養）、環境監視（報道）の二つの機能は手段的機能として位置づけられ、明確な目的意識に基づく視聴理由と関連が深い。これに対して自己回復の機能と関連した娯楽レベルの機能や対人コミュニケーションを介在する機能は、テレビ視聴が目的的で自己完結的になり、こういった領域で環境

図３　いちばん多く放送してほしい番組　（％）

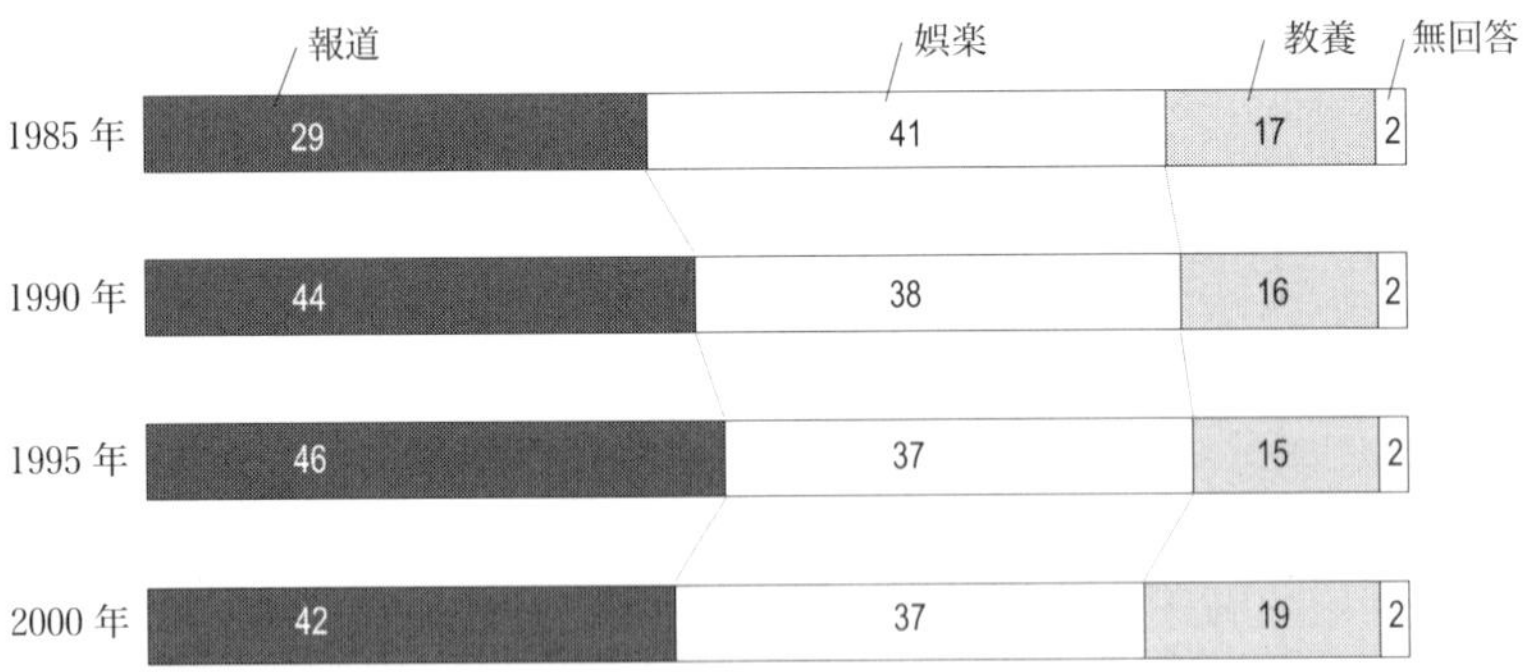


報道：世の中の出来事や動きを伝える番組
娯楽：くつろいで楽しめる番組
教養：知識や教養を身につけるのに役立つ番組

化したテレビ視聴が成立する（文献18、一九八〇年）。

66 テレビに対する期待機能は、一九八五年から一九九五年にかけて、「報道」が増加し、「娯楽」が減少した。さらに、一九九五年から二〇〇〇年にかけて「教養」が増加した（図3）（文献28、二〇〇〇年）。

67 テレビ報道の現状に対して国民の約半数がなんらかの不満を感じている。それは「興味本位の大袈裟な取り上げ方をすることが多い」「人権やプライバシーを侵す、行き過ぎた報道が目立つ」といった過度のセンセーショナリズムやスキャンダリズムへの批判と、「問題の核心に迫る、踏み込んだ取材が足りない」「政府・与党や大企業に利用されている」などのより本質的な部分に二分されている（文献22、一九八七年）。

## ⒂テレビの効用

68 テレビに対する人びとの依存度は、慰安・娯楽と情報収集の欲求充足に関してはきわめて大きいといえるが、自己向上の欲求充足に関しては、一般の人びとにおいては、特に大きいとはいえない（文献5、一九六八年）。

69 人びとは、一般にテレビ視聴の効用をゼロに近いプラスとしてとらえているが、このことはテレビ視聴の効用が小さいことを意味しているのではなく、人びとにとって「テレビを見る」という行動が、それだけ日常化し、習慣化しているということである（文献6、一九六九年）。

70 人びとの生活の中で認められているテレビの効用は、「余暇」の次元でもっとも大きく、次いで「人間関係」「仕事（勉強）」の順となっている（文献7、一九七〇年）。

71 個人優先の生活意識の人びとは、家族・遊び友達に関連した領域で、社会優先の生活意識の人びとは、仕事・勉強、生き方・考え方の領域で、それぞれテレビの効用を認めている（文献11、一九七三年）。

72 テレビの効用は、ほかのコミュニケーションから遊離して形成されるものでない以上、各人に固有なコミュニケーション構造の中でとらえられるべきであり、このことは、テレビの日常性を問題にする基本的な視点とつながっている（文献11、一九七三年）。

73 テレビがほかのコミュニケーション行動によって代替される可能性が小さい人の場合には、テレビはかけがえのないウエイトを占めるようになり、テレビに対する肯定的な態度に結びつく（文献13、一九七五年）。

74 効用の領域についてみると、人びとの基本的属性を反映したコミュニケーションの特徴との対応がみられ、テレビは人びとの日常生活の中に位置づけられており、固有なコミュニケーション構造に組みこまれていることがわかる。また、マス・コミュニケーション観との関連では、「自己とのかかわり」をあげた人が、効用について肯定的な評価をしており、テレビの効用に基本的に関連するのは、「自己」とどのようにかかわりをもつか、ということである（文献11、一九七三年）。

75 テレビを「なくてはならないもの」とする人は増加傾向にあり（一九八五年三七％→二〇〇〇年四三％）、「あれば便利」とする人は減少傾向にある（一九八五年五六％→二〇〇〇年五二％）（文献28、二〇〇〇年）。

## ⒃テレビの影響

76 テレビの影響は、自己にひきつけられる面での評価が最もきびしく、遠ざかるにつれてプラスの評価がふえる（文献12、一九七四年）。

77 テレビの影響に対して肯定的な人は、テレビの楽しさの程度、テレビの満足度、興味の変化の質問でもきわめて肯定的な回答をしている（文献12、一九七四年）。

78 個人的なレベルよりも社会的レベルでのテレビの影響力を認める人が多く、家族団らんに対する影響のプラスとマイナスについては意見が分かれている（文献20、一九八三年）。

79 社会的レベルで影響を認める人は、ホワイト・カラー、高学歴、大都市の人に多く、これらの人びとは個人的レベルでの影響が否定的であるのに対して、個人的レベルでの影響を認める人は、農林漁業に代表されるように、テレビに対して好意的な人たちである。また若年層では、テレビの影響を否定する人が多い（文献20、一九八三年）。

80 現時点での、テレビの影響認識を具体的に示すと、表3のようになる（文献28、二〇〇〇年）。

### ⒄ テレビの世界

81 テレビ視聴という行動の対象である「テレビの世界」への期待、欲求の基本的な共通性は、「テレビの世界」のあるべき属性として表現することができ、テレビ視聴行動において人びとが充足されることを求めている「おもしろさ」への欲求としてみることができる（文献5、一九六八年）。

82 人びとが「テレビの世界」に期待しているもの、したがって、日常的なテレビ視聴行動の大衆性を支えているものは、ジャーナルな属性、ドラマティックな属性や教訓・教養・実用的な属性の統合された、本来それ以上は分解できない「おもしろさ」であるといえよう（文献5、一九六八年）。

83 ドラマティックなものは、本来的には非日常的なものだといわれているが、人びとと「テレビ

表3　テレビの影響に関する認識（％）

| | |
|---|---|
| テレビは人々のことばを | |
| 洗練させた | 11 |
| 乱れさせた | 34 |
| どちらともいえない，DK | 55 |
| 人々が物事を深く考える力を | |
| 強くした | 31 |
| 弱くした | 26 |
| どちらともいえない，DK | 44 |
| 人々の生活の仕方を | |
| 個性的にした | 11 |
| 似たものにした | 48 |
| どちらともいえない，DK | 41 |
| 青少年の非行や暴力行為を | |
| 抑制した | 8 |
| 助長した | 54 |
| どちらともいえない，DK | 36 |
| 人々に | |
| 心の豊かさを重視させた | 20 |
| 物の豊かさを重視させた | 35 |
| どちらともいえない，DK | 45 |
| 人々の政治や社会に対する関心を | |
| 強くした | 63 |
| 弱くした | 6 |
| どちらともいえない，DK | 31 |

の世界」との対話のなかで、「ドラマ」はもっとも日常的な位置を占めている（文献5、一九六八年）。

84 「ドラマ」を中心とする視聴傾向は、ものごとをドラマ化してみたがる性質の存在に、その基礎を求める方が妥当であろう。一方では、より現実的なジャーナルな属性を「テレビの世界」に要求しながらも、他方では「テレビの世界」全体を、まず情緒的に認識するという基本的傾向が、今日のテレビ視聴者の中にあると考えられる（文献5、一九六八年）。

85 テレビの「同時性（遠くで今起こっていることが、居ながらにしてわかること）」「家族性（家族みんなで楽しめること）」および「総合性（ニュース・教養から娯楽まで何でもそろっていること）」を《テレビらしさ》としてあげる人が多く、「マスコミ性（日本中の人たちが同じものを見、同じことについて考えることができることができること）」をあげる人が比較的少ない（文献6、一九六九年）。

86 テレビらしさに関する認識は、層別にみると、それぞれ独自の傾向を示しており、そこには、人びとのテレビへの期待や利用の仕方についての多様性がうかがえる（文献6、一九六九年）。

87 「テレビの世界＝テレビで見たこと」を「直接見聞きしたのと同じように実感が持てる」という人が減少している（一九九〇年五七％↓一九九五年四九％↓二〇〇〇年四二％）（文献28、二〇〇〇年）。

88 現在のテレビに満足している人が減り（一九八五年八三％↓二〇〇〇年七八％）、

図４　テレビに対する興味　（%）

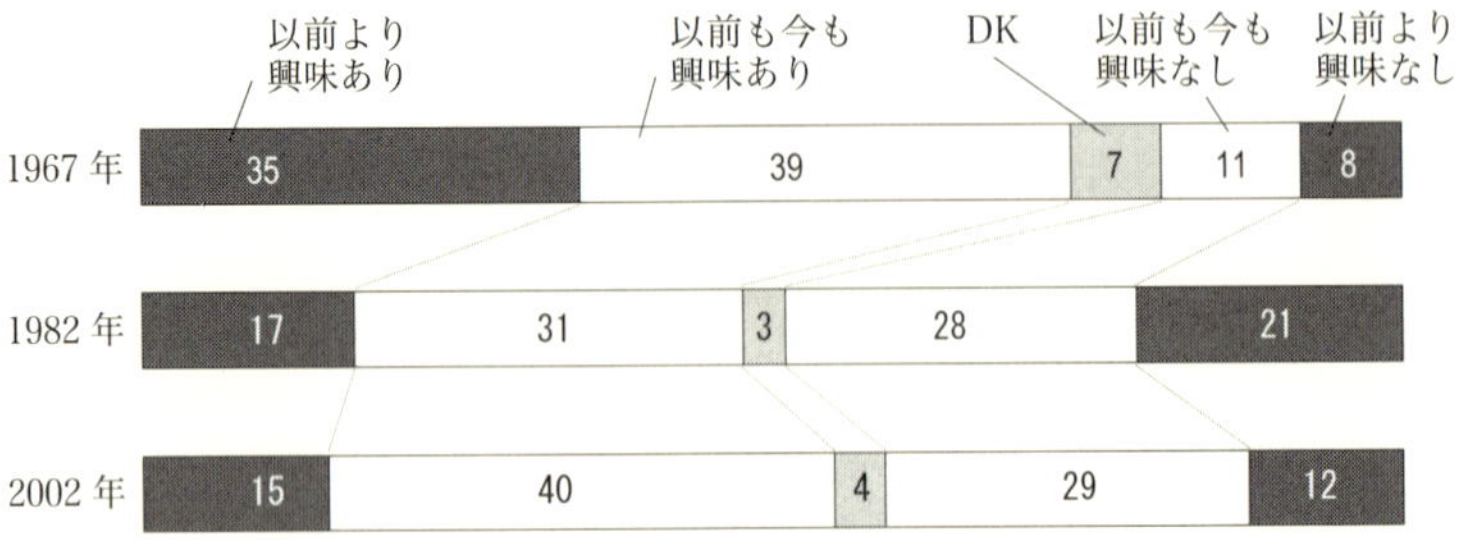

不満の人が増えた（一九八五年一四％→二〇〇〇年一九％）。不満の人は、欠かせないメディアに「新聞」をあげた人や、期待する放送機能に「教養」をあげた人で比較的多い（文献28、二〇〇〇年）。

89 一九八〇年代前半にいったん減少した、テレビに対して興味をもつ人が、最近また増え始めた（図4）（文献32、二〇〇二年）。

## 六　テレビ視聴と現代社会

テレビ三〇年以降の新しい動向に関する知見として、〈現代的なテレビの見方〉〈多メディア化・デジタル化〉〈社会的危機とテレビ〉の三つの項目を取り上げた。テレビの視聴態様、メディア状況の変化のなかでのメディアとしてのテレビ、高度情報社会の一側面としての社会的危機におけるテレビの役割を扱う。

(18)現代的なテレビの見方

現代的なテレビの見方の特徴が五つに整理され、四つ以上が溶け合った見方をしている人が四割で、若くなるほど多い。また、リモコン装置がテレビの見方を多彩にしていることなどが取り上げられる。

(19)多メディア化・デジタル化

多メディア化のなかで、量的にはテレビが他のメディアを圧倒しており、また機能面では多くの領域でテレビが一位に挙げられている。

また、最初に探すチャンネルは地上波優先が八割であり、チャンネルの増加希望は総合チャンネルが四割で専門チャンネルを上回っている。

(20)社会的危機とテレビ

テレビニュースは生活のなかで不可欠の存在になっており、社会の危機的状況の拡大のもとで、多くの人びとがテレビのライフ・ラインとしての機能や、日常生活を送るうえでの基本的な情報源としての役割に期待していることが明らかになっている。

―― ❊ ――

## ⒅ 現代的なテレビの見方

**90** テレビにリモコン装置がついたことについて、「テレビの見方が自由で多彩なものになった」という人が六一％で、「テレビの見方が散漫で落ち着かなくなった」二七％を上回った（文献23、一九九三年）。

**91** 現代的なテレビの見方の特徴は次の五つにまとめられる（文献32、二〇〇三年）。

・感情性――テレビを見て元気になったり、ストレスを発散するなど、視聴中・視聴後の反応が感情と直結したテレビの見方

・環境性――気がつくとテレビをつけているというような、生活環境に溶け込んだテレビの見方

・熟練性――ドラマのストーリー予想や、番組の演出や細部、裏側への関心など、番組を深読みするテレビの見方

・断片性――番組の見たい部分だけを見たり、ふだんはBGMだが、何かの拍子に真剣に見たりする、非連続なテレビの見方

・一体性――番組や出演者に対してリアクションするなど、友達と雑談しているかのようなテレビの見方

これら五つの要素のうち、四つ以上が溶け合った見方をしている人は四三％おり、若くなるほど多い

92 現在のテレビ視聴は、（中略）偶然性や偶発性に身をまかせ、テレビ視聴行為の目的を無化し、あらゆる番組を娯楽化してしまうところまで先鋭化している（文献24、一九九三年）。

### ⒆ 多メディア化・デジタル化

93 二〇〇二年の時点における多メディア状況の中で、メディア接触の量的実態をみると、テレビが他を圧倒している（表4）（文献30、二〇〇二年）。

94 二〇〇三年の段階でテレビ、新聞、パソコン、携帯電話のすべてを使っている人に、使用感を比較してもらうと表5のようになる（文献32、二〇〇三年）。

95 地上波以外のチャンネル（BS、CS、CATV）を視聴できる人に、テレビを見るときにいちばん最初に探すチャンネルを尋ねたところ、地上波優先八一％、地上波以外優先一一％であった（文献27、一九九八年）。

96 チャンネルの増加希望は、総合チャンネル四二％、専門チャンネル三五％、増加希望なし二一％、であった（文献27、一九九八年）。

表4　メディア接触の量的実態（日曜）

| メディア | 接触率（%） | 国民1人当たりの平均時間 |
|---|---|---|
| テレビ | 91 | 3:52 |
| 新聞・雑誌・本・マンガ | 49 | 0:33 |
| 携帯電話 | 34 | 0:20 |
| パソコン | 15 | 0:16 |
| CD・テープ | 14 | 0:17 |
| ラジオ | 12 | 0:15 |
| ビデオ | 12 | 0:13 |
| テレビゲーム | 9 | 0:10 |
| インターネット（携帯・PC） | 26 | 0:19 |
| 　ホームページ | 9 | 0:06 |
| 　メール | 22 | 0:13 |

## (20) 社会的危機とテレビ

**97** 情報とは、複雑化する環境と多様化する価値観に対応して、人びとが自己の生存を確認するために、ある程度意識的に接触しているシンボルの世界であり、情報接触の欲求は人間の生存本能にかかわる基本的な欲求（環境監視と自己認識）の一つである（文献8、一九七二年）。

**98** 「大事件や大事故、災害のニュースがあると、放送が終わるまでテレビを見てしまう」（八〇％）、「地震が起きるとすぐテレビのスイッチを入れてみる」（六二％）、そして「一日に一回はテレビのニュースを見ないと落ち着かない」（五九％）という具合に、ニュース番組が生活の中で切り離すことのできない存在になっている（文献22、一九八七年）。

**99** 一九九五年以降、人びとのテレビ視聴時間は三時間三〇分を突破し、現在では四時間に届こうとしている。この背景の一つが、阪神大震災、オウム真理教事件、アメリカでの同時多発テロ、アフガニスタン戦争、イラク戦争など、続発する社会的危機である（文献32、二〇〇三年）。

**100** テレビの今後に期待する役割についての質問では、「災害など緊急時に人びとの必要な情報を伝えること」が最も多く七二％、以下「ニュース・報道番組を充実すること」が六七％、「生活や仕事に役立つ番組を放送すること」が五八％の順になっていた。この傾向は性別、年層、

表5　テレビ，新聞，パソコン，携帯電話の比較　（%）

| | テレビ | 新聞 | パソコン | 携帯電話 |
|---|---|---|---|---|
| ～するのに，最も役に立つと思うものは， | | | | |
| 理屈抜きで楽しむ | **78** | 1 | 13 | 5 |
| 世の中の出来事を知る | **67** | 30 | 3 | 0 |
| 政治や社会問題を考える | 42 | **56** | 1 | 0 |
| 何か面白いものを探す | 30 | 8 | **53** | 5 |
| ～を，最も感じさせてくれるものは， | | | | |
| 心がゆり動かせるような感じ | **72** | 6 | 3 | 3 |
| 心の安らぎが得られるような感じ | **63** | 5 | 3 | 13 |
| 外の世界とつながっているような感じ | **47** | 5 | 34 | 9 |
| 人と直接つきあうより，わずらわしくない感じ | 31 | 11 | **34** | 14 |

都市規模など回答者の属性によっても大きな違いはなく、多くの人びとがテレビの「ライフライン」としての機能や、日常生活を送るうえでの基本的な情報源としての役割に期待していることがわかった(文献31、二〇〇三年)。

〔文献一覧〕


1 藤竹暁「生活の中のテレビジョン」、『文研年報』NHK放送文化研究所、一九六三年。
2 吉田潤「番組嗜好に関する諸研究」、『文研月報』一九六五年一・二月号、NHK出版。
3 佐藤毅・中野収・早川善治郎「生活の中のマス・コミュニケーション行動」、『サンケイ・アドマンスリー』九他、サンケイ新聞広告局、一九六五年。
4 飽戸弘「マス・コミュニケーション接触行動の要因分析」、『東大新聞研究所紀要』東大新聞研究所、一九六七年。
5 藤原功達「今日のテレビ視聴者」、『文研年報』NHK放送文化研究所、一九六八年。
6 藤原功達「人々のテレビ意識」、『文研年報』NHK放送文化研究所、一九六九年。
7 吉田潤「調査結果からみたテレビの問題点」、『文研月報』一九七〇年二月号、NHK出版。
8 小川文弥「情報化社会への移行と人々の意識」、『文研月報』一九七二年一月号、NHK出版。
9 牧田徹雄「生活の中のテレビ」、『文研年報』NHK放送文化研究所、一九七二年。
10 山本透「テレビ研究の二〇年」、『文研月報』一九七三年八月号、NHK出版。
11 小川文弥「日本人のコミュニケーション」、『文研月報』一九七三年九～一二月号、NHK出版。
12 小川文弥「今日のテレビ」、『文研月報』一九七四年一二月号、NHK出版。
13 小川文弥「日本人のテレビ意識」、『文研年報』NHK放送文化研究所、一九七五年。
14 藤竹暁「共有的テレビ視聴論」、『文研月報』一九七七年一月号、NHK出版。
15 本田妙子・牧田徹雄「家族とテレビ」、『文研月報』一九七九年七・八月号、NHK出版。
16 米沢弘「テレビ番組への嗜好と日常の関心」、『文研月報』一九七九年一一月号、NHK出版。
17 藤原功達「視聴者類型化の試み」、『文研月報』一九八〇年八・一〇・一二月号、NHK出版。

18 小川文弥「日本人とテレビ」、『文研月報』一九八〇年五月号他、NHK出版。
19 藤原功達「ゴールデン・アワーの視聴者タイプ」、『文研月報』一九八二年一〇月号他、NHK出版。
20 吉田潤「人々はテレビをどう見ているか」、『文研月報』一九八三年三月号、NHK出版。
21 小川文弥「日本人のテレビ視聴はどうとらえられたか」、『文研年報』NHK放送文化研究所、一九八四年。
22 藤原功達・三矢恵子「テレビ報道はどう受けとめられているか」、『放送研究と調査』一九八七年七月号、NHK出版。
23 戸村栄子・白石信子「今、人々はテレビをどのように視聴・評価・期待しているか」、『放送研究と調査』一九九三年二月号、NHK出版。
24 西田文則「テレビ娯楽の現代的意味」、『文研年報』NHK放送文化研究所、一九九三年。
25 NHK放送文化研究所『日本人の生活時間・一九九五』NHK出版、一九九六年。
26 上村修一・白石信子「テレビ世代の視聴特性」、『文研年報』NHK放送文化研究所、一九九六年。
27 高橋幸市「視聴者と放送の公共性」、『放送研究と調査』一九九八年五月号、NHK出版。
28 上村修一・居駒千穂・中野佐知子「日本人とテレビ・二〇〇〇」、『放送研究と調査』二〇〇〇年八月号、NHK出版。
29 NHK放送文化研究所『日本人の生活時間・二〇〇〇』NHK出版、二〇〇二年。
30 三矢恵子・荒牧央・中野佐知子「広がるインターネット、しかしテレビとは大差」、『放送研究と調査』二〇〇二年四月号、NHK出版。
31 横山滋・米倉律、「同居する『信頼』と『批判』」、『放送研究と調査』二〇〇三年三月号、NHK出版。
32 白石信子・井田美恵子「浸透した『現代的なテレビの見方』」、『放送研究と調査』二〇〇三年五月号、NHK出版。
33 井田美恵子「テレビと家族の五〇年」、『文研年報』NHK放送文化研究所、二〇〇四年。

# テレビ関係年表

| 放送・通信・メディア | テレビ番組 | 世相・出来事 |
|---|---|---|
| **一九五三年** | | |
| 二月一日テレビ放送開始 | 『ジェスチャー』（NHK） | 朝鮮戦争休戦協定（三八度線） |
| NHK東京開局、受信契約数八六六件、受信料月二〇〇円 | 『紅白歌合戦』（NHK） | 第四次吉田茂内閣「バカヤロウ解散」 |
| | 『何でもやりまショー』（NTV） | 「真知子巻き」 |
| 日本テレビNTV（東京）開局、街頭テレビ（五五カ所二二〇台）を設置 | 「プロボクシング」中継（白井義男対エスピノザ） | テレビCM第一号「正午の時報・精工舎」 |
| | | 『東京物語』『雨月物語』 |
| 国際電信電話会社設立 | 「大相撲夏場所」中継 | |
| **一九五四年** | | |
| NHK契約数一万件 | 「プロ野球」中継（阪急対毎日） | ビキニ水爆実験と「死の灰」 |
| NHK大阪・名古屋開局 | 「プロレス」中継（NTV：シャープ兄弟対力道山・木村政彦） | 自衛隊発足 |
| 受信料改定、月三〇〇円 | | 家庭電化本格化 |
| トランジスタ生産開始 | | 『ゴジラ』『七人の侍』『ローマの休日』 |
| 深夜放送が若者に人気 | | |
| 貸本屋急増 | | |
| CATV実験（伊香保） | | |
| **一九五五年** | | |
| ラジオ東京テレビKRT（TBS）開局 | 「衆議院議員選挙開票」速報 | AA会議 |
| NHK契約数一〇万件 | 『私の秘密』（NHK） | 第一回原水爆禁止世界大会開催 |
| ソニーが「トランジスタ・ラジオ」発売 | 『追跡』（NHK） | 自由民主党結成と社会党統一（五五年体制） |
| | 『日真名氏飛び出す』（TBS） | 「神武景気」（〜五七年） |

| | 放送・通信・メディア | テレビ番組 | 世相・出来事 |
|---|---|---|---|
| | | | 主婦論争<br>「三種の神器」（電気冷蔵庫、電気洗濯機、テレビ）<br>『エデンの東』『暴力教室』 |
| **一九五六年** | 全国縦断マイクロ回線開通<br>大阪テレビ放送ＯＴＶ（大阪）、ＣＢＣ（名古屋）開局<br>アメリカ製ドラマ<br>ＶＴＲ実用化（米）<br>五社協定<br>郵政省がテレビ局に大量免許交付 | 『お笑い三人組』（ＮＨＫ）<br>『東芝日曜劇場』（ＴＢＳ）<br>『ハイウェイ・パトロール』（ＮＨＫ）<br>『スーパーマン』（ＴＢＳ）<br>『名犬リンチンチン』（ＮＴＶ）<br>『チロリン村とくるみの木』（ＮＨＫ） | スエズ危機<br>日ソ共同宣言<br>日本の国連加盟<br>「もはや戦後ではない」（『経済白書』）<br>水俣病社会問題化<br>南極観測船<br>日本住宅公団、初の入居者募集（団地族）<br>『週刊新潮』創刊～週刊誌ブーム到来<br>『太陽の季節』『狂った果実』（「太陽族」） |
| **一九五七年** | ＨＢＣ（札幌）開局<br>民放三六局、ＮＨＫ七局に一斉予備免許<br>カラーテレビ実験放送<br>スローモーション録画<br>「一億総白痴化」論<br>国産カラーテレビ開発（東芝） | 『日本の素顔』（ＮＨＫ）<br>『きょうの料理』（ＮＨＫ）<br>『ダイヤル１１０番』（ＮＴＶ）<br>『ヒッチコック劇場』（ＮＴＶ）<br>『名犬ラッシー』（ＴＢＳ）<br>『野球教室』（ＮＴＶ）<br>『カナダカップ国際ゴルフ』（ＮＴＶ） | ソ連、スプートニク一号打ち上げ成功<br>米ソ「ＩＣＢＭ」開発<br>東海村・原子炉「原子の火」<br>昭和基地<br>『週刊女性』（初の女性週刊誌）<br>『戦場にかける橋』『灰とダイヤモンド』<br>『嵐を呼ぶ男』～裕次郎人気 |
| **一九五八年** | ＲＫＢ（福岡）ほか民放一二社が開局<br>ＮＨＫ全国テレビ網完成<br>ＮＨＫテレビ受信契約者数が一〇〇 | 『光子の窓』（ＮＴＶ）<br>『ロッテ歌のアルバム』（ＴＢＳ）<br>『事件記者』（ＮＨＫ） | ＮＡＳＡ設置（米）<br>ＥＥＣ発足<br>関門トンネル |

| | | | |
|---|---|---|---|
| | 万突破<br>YTV（大阪）開局<br>東京タワー完成<br>「IC」開発される（米）<br>VTR国産化成功（NHK）<br>民放連「テレビ放送基準」 | 『私は貝になりたい』（TBS）<br>『パパは何でも知っている』（NTV）<br>『月光仮面』（TBS）<br>『バス通り裏』（NHK） | ダイエー一号店<br>「インスタントラーメン」日清チキンラーメン発売<br>ロカビリー |
| **一九五九年** | NHK教育（東京）開局<br>日本教育テレビNET（東京）開局<br>フジCX（東京）、毎日（大阪）ほか民放二一社が開局<br>NHK教育（大阪）開局<br>IBM第二世代コンピュータ<br>加入電話三〇〇万台<br>テレビ広告費がラジオ広告費を抜く | 「皇太子ご成婚パレード」中継<br>『兼高かおる世界飛び歩き』（TBS）<br>『スター千一夜』（CX）<br>『おとなの漫画』（CX）<br>『ザ・ヒットパレード』（CX）<br>『ローハイド』（ANB）<br>『おかあさんといっしょ』（NHK） | 「キューバ革命」と「中ソ対立」<br>岩戸景気<br>皇太子ご成婚<br>伊勢湾台風<br>長嶋茂雄、天覧試合でサヨナラ本塁打<br>「カステラ一番」（文明堂CM）<br>日本レコード大賞<br>「カミナリ族」<br>『少年マガジン』『少年サンデー』『朝日ジャーナル』『週刊文春』<br>『勝手にしやがれ』（ヌーベルバーグ）<br>「南国土佐を後にして」「黒い花びら」 |
| **一九六〇年** | カラーテレビ本放送開始<br>初の通信衛星打ち上げ<br>ソニー、世界初のトランジスター・テレビ開発<br>テレビ討論<br>初のFM放送 | 「安保」報道<br>『きょうのニュース』（NHK）<br>『自然のアルバム』（NHK）<br>『快傑ハリマオ』（NTV）<br>『日日の背信』（CX）<br>『ララミー牧場』（ANB）<br>『ブーフーウー』（NHK） | OPEC結成、OECD調印<br>「所得倍増計画」<br>安保闘争（日米新安保条約）<br>浅沼稲次郎社会党委員長刺殺事件<br>交通戦争<br>松本清張ブーム<br>『太陽がいっぱい』『黒いオルフェ』『甘い生活』「ア |

| 放送・通信・メディア | テレビ番組 | 世相・出来事 |
|---|---|---|
| | | カシアの雨が止む時」「霧笛が俺を呼んでいる」 |
| **一九六一年**<br>日本初のＩＣ<br>全日放送（午前七時〜夜一二時） | 『ピンク・ムード・ショー』（ＣＸ）<br>『夢であいましょう』（ＮＨＫ）<br>『シャボン玉ホリデー』（ＮＴＶ）<br>『七人の刑事』（ＴＢＳ）<br>『娘と私』（ＮＨＫ：連続テレビ小説、始まる）<br>『若い季節』（ＮＨＫ）<br>『アンタッチャブル』（ＡＮＢ）<br>『みんなのうた』（ＮＨＫ） | 米国ベトナムに介入<br>ガガーリン「地球は青かった」<br>「農業基本法」<br>四日市ぜんそく<br>「金の卵」（集団就職）<br>「巨人・大鵬・たまごやき」<br>「東洋の魔女」<br>平凡社の『国民百科事典』<br>「上を向いて歩こう」 |
| **一九六二年**<br>ＮＨＫ契約数一〇〇〇万件<br>受信料改定、甲（テレビあり）は月三三〇円<br>ＴＶゲーム「スペースウォー」（米） | 『ニュースコープ』（ＴＢＳ）<br>『ノンフィクション劇場』（ＮＴＶ）<br>『カメラルポルタージュ』（ＴＢＳ）<br>『地上最大のクイズ』（ＣＸ）<br>『てなもんや三度笠』（ＴＢＳ）<br>『ベン・ケーシー』（ＴＢＳ）<br>『コンバット』（ＴＢＳ）<br>『ルート66』（ＣＸ）<br>『アベック歌合戦』（ＮＴＶ）<br>『ホイホイ・ミュージックスクール』（ＮＴＶ） | キューバ危機<br>東京の人口一〇〇〇万人<br>「全国総合開発計画」<br>スモッグ問題、サリドマイド薬禍<br>『沈黙の春』<br>「ＹＳ11」初飛行<br>堀江謙一のヨット<br>『週刊テレビガイド』<br>植木等の「無責任男」「スーダラ節」<br>『座頭市物語』『キューポラのある街』<br>「いつでも夢を」 |
| **一九六三年**<br>テレビ衛生中継 | 「ケネディ大統領暗殺」ニュース（国 | ケネディ大統領暗殺事件 |

データ放送サービス

際衛星生中継）
『新日本紀行』（ＮＨＫ）
『明るい農村』（ＮＨＫ）
『３分クッキング』（ＮＴＶ）
『アップダウンクイズ』（ＡＮＢ→ＴＢＳ）
『花の生涯』（ＮＨＫ：大河ドラマ始まる）
『鉄腕アトム』（ＣＸ）
『ロンパールーム』（ＮＴＶ）
『鉄人28号』（ＣＸ）
『マラソン中継』（ＮＨＫ）
『底抜け脱線ゲーム』（ＮＴＶ）

米国で公民権デモ
吉展ちゃん事件
力道山刺殺
狭山事件
黒四ダム完工式
「ヒッピー」
『鬼火』『アラビアのロレンス』『鳥』
「高校三年生」「こんにちは赤ちゃん」「恋のバカンス」
ビートルズ「抱きしめたい」

**一九六四年**

テレビ東京開局
電子卓上計算機「ＢＡＳＩＣ」完成（米）
インテルサット設立
ＣＡＴＶ
ラジオ「オーディエンス・セグメンテーション編成」

「東京オリンピック」ＴＶ宇宙中継
『ドキュメンタリー劇場』（ＣＸ）
『現代の映像』（ＮＨＫ）
『木島則夫モーニングショー』（ＡＮＢ）
『ミュージックフェア64』（ＣＸ）
『題名のない音楽会』（ＡＮＢ）
『七人の孫』（ＴＢＳ）
『愛と死を見つめて』（ＴＢＳ）
『逃亡者』（ＴＢＳ）
『ひょっこりひょうたん島』（ＮＨＫ）

新潟地震
東京オリンピック
東海道新幹線開通
海外旅行自由化
王貞治、五五本の年間本塁打記録樹立
「ウルトラＣ」
ＶＡＮのアイビー・ファッション
『平凡パンチ』『ガロ』
『マイ・フェア・レディ』『砂の女』『００７危機一髪』
「ウナセラディ東京」

**一九六五年**

朝のワイドショー

『スタジオ１０２』（ＮＨＫ）
『11ＰＭ』（ＮＴＶ）
『アフタヌーンショー』（ＡＮＢ）

北爆開始、ベトナム戦争激化
ラルフ・ネーダー「消費者運動」
「期待される人間像」草案答申

| 年 | 放送・通信・メディア | テレビ番組 | 世相・出来事 |
| --- | --- | --- | --- |
| 一九六六年 | カラーテレビ全国ネット完成<br>大型赤電話サービス<br>テレビ初のスポットＣＭ<br>ＮＴＶ系ニュース・ネットワーク「ＮＮＮ」<br>フジ系ニュース・ネットワーク「ＦＮＮ」 | 『踊って歌って大合戦』（ＮＴＶ：低俗批判）<br>『勝ち抜きエレキ合戦』（ＣＸ）<br>『太閤記』（ＮＨＫ：大河ドラマ）<br>『ザ・ガードマン』（ＴＢＳ）<br>『青春とは何だ！』（ＮＴＶ）<br>『おはよう！子どもショー』（ＮＴＶ）<br>『おばけのＱ太郎』（ＴＢＳ）<br>『ジャングル大帝』（ＣＸ）<br>『サザエさん』（ＴＢＳ）<br>「全日空羽田沖墜落事故」報道<br>『あなたは…』（ＴＢＳ）<br>『笑点』（ＮＴＶ）<br>『家族そろって歌合戦』（ＴＢＳ）<br>『おはなはん』（ＮＨＫ：連続テレビ小説は、女の一代記へ）<br>『氷点』（ＮＥＴ）<br>『銭形平次』（ＣＸ）<br>『ウルトラマン』（ＴＢＳ）<br>『サンダーバード』（ＮＨＫ）<br>『奥様は魔女』（ＴＢＳ）<br>『おそ松くん』（ＮＥＴ） | 名神高速道路開通<br>モンキーダンス<br>ＪＡＬパック<br>『気狂いピエロ』『四人はアイドル』『サウンド・オブ・ミュージック』<br>『海の若大将』『網走番外地』<br>「涙の連絡船」「兄弟仁義」<br>「サウンド・オブ・サイレンス」<br>ベンチャーズ来日公演<br>中国で「文化大革命」<br>「3Ｃ」時代（カー、クーラー、カラーテレビ）<br>ひのえうま<br>ジャンボジェット機<br>『男と女』『昼顔』<br>「バラが咲いた」「君といつまでも」「星影のワルツ」「悲しい酒」<br>ビートルズ来日 |
| 一九六七年 | 初の民放ＵＨＦ局岐阜放送開局 | 『ハノイ・田英夫の証言』（ＴＢＳ） | 中東戦争、ＥＣ発足 |

UHF民放一五社に予備免許
NHK受信契約数二〇〇〇万件
情報産業研究部会
IC使用電卓
電電公社データ通信本部
「テレビ電話」実験
テレビ普及率八三・一%

『白い巨塔』（ANB）
『意地悪ばあさん』（NTV）
『チャコねえちゃん』（TBS）
『コメットさん』（TBS）
『スパイ大作戦』（CX）
『インベーダー』（NET）
『仮面の忍者赤影』（CX）
『トッポジージョ』（TBS）
『リボンの騎士』（CX）
『パーマン』（TBS）

公害対策基本法公布
「ゴーゴー、アングラ、フーテン族」
「オールナイト・ニッポン」
ツィギー来日（「ミニスカート」流行）
「イエイエ」（レナウンCM）
タカラが「りかちゃん人形」発表
『頭の体操』
『俺たちに明日はない』『卒業』
「世界は二人のために」「ブルーシャトー」「真赤な太陽」「帰ってきたヨッパライ」
「GS」ブーム

**一九六八年**

UHF放送開始
UHF民放一四地区に追加割当て
カラー受信料設定、月四六五円（白黒三一五円）
NHKカラー契約数一〇〇万件
民放全社がカラー化へ
NHKラジオ受信料廃止
LSI開発（米）
カセット式テープレコーダー普及
アラン・ケイ「パソコン」
ポケットベル・サービス開始
郵便番号制度

『夜のヒットスタジオ』（CX）
『肝っ玉母さん』（TBS）
『男はつらいよ』（CX）→映画化
『キイハンター』（TBS）
『サインはV』（TBS）
『ゲゲゲの鬼太郎』（NET）
『巨人の星』（NTV）
『お笑い頭の体操』（TBS）

フランス五月革命、プラハの春、キング牧師暗殺
「いざなぎ景気」
GNP自由世界二位
イタイイタイ病・新潟水俣病、公害病と認定
東大紛争などの大学紛争
三億円事件
メキシコ・オリンピック
川端康成ノーベル賞受賞
『二〇〇一年宇宙の旅』『俺たちに明日はない』『卒業』『猿の惑星』
「三百六十五歩のマーチ」「恋の季節」「ブルーライト・ヨコハマ」、「天使の誘惑」
「山谷ブルース」、「ジャックスの世界」
『少年ジャンプ』創刊

## 放送・通信・メディア

### 一九六九年

ＵＨＦ民放局一二社開局
ＮＨＫＦＭ本放送開始
エフエム愛知本放送開始
家庭用ＶＴＲ開発（ベータとＶＨＳ）
日本記者クラブ発足
プッシュホン
ＴＶ音声多重放送
テレビ政見放送（徳島知事選）
ソニー「カセット式ＶＴＲ」開発

### 一九七〇年

ＮＴＶ、ゴールデンアワーの番組を
一〇〇%カラー化
大阪エフエム本放送開始
エフエム東京本放送開始
福岡エフエム本放送開始
半導体量産装置試作
マイクロプロセッサ開発（インテル）
東京ケーブルビジョン発足
ＮＥＴ系ニュース・ネット「ＡＮＮ」

## テレビ番組

「アポロ11号月面着陸」中継
「東大安田講堂」中継
『唄子啓助のおもろい夫婦』（ＣＸ）
『巨泉・前武ゲバゲバ90分』（ＮＴＶ）
『コント55号の裏番組をブッとばせ!!』
（ＮＴＶ）
『8時だヨ！全員集合』（ＴＢＳ）
『紅白歌のベストテン』（ＮＴＶ）
『水戸黄門』（ＴＢＳ）
『天と地と』（ＮＨＫ）
『プレイガール』（ＴＶ東京）
『ムーミン』（ＣＸ）
『サザエさん』（ＣＸ）
『アタック№1』（ＣＸ）

「よど号事件」中継
『ドキュメント'70』（ＮＴＶ）
『遠くへ行きたい』（ＮＴＶ）
『全日本歌謡選手権』（ＮＴＶ）
『樅の木は残った』（ＮＨＫ）
『ありがとう』（ＴＢＳ）
『時間ですよ』（ＴＢＳ）
『奥様は18歳』（ＴＢＳ）
『ハレンチ学園』（ＴＶ東京）

## 世相・出来事

反戦運動、学園紛争、ウッドストック
反戦フォーク、中津川フォークジャンボリー
東名高速道路開通
池袋ＰＡＲＣＯ
「アッと驚くタメゴロー！」（『ゲバゲバ90分』）
「おーモーレツ」「はっぱふみふみ」
『イージーライダー』『明日に向かって撃て』
『男はつらいよ』（第一作）
「時には母のない子のように」「夜明けのスキャット」「フランシーヌの場合」
『ゴルゴ13』

大阪万国博覧会開幕
七〇年安保
公害（光化学スモッグ、ヘドロ）
三島由紀夫「自決」
「日本」の呼称を「ニッポン」に統一
「ウーマンリブ」
「ディスカバージャパン」（国鉄）、「モーレツからビューティフルへ」（ゼロックス）
『あしたのジョー』の力石の告別式に七〇〇人

| 年 | テレビ関係 | 番組 | 社会・世相 |
|---|---|---|---|
| | フジポニー設立<br>テレビマンユニオン発足 | 『あしたのジョー』（CX） | 『イージーライダー』『いちご白書』<br>日活「ロマンポルノ」製作へ<br>「走れコウタロー」「黒猫のタンゴ」「圭子の夢は夜ひらく」 |
| **一九七一年** | 広域圏にも圏域U局を一局割当て<br>NHK総合、全番組カラー化<br>NHKカラー契約数一〇〇〇万件<br>新著作権法 | 『リビング4』（CX）<br>『野生の王国』（NET）<br>『新婚さんいらっしゃい！』（TBS）<br>『スター誕生』（NTV）<br>『おれは男だ！』（NTV）<br>『天下御免』（NHK）<br>『仮面ライダー』（ANB）<br>『ルパン三世』（NTV）<br>『ゆく年くる年』（民放）<br>「ボウリング番組」ブーム | ドルショック、円切り上げ<br>沖縄返還<br>環境庁発足<br>横綱大鵬引退<br>新宿高層ビル<br>「アンノン族」<br>カップヌードル発売<br>銀座三越に日本マクドナルドハンバーガー一号店開業<br>「シラケ」「ガンバラナクッチャ」「ヘンシーン」<br>『時計仕掛けのオレンジ』『ベニスに死す』<br>「また逢う日まで」「知床旅情」「私の城下町」<br>「三人娘」と「新御三家」（アイドル元年） |
| **一九七二年** | NHKカラー契約数が白黒を追い越す<br>フロッピー・ディスク（米）<br>ISDN<br>テレショップ番組<br>有線テレビジョン法 | 「浅間山荘事件」中継<br>「佐藤栄作首相引退記者会見」<br>『セサミストリート』（NHK）<br>『中学生日記』（NHK）<br>『お笑いオンステージ』（NHK）<br>『木枯し紋次郎』（CX）<br>『必殺仕掛人』（ANB）<br>『太陽にほえろ』（NTV） | IRA、連合赤軍、アラブ・ゲリラ<br>ローマクラブ「成長の限界」<br>中華人民共和国と国交回復<br>田中角栄「日本列島改造論」<br>横井庄一さんグアム島から帰国<br>札幌冬期オリンピック〜日の丸飛行隊（スキー・ジャンプ競技）<br>上野動物園でパンダ初公開 |

## 放送・通信・メディア

**一九七三年**

超LSI（米）
電話FAX全国サービス
国際ダイヤル通話サービス
各局、全番組カラー化
オイルショックで深夜放送短縮

**一九七四年**

プッシュ式ホームテレホン
民放「系列」のねじれ解消
放送文化基金

## テレビ番組

『金曜ドラマ』（TBS）
『マジンガーZ』（CX）
『科学忍者隊ガッチャマン』（CX）

『国盗り物語』（NHK）
『非情のライセンス』（NET）
『刑事コロンボ』（NHK）
『新八犬伝』（NHK）
『ひらけ！ポンキッキ』（CX）
『ドラえもん』（NTV）
『キューティ・ハニー』（NET）
『木曜スペシャル』（NTV：超能力人気へ）
『うわさのチャンネル！』（NTV）

『ニュースセンター9時』（NHK）
『未来への遺産』（NHK）
『パンチDEデート』（CX）
『レッツゴーヤング』（NHK）
『傷だらけの天使』（NTV）
『寺内貫太郎一家』（TBS）

## 世相・出来事

ニューファミリー、中ピ連、「金曜日はワインを買う日」「愛情はつらつ」
『ぴあ』創刊
『惑星ソラリス』『ゴッドファーザー』
「瀬戸の花嫁」「喝采」「女のみち」
「結婚しようよ」「神田川」
池田理代子『ベルサイユのばら』

第四次中東戦争
オイルショック
熊本地裁、水俣病訴訟でチッソの過失責任認定
「ハイセイコー」、巨人「V9達成」
『燃えよドラゴン』『ペーパームーン』『愛の嵐』
『日本沈没』『同棲時代』

ウォーターゲート事件
戦後初のマイナス成長
三菱重工ビル爆破事件
立花隆「田中角栄研究」（『文藝春秋』）
宝塚歌劇団『ベルサイユのばら』
『ノストラダムスの大予言』『かもめのジョナサン』

## 一九七五年

NHKカラー契約数二〇〇〇万件
VHS式、ベータ式ビデオ発売
天皇皇后ご訪米でENG導入
ATM
テレビ広告費が新聞広告費を抜く

『赤い迷路』（TBS）
『鳩子の海』（NHK）
『宇宙船艦ヤマト』（NTV）
『ウィークエンダー』（NTV）
『欽ちゃんのドンとやってみよう！』（CX）
『俺たちの旅』（NTV）
『前略おふくろ様』（NTV）
『Gメン75』（TBS）
『大草原の小さな家』（NHK）
『まんが日本昔ばなし』（TBS）

『エクソシスト』『エマニエル夫人』『家族の肖像』『田園に死す』
「襟裳岬」「氷の世界」「あなた」「精霊流し」「なごり雪」（ニューミュージック）
第一次カラオケ・ブーム
山上たつひこ『がきデカ』
ベトナム戦争終結
山陽新幹線博多まで開業
沖縄「海洋博覧会」開幕
天皇・皇后の初記者会見
エリザベス英女王来日
「わたし作る人、ぼく食べる人」（男女差別批判によりCM放映中止）
カシオの電卓発売
「ツッパリ」「暴走族」
「カプセル人間」「複合汚染」
『ビックリハウス』『週刊就職情報』創刊
『ジョーズ』『タワーリング・インフェルノ』
『トラック野郎』『青春の殺人者』
「あの日に帰りたい」「シクラメンのかほり」

## 一九七六年

NHK受信料改定、カラー月七一〇円（白黒四二〇円）
アップル・コンピュータ社設立
国産初のマイコン「TK80」
TVゲーム『ブロックくずし』（米）

「ロッキード事件国会証人喚問」中継
「ワイドショー」の芸能ショー化
『日曜美術館』（NHK教育）
『クイズダービー』（TBS）
『徹子の部屋』（ANB）

ロッキード事件、田中角栄元首相を逮捕
モントリオール五輪（NHKと民放が共同製作）
角川メディアミックス商法
『限りなく透明に近いブルー』『犬神家の一族』
『タクシードライバー』『ロッキー』『愛のコリーダ』

## 放送・通信・メディア

**一九七七年**

教育テレビ、全番組カラー化
一六ビットパソコン
光ファイバー製造に成功

**一九七八年**

テレビ音声多重の実用化試験放送開始（各局）
日本語ワープロ
キャプテン開発
自動車電話
実験用放送衛星「ゆり」打ち上げ

## テレビ番組

『名曲アルバム』（ＮＨＫ）
『男たちの旅路』（ＮＨＫ：土曜ドラマ）
『キャンディ・キャンディ』（ＡＮＢ）
『プロ野球ニュース』（ＣＸ）
『ＮＨＫ特集　日本の戦後』（ＮＨＫ）
『アメリカ横断ウルトラクイズ』（ＮＴＶ）
『コッキーポップ』（ＮＴＶ）
『岸辺のアルバム』（ＴＢＳ）
『ムー』（ＴＢＳ）
『土曜ワイド劇場　時間よとまれ』（ＡＮＢ）
『ルーツ』（ＡＮＢ）
『海は蘇える』（ＴＢＳ）
『チャーリーズ・エンジェル』（ＮＴＶ）
『ウルトラアイ』（ＮＨＫ）
『ザ・ベストテン』（ＴＢＳ）
『演歌の花道』（ＴＶ東京）
『白い巨塔』（ＣＸ：田宮二郎版）
『熱中時代』（ＮＴＶ）
『西遊記』（ＮＴＶ）
『銀河鉄道９９９』（ＣＸ）
『24時間テレビ　愛は地球を救う』（ＮＴＶ）

## 世相・出来事

「およげたいやきくん」「中央フリーウェイ」「北の宿から」
有珠山爆発
ダッカ空港日航機ハイジャック事件（超法規的措置）
気象衛星ひまわり一号の打ち上げ
王選手、ホームラン世界新七五六号
「自動焦点カメラ」「カラオケ」
『アニーホール』『スターウォーズ』『未知との遭遇』
『八つ墓村』『ハウス』
映画『宇宙船艦ヤマト』～アニメ・ブーム
「津軽海峡冬景色」「昔の名前で出ています」「渚のシンドバット」「勝手にしやがれ」
宮崎県沖地震
植村直己単身北極圏到達
新東京国際空港開港、サンシャイン60
試験管ベビー
江川卓巨人入団
「口裂け女」「窓際族」「フィーバー」「なんちゃって」「不確実性の時代」「サラ金地獄」
『ディアハンター』『秋のソナタ』『サタデー・ナイト・フィーバー』『サード』

## 一九七九年

音声多重放送開始
NECがPC-8001発表
ソニー・ウォークマン発売
キャプテンシステム実験開始

『未来少年コナン』（NHK）
『ズームイン！朝！』（NTV）
『クイズ100人に聞きました』（TBS）
『花王名人劇場』（CX）
『3年B組金八先生』（TBS）
『西部警察』（テレビ朝日）
『探偵物語』（NTV）
『ドラえもん』（ANB）
『機動戦士ガンダム』（ANB）
『東京女子マラソン』（ANB）

キャンディーズ、サヨナラ・コンサート
「UFO」「青葉城恋歌」「君のひとみは一〇〇〇〇ボルト」（イメージソング）
『スペースインベーダー』
第二次オイル・ショック
イラン革命、ソ連「アフガン侵攻」
サッチャー首相
スリーマイル島原発事故
国公立大学共通一次試験実施
「ウサギ小屋」「たけのこ族」「省エネ」「ダサい」
スペース・インベーダー大ブーム
『地獄の黙示録』『エイリアン』『マンハッタン』『ブリキの太鼓』
「北国の春」「ガンダーラ」「関白宣言」
YMOの「テクノポップ」

## 一九八〇年

NHK受信料改定、カラー月八八〇円（白黒五二〇円）
CD開発
ミニテル（仏）
CNN放送開始（米）
コレクトコール・サービス

『報道特集』（TBS）
『シルクロード』（NHK）
『トゥナイト』（ANB）
『お達者くらぶ』（NHK）
『ドラマ人間模様　あ・うん』（NHK）
『池中玄太80キロ』（NTV）
『翔んだカップル』（CX）

イラン・イラク戦争、光州事件
ポーランド「連帯」
ジョン・レノン射殺事件
「イエスの方舟」事件
金属バット両親殺害事件
校内暴力・家庭内暴力が多発、問題化
モスクワ五輪と「ボイコット問題」
「竹の子族」
マンザイ・ブーム
『エレファントマン』『アレクサンダー大王』『ヒ

| 放送・通信・メディア | テレビ番組 | 世相・出来事 |
|---|---|---|
| | | ポクラテスたち』『影武者』『セーラー服と機関銃』<br>「異邦人」「青い珊瑚礁」「贈る言葉」<br>山口百恵「引退」コンサート<br>『パックマン』 |
| **一九八一年**<br>スーパー・コンピュータ<br>三二ビット・マイクロプロセッサ<br>MS-DOS開発（米）<br>レーザーディスク開発<br>日経ニーズ（データサービス）<br>MTV開局（米） | 『赤ちゃんは訴える』（TBS）<br>『趣味講座』（NHK教育）<br>『なるほど！ザ・ワールド』（CX）<br>『オレたちひょうきん族』（CX）<br>『ベストヒットUSA』（ANB）<br>『北の国から』（CX）<br>『マリコ』（NHK）<br>『ドラマ人間模様　夢千代日記』（NHK）<br>『それからの武蔵』（TV東京）<br>『Dr.スランプ』（CX） | 日米貿易摩擦<br>スペースシャトル打ち上げ<br>「AIDS」認知<br>レーガン大統領のレーガノミックス<br>行革（土光臨調）<br>神戸ポートピア開幕<br>ホンダ「シティ」<br>「クリスタル族」「ウッソー」「ホントー」「カワイー」「ぶりっこ」<br>『炎のランナー』『遠雷』『泥の河』『劇場版ガンダム三部作』 |
| **一九八二年**<br>カラー契約数二七〇〇万件<br>高細密度テレビ<br>ホームバンキング<br>CDプレイヤー発売 | 『久米宏のテレビスクランブル』（NTV）<br>『YOU』（NHK教育）<br>『笑っていいとも！』（CX）<br>『生命潮流』（NTV）<br>『三国志』（NHK）<br>『けものみち』（NHK） | フォークランド紛争<br>イスラエル「レバノン侵攻」<br>ホテルニュージャパン火災<br>羽田沖で日航航空機墜落（「逆噴射」）<br>東北新幹線開通<br>「ねくら」「ルンルン」「ほとんどビョーキ」<br>歴史教科書問題 |

**一九八三年**

「ファミリーコンピュータ」発売
ロータス１２３（米）
カード式公衆電話
ＮＨＫ文字放送試験放送

**一九八四年**

放送衛星「ＢＳ－２ａ」打ち上げ
ＮＨＫ衛星試験放送開始
アップル社、三二ビット「マッキントッシュ」発売
「ＴＲＯＮ」計画
ＩＳＮ実験
日経テレコン

『オールナイトフジ』（ＣＸ）
『世界まるごとＨＯＷマッチ』（ＴＢＳ）
『おしん』（ＮＨＫ：連続テレビ小説）
『積み木くずし』（ＴＢＳ）
『金曜日の妻たちへ』（ＴＢＳ）
『ふぞろいの林檎たち』（ＴＢＳ）
『スチュワーデス物語』（ＴＢＳ）
『キャッツ・アイ』（ＮＴＶ）
『プロ野球　珍プレー好プレー大賞』（ＣＸ）
『家政婦は見た！』（テレビ朝日）
『キン肉マン』（ＮＴＶ）

「ロス疑惑」ワイドショー報道
『ＣＮＮデイウォッチ』（ＡＮＢ）
『中村敦夫の地球発22時』（ＴＢＳ）
『関東甲信越　小さな旅』（ＮＨＫ）
『北の国から'84夏』（ＣＸ）
『うちの子にかぎって』（ＴＢＳ）
『不良少女と呼ばれて』（ＴＢＳ）

「おいしい生活」（西武百貨店）
貸レコード店、使い捨てカメラ
『ブレードランナー』『ＥＴ』『蒲田行進曲』
「待つわ」「北酒場」
大友克洋『ＡＫＩＲＡ』

ＳＤＩ構想
参議院選挙に比例代表制導入
大韓航空機事件
東京・練馬一家五人惨殺事件
横浜ホームレス襲撃事件、戸塚ヨットスクール事件
東京ディズニーランド開園
「校内暴力」「愛人バンク」
「ＤＸ－７」「六甲のおいしい水」「カフェバー」「コピーライター」
『戦場のメリークリスマス』『家族ゲーム』
「矢切の渡し」「釜山港に帰れ」「めだかの兄弟」
ナゴムレーベル
『ゼビウス』

「アフリカ飢餓」
グリコ・森永事件（怪人21面相・キツネ目の男）
植村直己、下山中滑落死
「ハイファイ・カーステレオ」「写真週刊誌」
「新人類」「イッキ」「ニューアカ・ブーム」「ＤＣブランド」「マルキン・マルビ」「登校拒否」
ロサンゼルス・オリンピック（カール・ルイス四

| 年 | 放送・通信・メディア | テレビ番組 | 世相・出来事 |
|---|---|---|---|
| | キャプテンサービス、スタート<br>チケットぴあ | 『スクール・ウォーズ』（TBS）<br>『北斗の拳』（CX） | 冠達成）<br>『ストレンジャー・ザン・パラダイス』『パリ・テキサス』『アマデウス』『風の谷のナウシカ』『オネアミスの翼』<br>ファミコン・ブーム |
| 一九八五年 | 放送大学開講<br>文字放送の本放送開始<br>NTT民営化<br>ソニー「ハンディカム」発売<br>フリーダイヤル | 「豊田商事会長刺殺事件」中継<br>『ニュースステーション』（ANB）<br>『ルーブル美術館』（NHK）<br>「聖・輝の結婚式」中継<br>『夕やけニャンニャン』（CX）<br>『さんまのまんま』（CX）<br>『天才たけしの元気が出るテレビ』（NTV）<br>『毎度おさわがせします』（TBS）<br>『スケバン刑事』（CX）<br>『ライブエイド中継』（CX） | プラザ合意<br>日航ジャンボ機、御巣鷹山に墜落（ダッチロール）<br>新風俗営業法施行<br>日本でも初のエイズ患者確認<br>阪神「優勝」<br>つくば科学万博開幕、上越新幹線開業<br>電電公社、専売公社民営化<br>「いじめ」の深刻化<br>「アフタヌーンショー」が「やらせリンチ事件」で打ち切り<br>「分衆」「少衆」「インディーズ」<br>「テレクラ」開店<br>『女子高生制服図鑑』『世界の終わりとハードボイルド・ワンダーランド』<br>『ターミネーター』『ゴーストバスターズ』<br>『スーパーマリオ』『ドラゴンクエスト』 |
| 一九八六年 | 「一太郎」 | 「フィリピン革命」報道 | チェルノブイリ原発事故 |

文字放送全国ネット

「三原山噴火」報道
『世界・不思議発見』（ＴＢＳ）
『テレビ探偵団』（ＴＢＳ）
『ファッション通信』（ＴＶ東京）
『男女七人夏物語』（ＴＢＳ）
『あぶない刑事』（ＮＴＶ）
『ドラゴンボール』（ＣＸ）

チャレンジャー爆発事故
「三原山噴火」
男女雇用機会均等法施行
「バブル景気」始まる〜「地価高騰・円高」
ダイアナ妃来日（ダイアナ・フィーバー）
フィリピンで若王子信行氏誘拐
北野武フライデー乱入事件
カルガモ親子
「ぷっつん」「グルメ」「家庭内離婚」「とらばーゆ」「ビックリマンシール」
『未来世紀ブラジル』『天空の城ラピュタ』
「カラオケボックス」登場〜第二期カラオケブーム
おニャン子くらぶ
『ゼルダの伝説』

## 一九八七年

多摩ケーブルネットワーク開局（都市型ＣＡＴＶ）
民放が二四時間編成を開始
携帯電話サービス開始
ホームビデオ所有率五〇％

『サンデー・モーニング』（ＴＢＳ）
『朝まで生テレビ』（ＡＮＢ）
『思いっきりテレビ』（ＮＴＶ）
『ねるとん紅鯨団』（ＣＸ）
『アナウンサーぷっつん物語』（ＣＸ）
『パパはニュースキャスター』（ＴＢＳ）
『ママはアイドル』（ＴＢＳ）
『ＪＯＣＸ－ＴＶ２』（ＣＸ）
『世界の車窓から』（テレビ朝日）

世界人口五〇億
ソ連でペレストロイカ政策が進行
「ブラックマンデイ」
国鉄民営化、「ＪＲ」発足
日本初の女性エイズ患者
「伝言ダイヤル」のテレクラ的利用が話題に
朝日新聞阪神支局襲撃事件
「財テク」「地上げ」「ＮＴＴ株」「朝シャン」「いちご大福」
ゴッホ「ひまわり」日本企業が購入
『サラダ記念日』『マンガ日本経済入門』
『ベルリン／天使の詩』『マルサの女』

| 年 | 放送・通信・メディア | テレビ番組 | 世相・出来事 |
|---|---|---|---|
| | | | 石原裕次郎死去<br>マイケル・ジャクソン、マドンナ来日<br>『ドラクエII』 |
| 一九八八年 | Jウェーブ開局<br>液晶カラーディスプレイ<br>放送法改正、NHK業務拡大 | 「リクルート事件証人喚問」報道<br>「下血」報道<br>『ワールドビジネスサテライト』（TV東京）<br>『とんねるずのみなさんのおかげです』（CX）<br>『夢で逢えたら』（CX）<br>『抱きしめたい』（CX）<br>『君が嘘をついた』（CX）<br>『ニューヨーク恋物語』（CX）<br>『やっぱり猫が好き』（CX） | 戦後最長のバブル景気<br>リクルート事件<br>ソウル・オリンピック（ドーピング問題）<br>天皇が吐血、重態に陥る（自粛）<br>「週休二日制」が五〇%超える〜「ハナモク」<br>「ハッカー」「DINKS」<br>『キッチン』<br>『hanako』『AERA』『spa』創刊<br>『ラストエンペラー』『存在の耐えられない軽さ』<br>『となりのトトロ』『劇場版AKIRA』『トップをねらえ！』<br>「乾杯」「人生いろいろ」「パラダイス銀河」<br>「瀬戸大橋」「東京ドーム」<br>『ドラクエIII』 |
| 一九八九年 | NHK衛星本放送開始<br>NTT「伝言ダイヤル」<br>「ゲームボーイ」発売<br>マルチメディア | 「昭和天皇崩御」に伴う特別編成<br>「大葬の礼」中継<br>『サンデー・プロジェクト』（ANB）<br>『筑紫哲也のニュース23』（TBS）<br>『NONFIX』（CX）<br>『知ってるつもり!?』（NTV） | ベルリンの壁崩壊<br>中国天安門事件<br>ミッテランの「パリ改造」計画<br>マドンナ議員旋風<br>消費税導入<br>手塚治虫死去 |

## 一九九〇年

WOWOW試験放送開始
「DOS／V機」パソコン（米）
任天堂「スーパーファミコン」発売
ダイヤルQ2
ポケベル
カーナビ

『NHKスペシャル　驚異の小宇宙・人体』（NHK）
『平成名物TV　いかすバンド天国』（TBS）
『教師びんびん物語』（CX）
『鬼平犯科帳』（CX）

「即位の礼」報道
『カノッサの屈辱』（CX）
『渡る世間は鬼ばかり』（TBS）
『ちびまる子ちゃん』（CX）
『世にも奇妙な物語』（CX）
『不思議の海のナディア』（NHK）
『F1　日本グランプリ』（CX）

美空ひばり死去
連続幼女誘拐殺人事件の容疑者逮捕（M君事件）
女子高生コンクリート詰め殺人事件
「セクハラ」「おやじギャル」「成田離婚」「オバタリアン」「おたく」「渋カジ」
「二四時間戦えますか」
「ものまねスター」人気
『テトリス』人気、「ゲーム攻略本」
『バットマン』『セックスと嘘とビデオテープ』『その男凶暴につき』『魔女の宅急便』
「DIAMONDS」「川の流れのように」
「イカ天」〜「バンドブーム」

東西ドイツ統一
イラクのクウェート侵攻、湾岸危機
即位の礼
株価急落〜「バブル」崩壊
大阪で「花の万博」開幕
礼宮と川嶋紀子さん結婚、秋篠宮家創設
大学センター試験
「アッシー君」「人面魚」「ファジー」「ボーダーレス」「NOと言える日本」
「ティラミス」「ナタデココ」「パンナコッタ」
「クリスマス・イブ」（JR東海）
水戸芸術館創立
『あげまん』『髪結いの亭主』『トータルリコール』
三大テノールの競演

放送・通信・メディア

**一九九一年**

ハイビジョン推進協会設立
WOWOW有料放送開始
衛星放送「セイント・ギガ」
スターTV（香港）
クイックタイム（アップル）
電子ブック

**一九九二年**

CS放送開始
NTTドコモ設立
WWW発表
携帯端末「PDA」
AMラジオのステレオ化
コミュニティFM

テレビ番組

「湾岸戦争」報道
『電子立国日本の自叙伝』（NHK）
『ブロードキャスター』（TBS）
『たけし・逸見の平成教育委員会』（CX）
『カルトQ』（CX）
『ツインピークス』（WOW）
『101回目のプロポーズ』（CX）
『東京ラブストーリー』（CX）
『ひとりでできるもん』（NHK教育）
『第三回世界陸上東京大会』（NTV）

『TVチャンピオン』（TV東京）
『浅草橋ヤング洋品店』（TV東京）
『進め電波少年』（NTV）
『ずっとあなたが好きだった』（TBS）
『愛という名のもとに』（CX）
『ウゴウゴルーガ』（CX）
『クレヨンしんちゃん』（ANB）

世相・出来事

「おどるポンポコリン」「愛は勝つ」「浪漫飛行」
「さよなら人類」

「湾岸戦争」
エリツィン大統領〜ソ連消滅
南アフリカ「アパルトヘイト終結」
雲仙・普賢岳で大規模な火砕流
南北朝鮮、国連に同時加盟
秋篠宮妃紀子さま女児出産
東京新都庁、ジュリアナ東京オープン
「きんさんぎんさん」「若貴」ブーム
『ウォーリーを探せ』、宮沢りえの『サンタフェ』
「ボンデージ」「超〜」
「ラブストーリーは突然に」と「SAY YES」
（タイアップ）

「地球サミット」
地価下落、株価一五〇〇〇円割れ、複合不況、リストラ、カード破産
牛肉・オレンジ輸入自由化
PKO協力法案成立と「牛歩」
東京佐川急便事件
バルセロナ・オリンピック
貴花田・宮沢りえ、婚約発表（翌年に解消）
統一教会「合同結婚式」

「冬彦さん」「ヘア・ヌード」「ほめ殺し」「もつ鍋」「やらせ」
「脳死」論議と「尊厳死」
マーストリヒト条約～欧州共同市場へ
尾崎豊急死
「学校週5日制」
『ドラクエⅤ』『スト2』
「ちーまー」「だぼだぼルック」
『マルコムＸ』『ＪＦＫ』『ジュラシック・パーク』『紅の豚』

## 一九九三年

衛星放送受信契約数五〇〇万件
クリントン「情報スーパーハイウェイ構想」
ポケベル高校生に流行
ウインドウズ3・1
携帯端末「ザウルス」
ニフティとＰＣ－ＶＡＮ間で電子メールが交換可能に
インターネット民間化

「皇太子御成婚パレード」中継
『禁断の王国』（ＮＨＫ：やらせ問題）
『情報スペース』（ＴＢＳ）
『料理の鉄人』（ＣＸ）
『高校教師』（ＴＢＳ）
『ひとつ屋根の下』（ＣＸ）
『スラムダンク』（ＡＮＢ）
「Ｊリーグ」中継
「ドーハの悲劇」中継

金丸元自民党副総裁を脱税容疑で逮捕
「ゼネコン汚職」と「規制緩和」
細川連立内閣成立
北海道南西沖地震「奥尻島」
皇太子、小和田雅子さんと結婚
三九年ぶりの冷夏・米不足～緊急輸入
横浜ランドマークタワー
「Ｊリーグ」発足
「清貧の思想」「磯野家の謎」「ブルセラ」
『月はどっちに出ている』『お引越し』『シンドラーのリスト』『ピアノレッスン』

## 一九九四年

ハイビジョン実用化試験放送開始
ネットスケープ
インターネット日本上陸
三二ビット・ゲーム機

「オウム真理教」取材
『開運！なんでも鑑定団』（ＴＶ東京）
『ＨＥＹ！ＨＥＹ！ＨＥＹ！』（ＣＸ）
『家なき子』（ＮＴＶ）

南アフリカ・マンデラ大統領
自社さ連立「村山内閣」成立
製造物責任（ＰＬ）法成立
松本サリン事件

## 放送・通信・メディア

移動電話自由化
見えるラジオ
個人視聴率調査

**一九九五年**

東京メトロポリタンテレビ開局
Ｗｉｎｄｏｗｓ95
携帯電話の普及率急上昇
「デジタル・カメラ」開発
ニフティ、ユーザー一〇〇万人
ＦＭ文字多重放送
ＰＨＳサービス
ＣＡＴＶ加入世帯一〇〇〇万

**一九九六年**

ＣＳデジタル放送開始
ＤＶＤ登場

## テレビ番組

『警部補　古畑任三郎』（ＣＸ）

「阪神・淡路大震災」報道
「オウム真理教事件」報道
『戦後50年　その時日本は』（ＮＨＫ）
『映像の世紀』（ＮＨＫ）
『沙粧妙子　最後の事件』（ＣＸ）
『愛していると言ってくれ』（ＴＢＳ）
『王様のレストラン』（ＣＸ）
『大地の子』（ＮＨＫ）
「大リーグ」中継（ＮＨＫ）
『世界ウルルン滞在記』（ＴＢＳ）

『ロングバケーション』（ＣＸ）
『ＳＭＡＰ×ＳＭＡＰ』（ＣＸ）
『めちゃめちゃイケてるっ!!』（ＣＸ）

## 世相・出来事

「いじめ」で自殺相次ぐ
関西国際空港開港
平成コメ騒動・ブレンド米・タイ米
携帯電話の「安売り」と「マナー問題」
「亭主元気で留守がいい」
「やおい」
Ｆ１グランプリで、セナ事故死
「少年ジャンプ七〇〇万部」
『パルプ・フィクション』『フォレスト・ガンプ』『スピード』

フランスが核実験を強行
沖縄県で米兵三人による少女暴行事件
新食糧法施行
「住専」処理に六八五〇億円投入を閣議決定
阪神・淡路大震災と地下鉄サリン事件
「もんじゅ」事故
青島・ノック知事
大リーガー野茂（新人王）
「ヘソ出し」「コスプレ」「抗菌グッズ」
『攻殻機動隊』『学校の怪談』『トイストーリー』

ペルー日本大使公邸襲撃事件
北海道トンネル岩盤崩落事故
病原性大腸菌「Ｏ-１５７」

**一九九七年**
ケータイに着メロ
ケータイで電子メール

**一九九八年**
スカイパーフェクTV!が発足

『ラブラブあいしてる』（CX）
『白線流し』（CX）

W杯アジア予選「ジョホールバルの歓喜」
『踊る大捜査線』（CX）
『失楽園』（NTV）
『ギフト』（CX）
『ラブ・ジェネレーション』（CX）

「W杯サッカー（フランス大会）」中継
『神様、もう少しだけ』（CX）
『ギフト』（CX）
『きらきらひかる』（CX）

「薬害エイズ事件」で安部前帝京大副学長逮捕
アトランタ・オリンピック～「私を誉めてあげたい」
「コギャル」「ミニスカ」「ルーズソックス」「援助交際」「プリクラ」「チョベリバ」「アムラー」「オヤジ狩り」「セックスレス」「ストーカー」

香港「返還」
アジア通貨危機、拓銀破綻、山一證券倒産、消費税引き上げ
動燃東海事業所（茨城県東海村）で爆発事故
臓器移植法
「一四歳少年A」神戸児童連続殺傷事件（透明な存在）
「ポケモン事件」
ダイアナ妃事故死（パパラッチ）
「たまごっち」「ポケモン」「マイブーム」「複雑系」
『もののけ姫』『新世紀エヴァンゲリオン（劇場版）』

イラク空爆
中一が女性教師を刺殺、バタフライナイフ事件
金融ビッグバン
和歌山毒物カレー事件、新潟毒物事件
二四兆円の緊急経済対策・戦後最悪の不況、長銀一時国有化
「貸し渋り」「モラルハザード」
hide自殺～葬儀に二万五〇〇〇人

## 放送・通信・メディア

**一九九九年**
ドコモが「iモード」サービス開始
ケータイに「カラー液晶」
インターネット・ラジオサービス

**二〇〇〇年**
衛星放送受信契約数一〇〇〇万件
スカイパーフェクTV!、ディレクTVを統合

## テレビ番組

「所沢ダイオキシン」報道
『ケイゾク』(TBS)
『みんなの歌』～「だんご三兄弟」
『テレタビーズ』(TV東京)
『救命病棟24時』(CX)
『ワンピース』(CX)

『ビューティフルライフ』(TBS)
『未来日記』(TBS)
『プロジェクトX』(NHK)

## 世相・出来事

「エルニーニョ現象」「ダイオキシン」「環境ホルモン」
「学級崩壊」「百円ショップ」「キャミソール」
「長野五輪」と長野新幹線開通
中田選手が「セリエA」へ
『タイタニック』『踊る大捜査線』『劇場版ポケモン第一作』

二〇〇〇年問題
東海村・民間核燃料施設で臨界事故～「想定外」
国旗・国歌法成立、盗聴法、ガイドライン法
警察「不祥事」
文京区音羽園児殺人事件、「てるくはのる事件」
「最高ですか?」
国内初の脳死移植
「カリスマ美容師」「五体不満足」
ジャイアント馬場死去
宇多田ヒカル、ミッチー・サッチー
「ガングロ」から「美白」へ、「いやし」と「ミレニアム」
AIBO発売

沖縄サミット
ロシア原潜事故
雪印事件

BSデジタル放送開始
ケータイに「カメラ」
「IT革命」
ASIMO
PlayStation2発売
ヒトゲノム計画終了
インターネット博覧会（インパク）開催

『めちゃめちゃイケてる』（CX）
『おネプ』（ANB）

三菱自動車クレーム隠し
三宅島噴火「全島避難」
「トキの二世」誕生
「一七歳」少年による事件多発、「西鉄バス乗っ取り」「殺人経験したかった」
新潟女性「監禁」事件
「ひきこもり」
「シドニー五輪」
「遊戯王カード」「ユニクロ」「生茶」「ミュール」
『ハリー・ポッター』

## 二〇〇一年

「写メール」（Jフォン）
ブロードバンド～ADSLの普及
二〇一一年、地上波アナログ放送停止決定

「九・一一米同時多発テロ」報道
『HERO』（CX）
『ヒカルの碁』（TV東京）
『ちゅらさん』（NHK）
『テニスの王様』（TV東京）

九・一一米同時多発テロ
アフガニスタン空爆
「狂牛病」騒動
雅子さま女児出産
小泉内閣発足・田中真紀子外相騒動
外務省「機密費」流用疑惑
明石市花火大会で将棋倒し事故
歴史教科書「つくる会」問題
「荒れる成人式」問題
大阪小学校児童殺傷事件
「レッサーパンダ帽の男」浅草で女子短大生殺害事件
携帯・ネット・出会い系・ウィルスなどIT関連事件多発
「イチローと新庄」
『千と千尋の神隠し』『AI』『パールハーバー』

| | 放送・通信・メディア | テレビ番組 | 世相・出来事 |
| --- | --- | --- | --- |
| 二〇〇二年 | ＣＳ１１０度開始<br>第三世代ケータイ<br>ケータイに「着うた」<br>プラズマテレビ<br>Ｓｕｉｃａ | 「日韓共催Ｗ杯サッカー」中継<br>「北朝鮮・拉致家族」報道<br>『木更津キャッツアイ』（ＴＢＳ）<br>『サトラレ』（ＡＮＢ）<br>『サバイバー』（ＴＢＳ）<br>『花田少年史』（ＮＴＶ） | 田中康夫長野県知事「脱ダム宣言」<br>「カフェ」とスローフード<br>「悪の枢軸」<br>鈴木宗男疑惑<br>田中知事失職再当選<br>雪印食品・日本ハムなど食肉関連事件<br>ホームレス集団暴行致死事件<br>学力低下問題<br>田中光一さんノーベル化学賞受賞<br>「新丸ビル」<br>ソルトレークシティー冬季オリンピック<br>「ケータイ家族」「どうする？アイフル」「ＮＯＶＡうさぎ」<br>『指輪物語』『たそがれ清兵衛』『アメリ』 |
| 二〇〇三年 | 地上デジタル放送開始（東阪名）<br>「テレビ五〇年」<br>ケータイに「テレビ」<br>ブログ<br>ＩＰ電話普及<br>「プラスター」<br>ＩＣタグ<br>「視聴率買収事件」 | 「イラク戦争＝従軍」報道<br>『トリビアの泉』（ＣＸ）<br>『冬のソナタ』（ＮＨＫ）<br>『ブラックジャックによろしく』（ＴＢＳ）<br>『ＧＯＯＤ　ＬＵＣＫ‼』（ＴＢＳ）<br>『武蔵』（ＮＨＫ）<br>『白い巨塔』（ＣＸ） | イラク戦争<br>個人情報保護法、有事関連法、イラク特措法<br>ＳＡＲＳ、米国産牛肉輸入禁止、鳥インフルエンザ<br>住基ネット本格稼動<br>出会い系サイト規制法<br>辻本清美議員逮捕<br>長崎少年事件、沖縄少年事件、渋谷で小六少女四人監禁事件 |

『ウォーターボーイズ』（CX）

オレオレ詐欺
「昭和」回想気分＝街並み「再現」商店街
六本木ヒルズと都市型温泉
「ネオコン」と「帝国」
「なんでだろう」「マニフェスト」「へぇー」「デジタル家電」
阪神タイガース優勝
『踊る大捜査線2』、『ボウリング・フォー・コロンバイン』
「世界に一つだけの花」「さくら」
小津安二郎「生誕一〇〇年」

## 二〇〇四年

「NHK不祥事」続く
「NHK×朝日」問題

「アテネ・オリンピック」報道
「イラク人質」報道〜「自己責任」問題
『新撰組』（NHK）
『砂の器』（TBS）
『世界の中心で、愛を叫ぶ』（TBS）
『ラストクリスマス』（CX）
『黒革の手帖』（テレビ朝日）

「韓流」ブーム
「純愛」ブーム
「ピン芸人」ブーム
「萌え」と「電車男」
「異常気象」、台風、地震、津波災害続く
アテネ五輪でメダルラッシュ
プロ野球再編問題
「ニート」問題
佐世保小六女児殺害事件

# 注

## 第一章

（1）ＮＨＫ「ＩＴ時代の生活時間」調査、二〇〇一年一〇月二一日（日）・二二日（月）、無作為抽出法による全国一〇〜六九歳の国民三六〇〇人、プリコード方式の調査票による配付回収法、有効回答数は二六四九人（有効率七三・六％）。ＮＨＫが定例に行なっている生活時間調査の行動分類とは異なり、この調査では、パーソナルコンピュータと携帯電話の利用実態を詳しく調査し、かつ、それらの中身を細分化することによってインターネットの利用実態も把握できるような調査票設計を行なっている。この調査の分析報告は、三矢恵子・荒牧央・中野佐知子「広がるインターネット、しかしテレビとは大差」、『放送研究と調査』二〇〇二年四月号、ＮＨＫ出版。

（2）ＮＨＫ「テレビ五〇年」四か国比較調査、二〇〇二年一〇月、日本の実態と比較対照する相手国として、アメリカ、ヨーロッパ、アジアの大陸から社会・文化的背景、調査環境を考慮しつつ、アメリカ合衆国、フランス、タイを選んでいる。調査相手の年齢は二〇歳以上で揃えているが、調査方法やサンプリング方法、そして、調査相手の数は以下のように異なっている。日本＝面接法・無作為抽出・二一五三人、アメリカ＝電話法・ＲＤＤ・九五二人、フランス＝電話法・割当法・九三一人、タイ＝面接法・エリアサンプリング・一一二六人。この調査の分析報告は、白石信子・井田美恵子「浸透した『現代的なテレビの見方』」、『放送研究と調査』二〇〇三年五月号、ＮＨＫ出版。

（3）ＮＨＫ、「テレビ五〇年」調査、二〇〇二年一〇月一九日㈯・二〇日（月）、無作為抽出法による全国一六歳以上の国民三六〇〇人、面接法、有効回答数は二二七二人（有効率六三・一％）。注２の日本の結果は、この調査の二〇歳以上について再集計したものである。この調査の分析報告は注２に同じ。

（4）注３に同じ。

（5）ＮＨＫの国民生活時間調査は、一九六〇年から五年ごとに行なわれている。調査時期は調査年の一〇月で固定しているが、調査日の設定は、それぞれで若干異なる。調査相手は無作為抽出による全国一〇歳以上の国民であるが、その人数も、それぞれで異なる（一曜日当たり、一九六〇年は一万二〇〇〇人、一九六五年は二七〇〇人）。調査方法は、この二回ともにアフターコード方式の調査票による面接法なので、直接比較が可能である。分析報告は、一九六〇年＝「日本人の生活時間」（一九六三年、ＮＨＫ放送文化研究所編、ＮＨＫ出版）、一九六五年＝「テレビと生活時間」（一九六七年、ＮＨＫ放送世論調査所編、ＮＨＫ出版）。

（6）注5に同じ。

（7）ＮＨＫ「放送意向調査」、一九五七年一一月一四日（木）〜一七日（日）、テレビ受信契約世帯から無作為抽出法によって選んだ京浜地区（東京都区部・横浜市・川崎市）一五歳以上の男女三六〇〇人、面接法。

（8）一九六〇年のデータは、注5の関東・火曜日分を再集計したもの。一九六五年の調査の概要は以下のとおり。調査の時期は一九六五年四月の火曜日と日曜日、調査相手は無作為抽出による関東一〇歳以上の国民一曜日当たり二〇〇〇人、アフターコード方式の調査票による面接法、であり、一〇月の大調査に対して、この調査は補完的なものとして位置づけられる。分析報告は、藤竹暁「生活にとけこんだテレビ」、『文研月報』一九六五年一〇月号、ＮＨＫ出版。

（9）一九七〇年の調査の概要は以下のとおり。調査の時期は一九七〇年一〇月、調査相手は無作為抽出による全国一〇歳以上の国民約三万八〇〇〇人、調査方法がアフターコード方式の調査票による配付回収法に変更されたので、以前の結果とのストレートな比較はできない。分析報告は、「日本人の生活時間・一九七〇」（一九七一年、ＮＨＫ放送世論調査所編、ＮＨＫ出版）。

（10）ＮＨＫが行なっている放送意向調査では、機会があるごとに、次の設問をその中に含ませてきた。質問文＝あなたは、最近のテレビをご覧になっていて、興味の点でどのようにお感じになっていますか。選択肢＝①以前よりも興味をひかれることが多くなった、②以前も今も同じように興味がある、③以前よりも興味をひかれることが少なくなった、④以前も今もあまり興味がない、⑤わからない、無回答。「興味のある人」は①と②の合計、「興味のない人」は③と④の合計である。調査月はまちまちである。比較した数字は、一六歳以上のものに揃えてある。調査方法はいずれも面接法。

（11）一九七〇年の調査は注9に同じ。一九七三年の調査の概要は以下のとおり。調査時期は一九七三年一〇月、調査相手は無作為抽出による全国一〇歳以上の国民約一万二〇〇〇人、調査方法はアフターコード方式の調査票による配付回収法、定例以外の年次で行なったのは、行動分類に試行的に空間を加味したためである。分析報告は、「図説　日本人の生活時間」（一九七四年、ＮＨＫ放送世論調査所編、ＮＨＫ出版）。

（12）ＮＨＫ「生活とコミュニケーション」調査、一九七三年三月一〇日（土）〜一二日（月）、無作為抽出法による全国一五歳以上の国民三六〇〇人、面接法、有効回答は二六四三人（有効率七三・八％）。この調査の分析報告は、小川文弥「日本人のコミュニケーション（1）（2）（3）」、『文研月報』一九七三年九・一〇・一一月号、NHK出版。

(13) NHKの放送意向調査では、機会があるごとに、調査相手のふだんのテレビ視聴実態が、個人視聴と集団視聴のどちらに傾斜しているかの設問をその中に含ませてきた。質問文は、図5の下に示したように若干異なっている。調査月はまちまちである。比較した数字は、一六歳以上のものに揃えてある。調査方法はいずれも面接法。

(14) NHKが一九八五年から五年ごとに行なっている「日本人とテレビ」調査の結果。調査月は三月、無作為抽出による全国一六歳以上の国民三六〇〇人、面接法。最新の分析報告は、上村修一・居駒千穂・中野佐知子「日本人とテレビ・二〇〇〇」、『放送研究と調査』二〇〇〇年八月号、NHK出版。

(15) NHKの個人視聴率調査は、受信機の普及にあわせて、京浜地区（一九五四年）から始まり、大阪・名古屋地区ほか大都市へと展開し、一九六一年から全国へと規模を拡大した。調査対象年齢範囲は、最初、前日の記憶を頼りにするという点で一〇～六九歳としていたが、実験調査を重ねた後に一九六八年からは七～六九歳に改めた。調査方法は一九七〇年までは面接法であったが、一九七一年以降は、七歳以上の国民三六〇〇人を対象とした時間目盛り日記式調査票を用いた配付回収法によって行なっている。原則として、毎年、六月と一一月の二週間を調査日としている。表6は、民放番組を含んでいる関東地区の結果を提示しているが、最初の二つは京浜地区の結果である。

(16) 注15に同じ。

(17) 生活時間調査によると、一九八〇年から一九八五年にかけて、自由時間が、平日三時間五一分→三時間五一分・土曜四時間三六分→四時間三九分・日曜六時間五分→六時間八分と変化がないのに対し、レジャー活動の時間は、平日三七分→五〇分・土曜五七分→一時間一〇分・日曜一時間三〇分→一時間五六分と大幅に増加している。

(18) 注10に同じ。

(19) 生活時間調査によると、一九九〇年から一九九五年にかけて、自由時間が、平日四時間七分→四時間二三分・土曜五時間八分→五時間五七分・日曜六時間二二分→六時間五六分へと伸びている。

(20) 注10に同じ。

(21) NHK「テレビ四〇年」調査、一九九二年一〇月三一日（土）・一一月一日（日）、無作為抽出法による全国一六歳以上の国民三六〇〇人、面接法、有効回答数は二五九三人（有効率七二・〇％）。この調査の分析報告は、戸村栄子・白石信子「今、人びとはテレビをどのように視聴・評価・期待しているか」、『放送研究と調査』一九九三年二月号、ＮＨＫ出版。

(22) 一九八二年調査は、ＮＨＫ、「テレビ三〇年」調査、一九八二年一〇月二日（土）・三日（日）、無作為抽出法による全国一六歳以上の国民三六〇〇人、面接法、有効回答数は二七三七人（有効率七六・〇％）。この調査の分析報告は、吉田潤「人びとはテレビをどう見ているか」、『文研月報』一九八三年三月号、ＮＨＫ出版。二〇〇二年調査は注３に同じ。

(23) 注３に同じ。

第二章

(1) 藤竹暁「生活のなかのテレビジョン――テレビ機能特徴調査（1）」、『ＮＨＫ放送文化研究年報』第八集、一九六三年。

(2) 藤原功達「人々のテレビ意識――放送に関する世論調査の結果報告」、『ＮＨＫ放送文化研究年報』第二〇集、一九七五年。

(3) ＮＨＫ放送世論調査所編『テレビ視聴の三〇年』ＮＨＫ出版、一九九三年。

(4) 小川文弥「日本人とテレビ(1)〜(6)」、『文研月報』一九八〇年五、八、九、一二、八一年七、八月号。

(5) 小川文弥「日本人のテレビ意識――コミュニケーション構造と関連させて」、『ＮＨＫ放送文化研究年報』第二〇集、一九七五年。

(6) 藤原功達・斎藤由美子「テレビに対する評価と期待――「テレビの役割」調査の結果から」、『放送研究と調査』一九八九年六月号、ＮＨＫ出版。

(7) 藤原功達・牧田徹雄・戸村栄子「人びとにとって〈情報化〉とは何か――『情報と社会』調査から」、『放送研究と調査』一九八七年五月号、ＮＨＫ出版。

(8) 藤原功達「ゴールデンアワー番組の視聴者タイプ１−３」『文研月報』一九八二年一〇・一二月号、八三年二月号、ＮＨＫ出版。

(9) 白石信子「『テレビ世代』の現在Ｉ　人びとの情報行動――「テレビと情報行動」調査から」、『放送研究と調査』一九九七年九月号、ＮＨＫ出版、四六頁。

(10) Ｒ・セネット／北川克彦・高階悟訳『公共性の喪失』晶文社、一九九一年。

第三章

(1) NHK放送文化調査研究所編『「テレビ視聴理論」の体系化に関する研究』一九八五年、一九―二〇頁。
(2) 同上、この点については「第七章　テレビ視聴と人間」で詳細に述べられている。一〇二―一二〇頁。
(3) 同上、五七―五九頁。このデータは、NHK「生活とコミュニケーション」調査、一九七三年三月一〇日（土）～一二日（月）、一五歳以上の国民三六〇〇人、個人面接法、有効回答は二六四三人、（有効率七三・八％）。この調査の分析報告は、小川文弥「日本人のコミュニケーション（一）（二）（三）」、『文研月報』一九七三年九・一〇・一二月号（この「構造」に関しては一〇月号参照）、NHK出版。
(4) 同上、五九―六〇頁、このデータは、NHK「日本人とテレビ」調査、一九七九年一二月一日（土）～二（日）、一六歳以上の国民五四〇〇人、個人面接法、有効回答は四〇三八人(七四・八％)、この調査の分析報告は、小川文弥「日本人とテレビ」、『文研月報』一九八〇年五・八・九・一二月号、五六年七・八月号、（この「交流」に関しては八〇年一二月号参照）、NHK出版。
(5) 注1の文献、一七三頁。
(6) 注1の文献、一五二頁。
(7) NHK、「テレビ五〇年」調査、二〇〇二年一〇月一九日（土）、二〇日（日）、無作為抽出法による全国一六歳以上の国民三六〇〇人、個人面接法、有効回答数は二二七二人（有効率六三・一％）、この調査の分析報告は、白石信子・井田美恵子「浸透した『現代的なテレビの見方』」、『放送研究と調査』二〇〇三年五月号、NHK出版。
(8) 研究代表者・田中義久『コミュニケーション行為と高度情報化社会』平成四年度科学研究費補助金研究成果報告書、一九九三年、八三頁。
(9) 同上、八三―八四頁。
(10) 注1の文献、二二五頁。
(11) NHKが一九八五年から五年ごとに行なっている「日本人とテレビ」調査の結果。調査月は三月、無作為抽出による全国一六歳以上の国民三六〇〇人。面接法。最新の分析報告は、上村修一・居駒千穂・中野佐知子「日本人とテレビ・二〇〇〇年」、『放送研究と調査』二〇〇〇年八月号、NHK出版。
(12) 市川浩『〈身〉の構造』講談社学術文庫、一九九三年、一七頁。
(13) 大橋照枝「消費――超成熟社会の快適消費志向」、塩原勉他編『現代日本の生活変動――一九七〇年以降』世界思想社、一九九一年、二七―三四頁。

(14) 深川英雄『キャッチフレーズの戦後史』岩波新書、一九九一年、一五四―五六頁。
(15) NHK放送文化研究所編『日本人の生活時間・二〇〇〇』NHK出版、二〇〇二年、五〇―五二頁。
(16) NHK放送文化研究所編『現代日本人の意識構造　第五版』NHK出版、二〇〇〇年、二〇七頁。
(17) 同上、二一四頁。
(18) 注1の『「テレビ視聴理論」の体系化に関する研究』においては、テレビ視聴の要因としての性差については、年齢差に比べるときわめて簡潔にしか扱われていない。三〇頁参照。
(19) 民放五社調査研究会編『日本の視聴者』誠文堂新光社、一九六五年、七八―一一三頁。
(20) NHK放送世論調査所編『テレビ視聴の三〇年』NHK出版、一九八三年、二四七―六三頁。
(21) NHK「テレビと情報行動」調査、一九九七年三月九日(日)～三月一四日(金)、一六歳以上の国民三六〇〇人、有効二九四七(八一・九%)配付回収法、結果の報告は、白石信子「テレビ世代の現在Ⅰ、Ⅱ」、『放送研究と調査』一九九七年九月、一〇月号、NHK出版。
(22) 小川文弥「若者の生活とコミュニケーション」に関する調査。S県K市のS高校とW高校の二年生全員、男子三二三人、女子三六八人、有効数S高校三八五人、W高校三〇六人、一九九七年一〇月、配付回収法。調査報告は小川文弥「性差にみる若者のコミュニケーション」、『東京国際大学論叢・人間社会学部編』第六号、二〇〇〇年、五一―六九頁。
(23) W・J・オング、桜井直文他訳『声の文化と文字の文化』藤原書店、一九九一年、三四八頁。
(24) 河合隼雄『母性社会日本の病理』中央公論社、一九七六年、九―一〇頁。
(25) ヘンリー・ホームズ、スチャーダー・タントンタウィー著、末広昭訳『タイ人と働く』めこん、二〇〇〇年、一七〇頁。
(26) 加藤秀俊は、日本のコミュニケーションと文化のある部分は、その姿を変えながらも、放送文化のなかにうけつがれ、健在なのだということで、テレビ以前の伝統的な視聴覚コミュニケーションのいくつかを取り上げて紹介している。また、日本人の写真好きや絵本の蔵書量などからみて、世界的に絵心が高い国民であると述べて、その背後に現世的な事物にたいする好奇心があることを指摘している。加藤秀俊『見せ物からテレビへ』岩波新書、一九六五年。
小林忠は、江戸の庶民が生み育てた浮世絵が現代のテレビにも似た機能を果たしており、人々は絵に親しみ浮世絵を通じて自然にさまざまなことを学ぶことができたと指摘している。小林忠『浮世絵を読む』ちくま新書、二〇〇二年。
(27) 鈴木孝夫『ことばと社会』中央公論社、一九七五年、五四頁。

(28) この詩は、一九五九年に第一部、一九六〇年に第二部が放送されたNHKのドキュメンタリー番組『「山の分校」の記録』(栃木県の山奥の分校に赴任した先生夫妻が、テレビ学校放送を活用した勉強と、子どもたちの成長を二年近く追って制作された)のなかで紹介されている。小山賢市「『山の分校』の記録」、日本放送出版協会編『「放送文化」誌にみる昭和放送史』一九九〇年、一六四頁(初出は『放送文化』一九六〇年六月号)。

## 第四章

(1) 小川文弥「日本人のコミュニケーション」、『文研月報』一九七三年九〜一二月号、NHK出版。
(2) 小川文弥「日本人とテレビ」、『文研月報』一九八〇年五月号、NHK出版。
(3) NHK放送世論調査所編『テレビ視聴の三〇年』NHK出版、一九八三年、四二―四三頁
(4) 注3の書、一〇一頁。
(5) NHK放送文化研究所編『日本人の生活時間・二〇〇〇――NHK国民生活時間調査』NHK出版、二〇〇二年。
(6) 注3の書、一〇二頁。
(7) 注3の書、一〇一頁。
(8) 藤竹暁『テレビの理論』岩崎放送出版社、一九六九年。
(9) 上村修一・戸村栄子「日本人とテレビ・一九九〇(一)」、『放送研究と調査』一九九〇年八月号、NHK出版、四頁。
(10) 戸村栄子・白石信子「今、人びとはテレビをどのように視聴・評価・期待しているか――『テレビ四〇年』調査から」、『放送研究と調査』一九九三年二月号、NHK出版、六頁。
(11) 白石信子・井田美恵子「浸透した『現代的なテレビの見方』――平成一四年一〇月『テレビ五〇年』調査から」、『放送研究と調査』二〇〇三年五月号、NHK出版、三一―三五頁。
(12) 注11の書、三三頁。
(13) 注11の書、三二―三三頁。
(14) 注11の書、三四―三五頁。
(15) 藤竹暁「共有的テレビ視聴論」、『文研月報』一九七七年一月号、NHK出版。

(16) R. Williams, *Television: Technology and Cultural form* (edited by Williams E., Routledge, 1990).
(17) 藤竹暁「ラジオ体験からテレビ体験へ」、中野収・北村日出夫編著『日本のテレビ文化――メディア・ライフの社会史』有斐閣、一九八三年、五四頁。
(18) J. Ellis, *Visible Fictions* (Routledge, 1982), p. 128.
(19) 注18の書、p.137.
(20) N. Abercrombie, *Television and Society* (Polity, 1996), p. 12.
(21) 注17の書、五七頁。
(22) 注3の書、五八―六〇頁。
(23) 注10の書、一三頁。
(24) 松澤宏光・白石信子・中野佐知子「日本人とテレビ・一九九五――その一　テレビ視聴の現況」、『放送研究と調査』一九九五年七月号、NHK出版、一三頁。
(25) 松澤宏光・白石信子・中野佐知子「日本人とテレビ・一九九五――その二　テレビ視聴の変化とその背景」、『放送研究と調査』一九九五年八月号、NHK出版、八頁。
(26) 注11の書、三五頁。
(27) 注11の書、三七頁。
(28) このようなテレビ・オーディエンスの類型的な構築について、I・アンは次のように述べている。「分類学的集合として『テレビ・オーディエンス』を考えることは、実際のオーディエンスにかんする厄介で、取り扱いの難しい社会的世界、すなわち、テレビを見ることが現実的な時間と具体的な場所で生活している人びとによって展開されているということの否認を意味している。しかし、だからといって、これを、失敗と見るべきではない。逆に、制度的な知の一つの功績とみなされるべきである。それは、征服された対象として、『テレビ・オーディエンス』を構築できるようになるためにも、一度は到達しておく必要のあるものなのである」(I. Ang, *Desperately Seeking the Audience*, Routledge, 1991, p. 37.)。
(29) 牧田徹雄・吉田理恵「日本人の生活時間・一九九五」、『放送研究と調査』一九九六年三月号、NHK出版、三二頁。
(30) 注5の書、七九―八〇頁。
(31) 吉田理恵「生活時間調査にみる『ながら』行動の分析」、『放送研究と調査』一九九七年四月号、NHK出版、五七頁。

(32) 藤原功達「今日のテレビ視聴者」、『文研年報』ＮＨＫ放送文化研究所、一九六八年。

(33) 小川文弥「今日のテレビ」、『文研月報』一九七四年一二月号、ＮＨＫ出版。

(34) 注３の書、二三一頁。

(35) 注３の書、二三〇頁。

(36) 注３の書、二三一頁。

(37) 字幕の文字やナレーションによる言語的メッセージと、映像記号や映像テクストの意味との関係についてのＲ・バルトの説明は明快である。それによると、映像の意味は言語的メッセージによってアンクラージュされ、映像の自由で多義的な意味が制御、抑圧され、さらには、映像が言語的メッセージの「属詞的情報」や、登場人物などのステレオタイプ化した状況としての「範列的な範疇の情報」を引き受けさせられている（R. Barthes, *L'obvie et l'obtus: Essais clitiques III*, Editions du Seuil, 1982, pp. 30-33.）。

(38) G. Deleuze, *Logique du sens*, Les Editions de Minuit, 1969, p. 31. 邦訳＝岡田弘・宇波彰訳『意味の論理学』法政大学出版局、一九八七年。

(39) J. von Uexkull, und G. Kriszard, *Streifzuge durch die Umwelten von Tieren und Menchen*, 1934, J. von Uexkull, *Bedeutungslehre*, S. Fischer Verlag, 1940. 邦訳＝日高敏隆・野田保之訳『生物から見た世界』新思索社、一九七三年、九四頁。

(40) D. Morley, *Home Territories: Media, mobility and identity*, Routledge, 2000, p. 32.

(41) ＮＨＫ放送文化研究所編『テレビ視聴の五〇年』ＮＨＫ出版、二〇〇三年、二〇七頁。

(42) 注41の書、二一八頁。

(43) 注41の書、二一六頁。

(44) R. Barthes, *L'aventure semiologique*, Editions du Seuil, 1985, p.199.

(45) 注44の書、p. 200.

(46) とくに、このような見方となって現われるテレビを見ることにとって、番組のなかのクイズは、一瞥を喚起する程度の機能しか果たしていない。あたかも、そのことを裏づけるかのように、ほとんどの場合、クイズが出された直後にコマーシャルが挿入されている。

(47) 注41の書、二一一―一三頁。

(48) 注37の書、p. 45.

(49) 注37の書、p. 56.

(50) 注37の書、p. 55.

(51) 内田隆三『国土論』筑摩書房、二〇〇二年。
(52) 注51の書、一七三頁。
(53) 注51の書、一七四頁。
(54) 注51の書、一七六頁。
(55) 注51の書、一七七頁。
(56) 文部省唱歌の『故郷』もまた、記憶としての故郷の風景を描き出しているとする内田隆三の指摘も興味深い。この唱歌の奇妙な特徴として次の三点が指摘される。「第一に、ここで描かれた『故郷』の風景が、具体的な内容をほとんどもたず、生の色彩やイメージに欠けることである。第二に、その風景が生ける現在の描写ではなく、記憶の空間に浮遊する無時間的な形象になっていることである。第三に、その風景が芝居の書割やセットのように、『故郷』についての紋切り型の概念の断片から一種の模擬物として構成されていることである」(注51の書、六七頁)。その上で、唱歌『故郷』が言及する「故郷の風景」について、次のように述べている。「その指示対象はこの国土にぼんやりと『遍在』している。すなわち、その指示対象は古い民謡のように具体的で個別的なかたちで存在しないとしても、いわば匿名の状態で、抽象的かつ一般的な概念性の次元に存在しているのである。問題は、『故郷』がこのような抽象的・匿名性の次元に成立する形象として人びとの記憶の対象となることである」(同上、六三頁)。
(57) 注51の書、一八三頁。
(58) 注41の書、一二三頁。
(59) 注51の書、一八三頁。
(60) 注51の書、一七七頁。
(61) D. Morley, *Television, Audiences and Cultural Studies*, Routledge, 1992, p. 165.

第五章

(1) R.Williams, *Television; Technology and Cultural form*, Fontana, 1974. ならびに R.Silverstone, *Telvision and Everyday life*, Routledge, 1994. を参照されたい。
(2) ここでは、新潟県巻町や神戸、徳島で行なわれた住民投票を念頭に置いている。これらの運動の特徴については、伊藤守編『デモクラシー・リフレクション――巻町・住民投票の社会学』（リベルタ出版、二〇〇五年）を参照されたい。

（3） 本文でも言及したが、調査の対象となった二つの地域の特徴を確認しておこう。まず九八年に調査を実施した埼玉県川越市の旧市街にあたる地域（旧十ヶ町地区）は、旧住民と新住民という異質な住人が混在している地域。居住歴では「五年以下」と「五〇年以上」が多く、住宅は「賃貸・店舗を兼ねる一戸建て」と「集合住宅」が多い。職業は「自営業」が多く、職場は「川越市内」が多い。そして、「子どもと同居」も郊外地域と比べると多い――このような地域は、日本の各地で見られ、そして多くの場合、中心市街地の空洞化という問題を抱えている地域である。川越市の旧市街地域も、そのような「古くからの商業地域の間に、新築された高層マンションが立ち並び、商店街の活性化が議論される場所」の一つということができる。

一方、九九年に調査を実施した川越市の郊外に位置する地域（霞ヶ関北地区）は、均質的な住民による集住という特徴をもっている。年齢は特に「五〇～六四歳」が多く、居住歴は「三一～四〇年」。職業では「専業主婦・無職」が多く、勤務先は「東京」が多い。買い物をする場所は「東京」や地元の「ロードサイド」であり、地域集団加入は少なく、地域への愛着はあまりない。住宅は「持ち家と職場は別の一戸建て」で、「子どもと同居」は多くはない――大都市近郊に広がる、このような地域も、日本の各地で見られる。そしてこちらでも、多くの場合、「ニュータウンのオールド化」という共通の問題を抱えている地域である。川越市の郊外地域もまた、こうした「子どもが既に独立してしまって、残された老夫婦の静かな生活の場所」の一つということができる。つまりこの二つの場所は、私たちが生活を営む場所についての二つのモデルと考えることもできるだろう。

（4） 小川文弥「コミュニケーション構造」、『高度情報社会とコミュニケーション』文部科学省科学研究費補助金（研究代表者・田中義久）。なお本章は、この研究プロジェクトの成果にもとづくものである。

第六章

（1） 田中義久『行為・関係の理論』勁草書房、一九九〇年。

（2） 田中義久『コミュニケーション理論史研究（上）』勁草書房、二〇〇〇年。

（3） 藤原功達「人々のテレビ意識――放送に関する世論調査の結果報告」、『文研年報』ＮＨＫ出版、一九六九年。

（4） 吉田潤「人々はテレビをどう見ているか――『テレビ三〇年』」、『文研月報』一九八三年三月号、ＮＨＫ出版。

（5） ＮＨＫ放送文化調査研究所『「テレビ視聴理論」の体系化に関する研究』ＮＨＫ放送文化研究所、一九八五年、二〇七頁。

(6) 本田妙子・牧田徹雄「家族とテレビ(I)」、『文研月報』一九七九年七月号、NHK出版。
(7) 佐藤毅・中野収・早川善治郎「生活の中のマス・コミュニケーション行動」、『サンケイ・アドマンスリー』一九六五年九月・一〇月・一一月合併号、一二六頁。
(8) 注5の書、二〇八—〇九頁。
(9) 平成四年度科学研究費補助金(総合研究(A))研究成果報告書『コミュニケーション行為と高度情報化社会』一〇六頁。
(10) 平成九年度～一二年度科学研究費補助金(基盤研究(B)(1))研究成果報告書『地域社会における高度情報化の展開とコミュニケーション行為の変容』二二七頁。
(11) 見田宗介『価値意識の理論』弘文堂、一九六六年。
(12) 注5の書、四一頁。
(13) 田中義久『私生活主義批判』筑摩書房、一九七四年。同『社会意識の理論』勁草書房、一九七八年。
(14) 注13『社会意識の理論』三四一頁。
(15) 小川文弥「日本人のテレビ視聴はどうとらえられたか」、『文研年報』NHK出版、一九八四年。
(16) NHK放送文化研究所編『テレビ視聴の五〇年』NHK出版、二〇〇三年。
(17) 注9・10の書。
(18) Scott Lash, *Sociology of Post Modernism*, Routledge, 1990. 邦訳＝田中義久他訳『ポスト・モダニティの社会学』法政大学出版局、一九九七年、を参照。

# あとがき

本書を生み出すための出発点となった、『「テレビ視聴理論」の体系化に関する研究』（NHK放送文化調査研究所、一九八五年。私たちは表紙の色から「オレンジ本」と呼び慣わしている）は、日本人のテレビ受容過程の研究において、「テレビ三〇年」の段階での実証研究と理論研究とをつなぐ一つの試みであったといってよい。

この「オレンジ本」では、「テレビ三〇年」におけるテレビ視聴の全体像を、実証研究にもとづく知見をベースに明らかにして、視聴理論の体系化を行なうことを狙いとしており、今回の執筆者のうちの四人が参加して四年をかけてまとめられたものである。多数の検討論文のなかから、七四点の著書・論文を対象にして抜き出された膨大な知見カードの山と向き合って、気の遠くなるような作業が延々と続いたことを懐かしく思い出す。

この研究が行なわれていたのは、視聴時間量が減少していた「停滞・減少期」（一九七〇年代後半〜八〇年代前半）であり、そこでの実証的な知見の分析から導き出されたのは、テレビ視聴をコミュニケーション行為として捉えるという考え方であった。

本書では、「オレンジ本」におけるコミュニケーション行為としてのテレビ視聴の仮説が二〇年を経てどの程度妥当であるかが問われることになったが、結論は現在のテレビ視聴においても行為としての基本的な性格が認められるということであろう。「テレビ五〇年」にテレビ視聴の成熟がもたらしたものは、人びとのトータルなコミュニケーション構造の基層に行為として定位されているテレビ視聴の姿であった、といえよう。

テレビ五〇年の受容過程研究の流れを簡単に振り返ると、初期にはテレビの上昇期を受けて全体として活発であったが、テレビが日常化して研究対象としての魅力が失われたと考えられるにつれて低調に推移していったという経緯がみられる。

テレビ放送開始から一〇年でテレビの世帯当たりの普及率は七三％、所有台数は一六〇〇万台に達し、当時世界から注目された驚異的な伸びを示す。またこの時期は、理論研究と実証研究が同時に活発に行なわれていた、テレビ受容過程研究における「並行期」であった。

この時期のテレビ研究として、ＮＨＫ放送学研究室が行なった「日本におけるテレビ普及の特質」（一九六四―六五年）をあげることができる。それは、普及の要因について、テレビ放送の生産・流通・消費の過程をカバーし、日本人とテレビとの関係をその経済的・社会的・文化的背景にまで踏み込んで克明に分析した総合的な研究であり、現在なお有益な示唆が得られる先駆的研究であった。このほかＮＨＫの放送文化研究所や各大学などでも多くのテレビ研究が行なわれていたが、そのなかで民放五社による『日本の視聴者』（一九六六年）が刊行されて視聴者に関する初のまとまった研究になった。

一九七三年には、日本新聞学会で「テレビ二〇年」のシンポジウムが開かれている。これ以後、テレビ視聴時間量は減少を続けており、「テレビ三〇年」は視聴時間量の「停滞・減少期」に当たっている。この「テレビ三〇年」では、シンポジウムも組まれなければ雑誌のテレビ特集も行なわれていない状況で、研究者のテレビ離れすら取り沙汰された。そのなかで、ＮＨＫの調査データにもとづいた『テレビ視聴の三〇年』（一九八三年）がテレビの草創期からのテレビ視聴の流れを的確にフォローしており、日本人のテレビ視聴の全体像を浮き彫りにしている。その後のテレビ受容過程研究は、ＮＨＫなどでの継続的な研究を別にすれば依然として低調な状態が続いており、「失われた二〇年」という指摘さえみられる。

そういう研究の流れからみると、「テレビ五〇年」は半世紀という大きな節目であり、マス・コミュニケーション学会ではシンポジウムを含むテレビ関連の企画を行なったし、以下のような著書の出版や雑誌の特集なども相次いだ。

杉山茂・角川インタラクティブ・メディア『テレビスポーツ五〇年』角川インタラクティブ・メディア、二〇〇三年

小林直毅・毛利嘉孝編『テレビはどう見られてきたのか』せりか書房、二〇〇三年

NHK放送文化研究所編『テレビ視聴の五〇年』日本放送出版協会、二〇〇三年

特集・テレビ　岐路に立つ映像メディア、『言語』二〇〇二年一二月号

特集・テレビ五〇年の光と影、『マス・コミュニケーション研究』六三、二〇〇三年

特集・テレビジョン再考、『思想』二〇〇三年一二月号

テレビ視聴に関連させると、『テレビはどう見られてきたのか』が「テレビの自明性を解体し、テレビとオーディエンスの関係を再考する試み」として批判的な分析視角を提示しているのが注目される。

しかし総じてみれば、わが国のテレビ受容過程研究は、日本が世界のなかでも有数なテレビ国であるにもかかわらず、必ずしも活発とはいえないだろう。これは、日本におけるテレビ研究が低調を続けてきたあいだに、欧米を中心とする国々ではテレビ研究の実績が着実に積み上げられてきているのとは対照的である。

わが国において、テレビ受容過程研究が盛んでないのはどうしてなのだろうか。まず、研究者の側にテレビは過去のメディアであるという意識が強く、またあまりにも日常化した存在なので、研究の興味や関心の対象にはなりにくく、どうしても新しいメディアの方へ向かってしまう傾向が指摘できる。

一方では、テレビ視聴に関する大量観察のデータがメディア側（おもにNHK）の手によるものがほとんどで、研究者の自前の調査があまり行なわれていないことも関係している。このことは、理論研究と実証研究における不幸な

乖離を慢性的にもたらしており、そのことがわが国におけるテレビ受容過程研究が不毛であることの要因の一つになっている。

　その乖離を解決しようとしたのが、「テレビ三〇年」における「オレンジ本」の研究であった。そこで明らかになったことは、テレビ視聴が夢中になって見るというよりは醒めた行動であり、かなりの程度目的意識性や選択の加わった「行為」であるということである。これは、テレビ離れが起きていた「停滞・減少期」における結論であるが、それがテレビ視聴時間が再び上昇を続けている「回復・堅調期」においてどう変化しているかを明らかにしようとしたのが、本書『テレビと日本人』に結実した研究である。研究の目的や方法は二〇年前の研究に準じており、テレビ受容過程研究における理論と実証との乖離を乗り越えて新たな展望を得ようとするねらいで編まれたものである。


　テレビ五〇年における「テレビと日本人」の分析を通じて、テレビ受容過程研究は依然として問題性に富んだ豊かなマスコミ研究のフィールドであることが明らかになった。そこで、その豊かな問題性を確認することになった内容を、各章ごとに整理しておこう。

　第一章（テレビ視聴の変容）――人びととテレビとの関係の変容は、社会の変容や生活の変容から独立したものではない。その変容は直接的には、送り手側の諸条件の変容と、それに対応する受け手側の諸条件の変容との相関を通してなされる。現在、人びととテレビとの関係がこれまでとは異なる新たな局面に入りつつある。

　第二章（生活世界とテレビ視聴）――それまで家庭という空間を意味づけ、構造化するメディアであったテレビを視聴する行為が、七〇年代後半から、一人ひとりの日常生活に基礎づけられたコミュニケーション構造に深く組み込まれ、意味づけられる行為となり、その後はテレビ視聴の位置づけ、意味づけの多様化・個性化が進んだ。

　第三章（コミュニケーション行為としてのテレビ視聴）――テレビ視聴をコミュニケーション構造に位置づけてみると、

テレビ視聴は対人コミュニケーションとの関係において受け止められている傾向がある。女性とテレビとの関わりの深さは、テレビと「自己との関わり」の程度が強いことにもとづいているが、その背景にはテレビ視聴を対人コミュニケーションの延長として捉える構造が関連している。

第四章（環境としてのテレビを見ること）――テレビを見ることは番組編成となって現われる時間の流れと、家庭での生活時間上の流れとを切り結ぶ、連続的な流れ（flow）であり、ここではテレビを見ることを通じて織り成されたテレビ・テクストや、テレビへ向けられる一瞥によって経験された世界の特徴を明らかにしている。

第五章（地域コミュニティとテレビ）――地域社会におけるコミュニケーションの実相が年代や性別で大きく異なるなかで、地域との関わりが希薄で、テレビを唯一の楽しみとして視聴しているタイプ、対照的にテレビではなくケータイなどパーソナルなメディアの利用に傾いているタイプなど、テレビ視聴の位置や意味づけが多様化しており、テレビ視聴の五〇年は、一人ひとりのコミュニケーションの特徴に応じたテレビ視聴の差異化を生みだしている。

第六章（現代日本の社会変動とテレビ視聴）――テレビ視聴を、生活世界のなかでのコミュニケーション行為として把握するとき、そこに、テレビ視聴者の主体形成の問題が浮かび上がる。また「個」的自立と私民の主体類型に含まれる視聴者が、テレビ視聴と他のコミュニケーション行為との連接を通じて、日本社会の近代化をさらに徹底させていく主体的契機をなしている。

テレビが重要なメディアであるというのは、人間の歴史においてテレビによってメディアの「環境化」と「日常化」という現象が本格的に達成されたからであり、このことは人間とメディアとの関わりを考えるうえで画期的な出来事であったといえよう。テレビ以降のニューメディアにおいては、この傾向が一段と進んでおり、テレビと人びととの関係は「テレビ五〇年」を機会に新しい局面に入りつつある、ということが今回の研究から導き出された一つ目の知見である。

二つ目は、テレビ視聴はたんなるメディア受容行動ではなく、人びとにとってコミュニケーション行為としての意味をもっており、テレビ視聴者はテレビを見る人であるにとどまらずコミュニケーション主体者（生活者）であるという位置づけがなされるということである。

三つ目は、テレビ受容過程研究においてはテレビ視聴が成立している日本の社会・文化・歴史・政治・経済などの諸要因との関わりを検討して、グローバル化が進むなかでのわが国固有のテレビ視聴のあり方を追求する必要があるということである。

「オレンジ本」がまとめられた「テレビ三〇年」は、視聴時間量の減少が進んでいたテレビ離れの時期であった。そして「テレビ五〇年」は視聴時間量がこれまでで最大を示している時期である。その意味で、本書の分析は、転換期にあるメディアとしてのテレビの特性が明確に反映された形になっているといえよう。テレビはこの半世紀のあいだ独立した単独のメディアとして捉えられてきたが、今後デジタル化や放送と通信の融合が進展するとともにその姿を大きく変えようとしている。ここで捉えられた人びととテレビとの関わり方のなかには、将来のテレビ視聴がどのような形をとるのかを明らかにする鍵が隠されていると考えられる。

最後に、本書では十分に取り上げられなかったが、今後に検討されるべきいくつかの課題について触れておこう。

第一に、日本人のテレビ視聴が世界のなかでも視聴時間の長さやテレビとの関わり方の親密さにおいて特徴的であり、日本は有数なテレビ国であることが明らかになっているが、その背景を探る研究が必要とされよう。そのためには、日本人論とか日本文化論などを射程に入れたコミュニケーションの構造分析が重要であり、そのことを通じてテレビ視聴の位置づけと分析がさらに深められることになろう。そして、日本的なテレビ視聴の特徴をふまえて、今後のグローバル化するテレビへの分析枠組みを構築することが必要になろう。

第二に、テレビ視聴があまりに日常化してしまって、単独に取り出すことが困難になっている状況を考えると、テレビを含む新しいメディア環境の実態があらためて把握されなければならない。それに加えて、コミュニケーション行為としてのテレビ視聴を実証的に分析する試みが行なわれなければならないだろう。

第三に、現在のテレビが半世紀を経過して、一度、視聴時間量が減少したにもかかわらず再び増大に転じ、これまでで最高を記録していることは、メディアの受容過程史上きわめて興味深い問題である。このことは日本人とテレビとの結びつきがいかに強いかを示すものであり、そこにテレビのコミュニケーション・メディアとしての特性があると考えられる。このことを解明することも大きな課題であろう。

第四に、理論と実証との関わりからすると、両者を踏まえた統合的な研究が要請される。理想的には理論的枠組みにもとづいてトータルなコミュニケーション構造を含んだ実証研究を行ない、それにもとづく理論研究がなされることで両者の総合化された研究成果が生み出される。それは、「テレビと日本人」の延長上に位置づけられる研究になるであろう。

第五に、「テレビ五〇年」の歴史は、テレビというメディアが単独に取り上げられる独自性の世界が次第に縮小してきた過程であった。しかしテレビは、これまでのところメディアのなかで首座の地位にあり続けている強力で巨大なメディアである。その意味では「テレビ五〇年」はテレビ受容過程研究における一つの終結点であると同時に、新しいテレビ研究にとって出発点となる重要なターニングポイントであることを明確にする必要があろう。

本書を、私たち執筆者七名にとって共通の師であられた吉田潤先生に捧げたい。

吉田潤氏（一九三二―九五年）は、東京大学文学部心理学科に学び（卒業研究は「奥行知覚の数式化」）、一九五六年

NHK放送文化研究所に入った。わが国におけるテレビ受容過程研究の源流の一つとして、つとに有名な「テレビの児童に対する影響調査」（一九五七年）に参加し、調査法の洗練に意を注いだ。一九六二年、「ラジオ・テレビに対する児童の接触習慣に関する質問紙法の妥当性と信頼性」（NHK放送文化研究所『年報』）を発表し、以後、放送についての各種世論調査を実施・指導した。現行のNHK全国個人視聴率調査のシステムを創りあげたのも、吉田氏であった。代表的な業績としては、「視聴率調査の問題点――その方法論的考察」（一九六七年、『文研（NHK放送文化研究所）二〇周年記念論文集』）、「テレビ調査の領域と問題点」（一九八三年、『放送研究と調査』）、「テレビ視聴をどうとらえるか」（一九八五年、同上）があげられる。

執筆者七名のなかで、小川・藤原・牧田の三名は、NHK放送文化研究所において、直接、吉田潤先生の指導を受けた研究員であり、田中・伊藤・小林・高橋の四名は、上記研究所で実施された諸調査に参加・関与することを通じて薫陶を受けた。本書所収の論稿が執筆者たちの具体的な調査分析の知見にとどまらず、さらに、NHK放送文化研究所の多大な協力に依拠しているのは、このような由縁によるものであり、編者として、ここに深甚の謝意を表しておきたい。

ところで、吉田潤先生はテレビ受容過程研究における実証主義の立場を重視された方であり、また後進の指導には限りない情熱を注いでおられた方でもあった。編者の一人は吉田先生には、問題意識の持ち方、仮説の立て方、分析・報告の仕方から質問文の〈てにをは〉に至るまで懇切丁寧な指導を受けた。先生は曖昧な表現には徹底して朱筆を入れられた。今でも、先生のボールペンの赤インクの減り方が異様に早かったことをはっきりと記憶している。柔和なお人柄だったが仕事に関しては厳しく、手を抜くことは決してなされなかった先生の凛とした姿がよみがえってくる。

「テレビをとらえることはむずかしいねぇ」と吉田先生はよく口にされた。「テレビというのは複雑で、こちらの訊き方によっては答えがいろいろ違って返ってくる。だから実態をつかむのは大変なのだよ」という先生の問いかけに、本書がはたしてどこまで応えられているだろうか。

本書は、実証研究部分のデータのほとんどをＮＨＫ放送文化研究所に負うている。『「テレビ視聴理論」の体系化に関する研究』に加えて各種の調査データ、さらに最新の「テレビ五〇年調査」からも多くの貴重なデータや知見を使用させていただいたことについて心から感謝申し上げる。

最後に、本書は「テレビ五〇年」の二〇〇三年に刊行される予定であったが、諸般の事情で大幅に遅れてしまった。法政大学出版局・編集代表の平川俊彦氏には忍耐強く完成をお待ちくださったことに深甚の謝意を表したい。とりわけ田中は、バーワイズ＆エーレンバーグ『テレビ視聴の構造』（伊藤守・小林直毅との共訳、一九八一年）、およびスコット・ラッシュ『ポスト・モダニティの社会学』（監訳、一九九七年）に続いて、本書で三度、平川氏のご尽力と叱咤・激励をいただくことになった。ここに特記して、心から感謝申し上げる次第である。

二〇〇五年三月九日

田中義久
小川文弥

## 執筆者紹介

田中義久（たなか　よしひさ）
法政大学社会学部教授．『コミュニケーション理論史研究』上（勁草書房，2000 年），S. ラッシュ『ポスト・モダニティの社会学』（監訳，法政大学出版局，1997 年），『関係の社会学』（編著，弘文堂，1996 年）

小川文弥（おがわ　ぶんや）
東京国際大学人間社会学部教授．「性差にみる若者のコミュニケーション」（『東京国際大学論叢・人間社会学部編』第 6 号，2000 年），「情報化の展開と生活世界」（同第 7 号，2001 年）

牧田徹雄（まきた　てつお）
尚美学園大学総合政策学部教授．「テレビ視聴理論研究五〇年史」（『放送研究と調査』第 52 巻 2・7・11 号，2002 年，同 53 巻 2 号，2003 年，ＮＨＫ放送文化研究所），「テレビ視聴者調査の半世紀」（『思想』第 956 号，岩波書店，2003 年）

藤原功達（ふじわら　のりみち）
中京大学社会学部教授．「コミュニティの編成の課題」（田中義久ほか編『地域社会における高度情報化の展開とコミュニケーション行為の変容』，2001 年），「2000 年時点における若者のメディア・コミュニケーションに関する日韓比較」（『中京大学社会学部紀要』第 18 巻 2 号，2004 年）

小林直毅（こばやし　なおき）
県立長崎シーボルト大学国際情報学部教授．『メディアテクストの冒険』（世界思想社，2003 年），『テレビはどう見られてきたのか』（共編著，せりか書房，2003 年），『水俣学研究序説』（共著，藤原書店，2004 年）

伊藤　守（いとう　まもる）
早稲田大学教育・総合科学学術院教授．『メディア文化の権力作用』（編著，せりか書房，2002 年），「抗争するオーディエンス」（『思想』第 956 号，2003 年），『記憶・暴力・システム』（法政大学出版局，2005 年）

高橋　徹（たかはし　とおる）
法政大学社会学部講師．「テレビを見ることと消費生活」（『マス・コミュニケーション研究』第 63 号，日本マス・コミュニケーション学会，2003 年），「テレビの中の歌」（伊藤守・藤田真文編『テレビジョン・ポリフォニー』世界思想社，1999 年）

# 索　引

## 〈あ　行〉



## 〈か　行〉

〈さ　行〉

〈た　行〉

〈な　行〉



〈は　行〉

〈ま　行〉

〈や　行〉



〈ら　行〉



〈わ　行〉

テレビと日本人
●「テレビ50年」と生活・文化・意識

2005年9月30日　初版第1刷発行

編　者　田中義久・小川文弥
発行所　財団法人**法政大学出版局**
〒102-0073　東京都千代田区九段北3-2-7
電話 (03)5214-5540／振替 00160-6-95814
整版／緑営舎　印刷／三和印刷
製本／根本製本

Printed in Japan

ISBN4-588-67510-9